西藏念青唐古拉地区
铅锌多金属矿床特征与成矿规律

杜　欣　著

内 容 提 要

本书以作者承担的"念青唐古拉地区成矿条件研究与找矿靶区优选和西藏念青唐古拉地区铜铅锌银矿产资源调查评价"项目成果资料为基础，通过地层层序分析、构造解析，及现代岩石学、矿床地球化学和成矿年代学等多种方法，系统分析了念青唐古拉成矿区自古生代以来的构造体制演化、铅锌多金属矿床特征、控矿要素、成因类型、矿床的时空分布规律及成矿系列，总结了不同类型矿床的综合找矿标志信息，圈定了矿产预测区和找矿靶区，为研究区进一步找矿明确了方向。

该书可供从事地质找矿、教学与研究人员参考和使用。

图书在版编目(CIP)数据

西藏念青唐古拉地区铅锌多金属矿床特征与成矿规律/杜欣著.—武汉：中国地质大学出版社，2016.12

ISBN 978-7-5625-3937-7

Ⅰ.①西…
Ⅱ.①杜…
Ⅲ.①铅锌矿床-多金属矿床-成矿特征-研究-西藏 ②铅锌矿床-多金属矿床-成矿规律-研究-西藏
Ⅳ.①P618.400.1

中国版本图书馆CIP数据核字(2016)第284684号

西藏念青唐古拉地区铅锌多金属矿床特征与成矿规律　　杜　欣　著

责任编辑：胡珞兰　　责任校对：张咏梅

出版发行：中国地质大学出版社(武汉市洪山区鲁磨路388号)　　邮编：430074
电　话：(027)67883511　　传　真：(027)67883580　　E-mail:cbb @ cug.edu.cn
经　销：全国新华书店　　Http://www.cugp.cug.edu.cn

开本：880毫米×1230毫米　1/16　　字数：350千字　　印张：11
版次：2016年12月第1版　　印次：2016年12月第1次印刷
印刷：武汉中远印务有限公司　　印数：1—1000册

ISBN 978-7-5625-3937-7　　定价：88.00元

前 言

念青唐古拉地区是雅鲁藏布江成矿区继冈底斯斑岩铜矿成矿带之后新发现的又一重要的铅锌多金属成矿带，是我国新发现的十大原材料接替基地之一。自2000年以来，笔者和项目团队一直在念青唐古拉地区承担地质科研和地质矿产调查评价项目工作。

本书在吸收、消化前人研究成果的基础上，紧密结合项目科研团队承担的地质科研与生产项目实施过程中遇到的关键科学问题，通过地层层序分析、构造解析，及现代岩石学、矿床地球化学和成矿年代学等多种方法，系统分析了念青唐古拉成矿区自古生代以来的构造体制演化、铅锌多金属矿的控矿要素、成因类型、矿床的时空分布规律及成矿系列，取得如下主要成果与认识。

(1)通过地层层序分析与构造解析，结合大比例尺地质剖面测量，总结了研究区不同部位的沉积-构造学特征和差异，分析认为研究区南北分布的上石炭统—下二叠统来姑组碎屑岩-碳酸盐岩沉积建造具裂谷盆地沉积特征，来姑组建造具有深海-半深海斜坡相沉积特征，其间夹有基性和中酸性“双峰式”火山岩，并伴生热水沉积岩。研究区中部分布的来姑组建造具浅海相沉积特点，鲜有火山岩夹层，与其南、北两侧地层在沉积厚度上也有较大差异。结合区域构造演化特征，将念青唐古拉地区自南向北划分了4个Ⅳ级成矿地质构造单元，自南向北依次为扎雪-金达断隆、亚贵拉-龙玛拉断坳、都朗拉断隆、昂张-拉屋断坳。提出念青唐古拉地区构造演化为由晚古生代的断隆、断坳相间分布的地质构造格架至中新生代转换为新特提斯构造背景下的岩浆弧的认识。

(2)系统开展了研究区典型矿床系统对比研究。通过对亚贵拉铅锌多金属矿、拉屋铜铅锌矿、蒙亚啊铅锌矿、新嘎果铅锌矿及昂张铅锌矿等典型矿床的对比研究，提出研究区存在三大成矿系列(4个亚系列)，即晚古生代海底喷流沉积铅-锌-重晶石-石膏矿床成矿系列、中生代燕山晚期与中酸性侵入岩浆活动有关的铁-铜-铅-锌-金矿床成矿系列、新生代早喜马拉雅期与中酸性侵入岩有关的钨-钼-铁-铅-锌矿床成矿亚系列及新生代晚喜马拉雅期与中酸性侵入岩有关的铜-钼-铁-铅-锌-银-金矿床成矿亚系列，建立了工作区热水沉积-岩浆热液叠加改造成矿模式。研究提出工作区主要矿种为铅锌银矿，主要找矿类型为层控型铅锌多金属矿和热液(矽卡岩)型钼铅锌多金属矿。层控型铅锌多金属矿赋存于断坳内的来姑组碎屑岩-碳酸盐岩建造中，热液(矽卡岩)型钼铅锌多金属矿则分布于断隆带岩浆岩外接触带的矽卡岩、角岩中或0～3km范围内的次级断裂破碎带内，为进一步找矿指明了方向。

(3)初步建立了大型矿集区尺度的铜铅锌多金属矿床组合模式。矿床组合模式是矿床形成过程的高度浓缩，也是找矿勘查一种有效的地质技术。地质、地球物理和地球化学多种技术方法的有效结合是找矿勘查实现重大突破的重要途径。通过在研究区开展大规模区域性地质矿产调查评价和矿床成矿系列研究，全面系统地分析和研究了区内地质、矿产、物探、化探、遥感等地质资料，从研究区成矿地质背景分析入手，综合地质异常、物化遥(物探、化探、遥感)异常信息，从区域内筛选成矿远景区，并通过异常查证，逐步缩小找矿靶区，确定含矿地质体，择优进行钻探工程验证。采用补充地质调查、成因矿物学、稳定同位素、矿物包裹体及原生晕测试研究等手段，对区内新发现的典型矿床进行研究，分析了不同类型矿床的主要控矿条件和找矿标志，系统总结了区域铜铅锌多金属矿找矿标志及成矿规律，建立了铜铅锌多金属矿综合信息找矿预测模型和典型矿床成矿模式。该找矿预测模型和成矿模式不仅对研究区层控型铅锌多金属矿和热液(矽卡岩)型钼铅锌多金属矿的发现和评价具有重要作用,而且对于整个冈底斯地区开展同类型矿床的找矿评价具有重要的指导意义,如金达找矿靶区应用热水沉积-岩浆热液叠加改造成矿模式在亚贵拉发现热水沉积岩和矽卡岩蚀变,然后通过地质填图配合大比例尺物化探剖面测量,发现赋存于火山碎屑岩与碳酸盐岩岩性界面的热水沉积-岩浆热液叠加改造型铅锌多金属超大型矿床。

(4)以成矿理论为指导,针对不同类型矿床,按照成矿模式,提出找矿思路和方向,同时,根据具体地质特征和岩石(矿石)的物性特征,建立有效的找矿技术方法组合,开展成矿预测和区域找矿评价研究,通过试验探索,结合找矿勘查部署,进行工程验证和控制。经过科技攻关,总结提出念青唐古拉地区科学找矿勘查程序,即在充分收集研究区内已有的地质、矿产、物探、化探、遥感资料的基础上,运用"3S"技术优选成矿远景区;在优选的成矿远景区开展1∶5万化探扫面,进一步缩小找矿靶区。通过异常查证及矿点检查发现矿点、矿化点及找矿线索,选择有一定规模和远景的矿点开展普查评价,对主要矿体用探矿工程(钻探)验证,提交新发现矿产地和资源量。提炼的找矿技术方法组合为:"3S"技术+水系沉积物测量优选及缩小找矿靶区,大比例尺地质填图+土壤化探、激电剖面测量定位含矿地质体,工程验证圈定矿体。经反复实践,该技术方法组合在研究区是适用的和有效的。可以相信在相似的地质环境,这些方法组合仍然具有可借鉴性。

(5)全面系统地进行了区域成矿规律研究,总结了不同类型矿床的综合找矿标志信息,在成矿分析的基础上圈定了矿产预测区和找矿靶区,进一步明确了找矿方向。科学预测提出的成矿远景区16处,已提交矿产远景调查和矿产勘查项目验证,提出的成矿理论和有效找矿方法技术组合,被广泛应用于研究区部署的各类矿产勘查项目,均已取得了明显的效果,有力地指导了野外地质找矿工作。

本书是在河南省地质矿产局燕长海教授级高工、中国地质大学(北京)张寿庭教授的悉心指导下和项目科研团队的帮助下完成的。在研究过程中,受到中国地质科学院矿产资源研究所高一鸣博士、唐菊兴研究员的无私帮助,高一鸣博士在参加念青唐古拉地区成矿地质条件研究与找矿靶区优选项目过程中测试的许多稀土元素、微量元素及岩石年龄数据为本书提供了科学依据,唐菊兴研究员与笔者就研究工作多次交换意见,并一起讨论有关矿床成因等问题。在项目工作和本书撰写的过程中,笔者还得到了来自方方面面的大力支持和帮助,在此一并表示衷心感谢。

由于笔者知识水平有限,文中错误和不足之处在所难免,敬请各位专家学者批评指正。

作者

2016年6月

目　录

1 绪 论

1.1 选题依据与研究意义

念青唐古拉地区是雅鲁藏布江成矿区的重要组成部分，是雅鲁藏布江成矿区内继冈底斯斑岩铜矿成矿带之后新发现的又一重要的铅锌多金属成矿带，是我国新发现的十大原材料接替基地之一。该区大地构造位置处于冈瓦纳北缘晚古生代—中生代冈底斯—喜马拉雅构造区中北部，属Ⅲ级大地构造单元隆格尔-工布江达弧背断隆带的主体组成部分(刘增乾等，1990)。由于研究区经历长期复杂的地质构造演化历史，发育多期区域性构造-热事件，不同时期、不同类型的构造形迹叠加在一起，形成复杂的区域构造格架(图 1-1)。

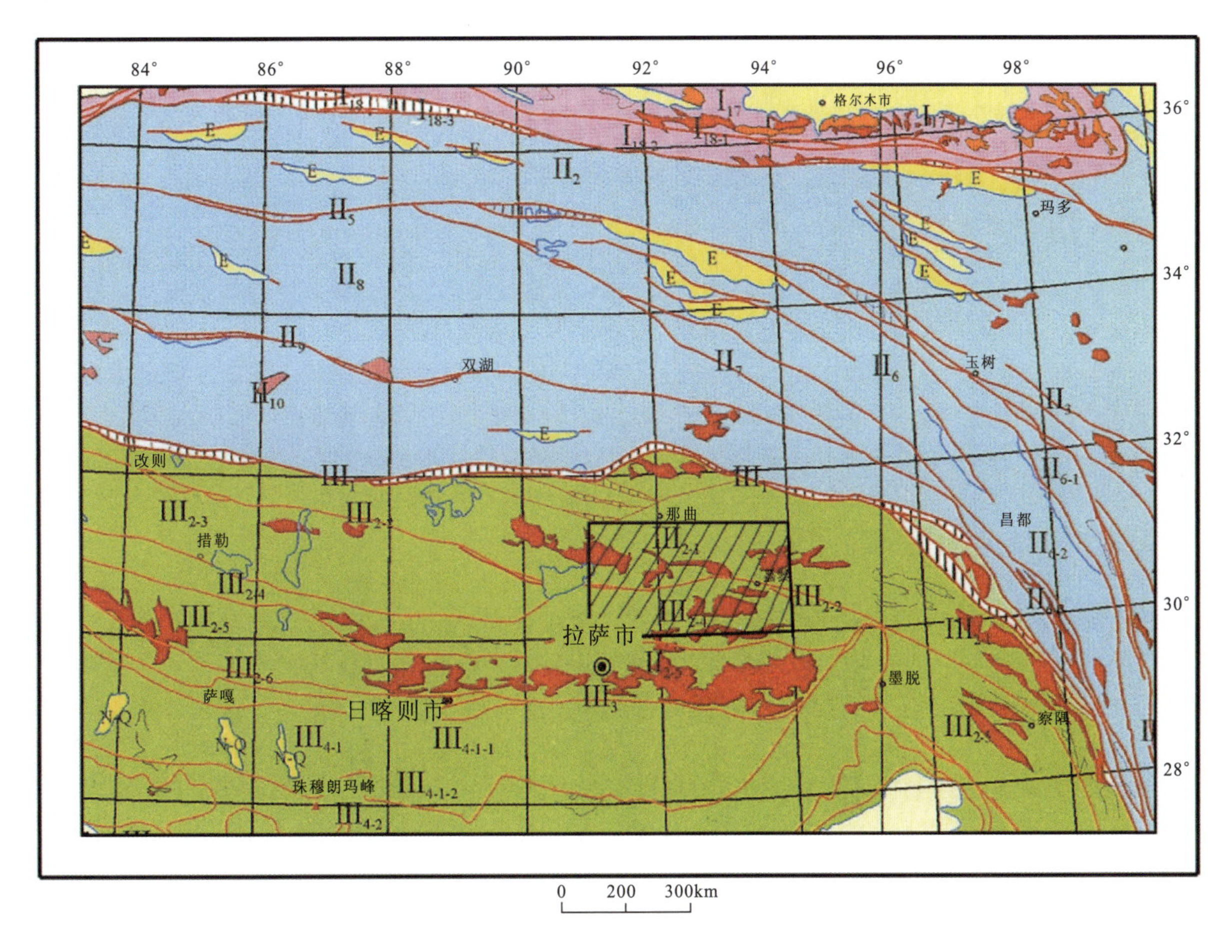

图 1-1 研究区大地构造位置图(据潘桂棠等，2004，略作修改)

近年来，研究区内部署的矿产评价和矿产远景调查工作发现10余个具大型规模的铅锌多金属矿床和一批重要的异常及矿产地，彰显出世界级成矿带的资源潜力。但是，研究区以往工作多为中小比例尺区域矿产调查与矿产评价。虽然，以往工作从不同方面对区内地层、构造、岩浆岩，及区域地球化学、区域矿产进行了总结，提出了区内铅锌多金属矿受层位控制明显、成矿条件好、资源潜力大的认识，并对新发现的拉屋、亚贵拉等典型矿床成因进行了初步分析，得出矿床类型为层状矽卡岩型的观点（杜欣等，2004），但对研究区成矿地质条件、成矿机制、成矿规律的研究缺乏深度，对成矿特征的认识片面，对区内多金属成矿受燕山晚期和喜马拉雅期花岗质岩体控制的认识与很多新发现的矿产地实际情况不符。许多地质勘查和研究成果证实，念青唐古拉地区是铅锌多金属成矿的有利地区，具有大型—特大型矿床的成矿条件。目前，研究区铅锌多金属矿的成因类型与成矿规律研究薄弱。研究念青唐古拉地区铅锌多金属成矿类型与成矿规律，指明下一阶段找矿方向，为本区开展更深入的地质找矿工作提供理论支持，是目前最急需解决的关键地质问题。

本研究选题源自于作者承担的“念青唐古拉地区成矿条件研究与找矿靶区优选和西藏念青唐古拉地区铜铅锌银矿产资源调查评价”项目。在以往工作成果资料的基础上，通过分析区域控岩、控矿构造及其时空演化，查明研究区构造-岩浆-沉积-成矿的时空结构及其演化，分析典型矿床成因类型，总结成矿规律和找矿标志，研究大型矿聚区形成机理，建立念青唐古拉特色的矿床成矿模式和找矿模型，开展有针对性和有效的成矿预测，为研究区进一步部署开展地质找矿工作指明方向。该研究工作具有重要的理论和实践意义。

1.2　研究现状与问题

1.2.1　研究现状

1.2.1.1　区域矿产研究现状

研究区范围限定于川藏公路（318线）与青藏公路（青藏铁路）及纳木错-嘉黎断裂带夹持的念青唐古拉山腹地。独特的自然地理环境致使区内地质矿产研究程度较低。

区内零星的地质工作始于20世纪50年代，以李璞为首的中国科学院西藏工作队地质组率先进行了地质矿产路线调查。大规模的地质工作始于20世纪70年代，先后有原地质矿产部航空物探大队、西藏自治区地质矿产厅综合普查大队和物探大队、江西省地质矿产厅物化探大队、河南省地质矿产厅区域地质调查队等单位在研究区及邻区相继开展了地质工作，主要进行小比例尺的区域性地质、物化探扫面以及零星的化探异常查证和矿点检查。

自2000年国土资源大调查工作实施以来，河南省地质调查院承担中国地质调查局大调查项目，在念青唐古拉地区的当雄—嘉黎一带开展了铜铅锌矿产资源调查评价工作，对该区的铅锌多金属矿的成矿地质特征进行了初步研究，对拉屋、亚贵拉等矿床成因进行了初步分析（杜欣等，2010）。在此基础上，初步建立了当雄县拉屋—嘉黎县同德一带综合信息找矿模型，提出该区铅锌银多金属矿可能是海底喷流矿床的认识，认为矿化产出部位与地层、岩性有着密切的成因联系，铅锌多金属矿体产出受特定的热水沉积岩、喷流岩层位控制。张旺生等（2009）提出矽卡岩中可能存在由透辉石、钙质斜长石等矿物组成的热水交代成因的沉积型矽卡岩，进而提出矿区发育有一套喷流系统成因的热水沉积岩和喷流岩层。2003—2007年，国家“973”项目——“西藏雅鲁藏布江成矿区东段铜多金属勘查”的实施，李光明等（2004）对林周盆地内的铅锌银多金属矿开展了初步研究，提出了研究区存在与燕山期花岗质岩石有关的铜-铁-铅-锌-银矿床成矿系列的认识。唐菊兴、肖克炎（2007）在执行国家科技支撑计划项目“中西部大型矿产基地综合勘查技术与示范”课题——“西部优势矿产资源潜力评价技术及应用研究”中，通过对区内洞中拉铅锌多金属矿、蒙亚啊铅锌铜多金属矿、沙让钼矿、亚贵拉铅锌多金属矿的初步研究，认为该类矿床与壳内岩浆活动有密切的关系，矿床明显受层位控制，找矿标志明显，成矿潜力大。

通过文献检索，近10年，在国内外公开出版或核心期刊上发表的有关青藏高原冈底斯成矿区研究方面的学术论文（著作）共计100余篇（部）。其中，涉及到念青唐古拉地区研究方面的学术论文30余篇，其中涉及本研究区的学术论文约20篇。各类文献报道的多是局部基础地质方面研究的新进展，为本次研究提供了重要的基础资料。如许志琴等（2007）从松多到加兴，在晚古生代石英岩和碳酸盐岩地层中发现了一条近东西走向的榴辉岩带，测定石榴石-绿辉石-全岩Sm－Nd等时线年龄为（269±17）Ma，表明在晚二叠世末期，拉萨地块内部至少发生过一期洋壳俯冲事件。以松多榴辉岩为代表的洋壳俯冲事件表明拉萨地块的形成有可能是一系列微陆块碰撞拼贴而成。念青唐古拉岩群中变质深成体锆石SHRIMP年龄测定为（787±9）～（748±8）Ma，念青唐古拉岩群的形成时代与高喜马拉雅结晶岩系形成时代相当。拉斑玄武岩和花岗岩中继承锆石给出1766～947Ma的中元古代年龄和正的$\varepsilon_{Nd}(t)$值，表明念青唐古拉岩群中基性岩来源于亏损地幔并受到古老地壳物质的混染，Nd模式年龄和继承锆石U－Pb年龄均指示新元古代时期拉萨地块存在中元古代基底（胡道功，2005）。刘葵、赵文津等（2005）以深反射地震资料和大地电磁测深资料对念青唐古拉地区地壳构造特征进行了深入细致的研究，通过对深反射地震资料的地震相分析以及与大地电磁测深资料对比得出16～22km深度的部分熔融体是多个独立穹隆的新认识。

上述研究表明：研究区地质构造演化较为复杂，其构造演化不能简单地以新特提斯洋俯冲、印度板块与欧亚板块碰撞及碰撞后伸展进行演化阶段划分，其实，研究区所经历的地质构造演化过程复杂得多。新特提斯洋俯冲之前的地质构造演化，尤其是古生代及其以前的构造演化研究应放在冈瓦纳古陆大背景下进行分析。在公开发表的文献中，大多数文献是对近年来公益性地质工作在研究区新发现的矿床个体进行的矿床特征、地球物理、地球化学、成因类型、找矿潜力及勘查评价技术等方面的研究，而区域成矿地质条件、成矿特征、成矿机制、成矿系统及成矿规律等方面的研究较薄弱。

目前，对冈底斯-念青唐古拉成矿区矿床的系统对比研究有待深入，且主要集中于亚贵拉、蒙亚啊、洞中拉、拉屋等少数几个矿床，且成因认识并不统一。2008年以来，程顺波（2008）和王立强等（2010）通过对蒙亚啊铅锌矿的S、Pb同位素研究，认为矿床中S主要来源于深部岩浆，Pb主要为上地壳来源，矿床可能是上地壳部分熔融、成矿物质从基底地层活化分离并聚集沉淀所形成。费光春等（2010）通过对洞中拉矿床各矿化阶段石英、方解石流体包裹体均一温度、盐度、密度、压力和流体包裹体成分等诸多方面的初步研究，认为洞中拉铅锌矿床成矿流体属中低温、低盐度、中低密度流体，形成于低压（26.47～67.03MPa）浅成环境（0.96～2.44km）。矿床的流体包裹体H－O同位素、N_2－Ar－He图解和离子比值反映出成矿流体可能主要来源于大气降水。费光春等（2010）通过石英激光探针^{40}Ar－^{39}Ar定年，获得42.2Ma的成矿年龄。对亚贵拉矿床的成因认识，目前存在两种截然不同的观点，连永牢等（2009）通过对亚贵拉矿床岩、矿石稀土元素地球化学特征及硫同位素研究，结合氢、氧同位素组成，提出成矿物质主要来自深部物源区，成矿流体为岩浆水和变质水组成的混合水的认识，进而提出亚贵拉矿床既具有明显的热水沉积特征，又表现出岩浆热液成矿的特点。高一鸣等（2009）通过对亚贵拉矿床与矽卡岩化密切相关的石英斑岩锆石SHRIMP U－Pb定年（130.6～126.7Ma），提出该矿床应与岩浆作用有关，实为矽卡岩型矿床。高一鸣等（2010）又通过矿床中细脉状辉钼矿Re－Os同位素测年，获得辉钼矿65Ma左右的成矿年龄，提出矿床具多期次、多阶段的成矿特征。

1.2.1.2 铅锌成矿理论研究现状

1）成矿系统研究

近年来，许多学者致力于成矿系统研究（翟裕生，1999，2000，2010；姚书振等，2011），但针对铅锌矿成矿系统研究却不多见。芮宗瑶（2004）研究提出铅锌多金属矿的4个成矿系统，即花岗质岩浆-热液成矿系统、海底含铅锌锰结核成矿系统、盆地萃取热卤水成矿系统以及大陆红土化铅锌成矿系统。其中，盆地萃取热卤水成矿系统和花岗质岩浆-热液成矿系统基本涵盖了铅锌矿的各类矿床。盆地萃取热卤水成矿系统的海相火山岩盆地萃取热卤水成矿亚系统和海相沉积岩盆地萃取热卤水成矿亚系统同属同生矿床;其他亚系统均为后生矿床。盆地萃取热卤水成矿系统主要发生于板块拉张环境,只有陆相火山岩盆地和复杂陆相盆地萃取热卤水成矿亚系统多形成于板块聚合的大背景。

2)成矿年代学研究

铅锌矿的成矿时代问题至今仍是一个难题,主要因为成矿年龄难以直接测定。由于后生作用的叠加改造,现有测年方法的取样介质大多不能满足分析要求,铅锌硫化物矿床还没有找到直接分析测年的有效方法。多数情况下,铅锌矿成矿年代学研究仅给出的是一个成矿时限,具体成矿年龄尚不能确定。

全球范围内,约47%的铅锌储量由海底喷流沉积矿床(SEDEX)贡献,该类矿床的成矿环境主要为(19～14)亿年的古—中元古代和(5.3～3)亿年的早—中古生代的被动大陆边缘;约1/5(19%)铅锌储量由密西西比河谷型(MVT)提供,该类矿床多产于古生代的寒武纪和泥盆纪。该时期的地壳稳定性较好,岩浆作用相对较弱,有利于礁灰岩相的沉积,为MVT铅锌矿富集提供了先决条件;海底火山岩喷流沉积硫化物矿床(VMS)提供的资源量约占世界铅锌储量的1/10(约占8%)。与该矿床相伴的中酸性火山碎屑岩发育,其成矿的时限跨度长,自太古宙一直持续到现代海底的黑烟囱。我国与陆相火山岩有关的铅锌矿床主要赋存于中新生代的火山断陷盆地内,赋矿岩石主要为晚侏罗世和古近纪的安山岩、晶屑凝灰岩、流纹质凝灰岩、流纹岩等。

金顶铅锌矿是我国著名的超大型矿床,赋存于中新生代思茅盆地的北缘,其成矿地质条件、成矿流体性质与MVT矿床相似。研究表明成矿流体为盆地演化的油气卤水,上三叠统、侏罗系和白垩系推覆于古近系之上,构成复杂陆相盆地系统。成矿时代推测与65～35Ma藏东滇西走滑事件有关。

与花岗质岩浆-热液有关的铅锌矿床主要分布于古特提斯造山带、古亚洲造山带和环太平洋造山带内,成矿时代自古生代、中新生代至新生代均有产生。例如秘鲁的塞罗德帕斯科矿床形成于中生代,资源储量大于500×10^4t;前南斯拉夫特雷普查矽卡岩型铅锌矿和美国宾尼姆外围的矽卡岩型铅锌矿形成于新生代。我国与花岗质岩浆有关的铅锌矿床成矿与世界基本同步,分属于古特提斯成矿域、古亚洲成矿域和环太平洋成矿域。

3)成矿物质来源研究

铅锌主要源自地壳。根据世界500×10^4t以上超大型铅锌矿床资料统计,几乎100%的铅锌矿床均赋存于地壳岩石中。大洋壳硅镁质岩石中几乎没有铅锌矿的产出。VMS矿床赋存特征表明,铅锌矿伴随长英质火山岩的发育而富集。重要的铅锌矿床均产于被动大陆边缘,容矿岩石主要有碳酸盐岩、粉砂岩和页岩。通常情况下,Pb、Zn元素可能以类质同象形式赋存于长石类和黏土类矿物中,当孔隙溶液温度大于250℃,特别是含一定盐度和CH_4、CO_2、油气等挥发分时,则铅锌等矿质容易从矿物晶格中被萃取出来进入溶液。这种含Pb、Zn成矿元素的热水溶液从高化学位或较高物理化学梯度的区域向低化学位或较低物理化学梯度的地方迁移。例如在盆地边缘和盆地中上部的礁灰岩相与另一种含H_2S的温度相对低的溶液混合,铅锌等矿质则沉淀出来,形成后生铅锌矿床。

4)区域成矿规律研究

根据世界大于500×10^4t资源储量的铅锌矿床统计,VMS→SEDEX→MVT→矽卡岩型+斑岩型+脉状型矿床的成矿时代呈由老至新的趋势。VMS矿床最早形成于太古宙,SEDEX矿床以元古宙最盛,MVT矿床以古生代最发育,而与花岗质岩有关的矽卡岩型矿床则以中新生代发育。巨型铅锌矿床产出的构造环境主要是大型克拉通及其被动大陆边缘。

诸如:世界上最老的500×10^4t以上铅锌矿床——基德克里克(Kidd Creek)铅锌矿,成矿时代为太古宙,其产于加拿大地盾的陆核中;巴瑟斯特VMS矿床赋存在加拿大地盾元古宙造山带内;寒武纪形成的法罗(Faro)SEDEX铅锌矿床、志留纪形成的霍华兹山口(Howards Pass)SEDEX铅锌矿床、泥盆纪形成的托姆(Tom)和贾森(Jason) SEDEX铅锌矿床及石炭纪形成的奎克(Cique)SEDEX矿床则分布于加拿大地盾西南缘的塞尔温克拉通边缘海湾;派因波因特(Pine Point)MVT铅锌矿床赋存于加拿大地盾东南部中泥盆世碳酸盐陆棚上。

在澳大利亚中部元古宙冒地槽中形成一系列超大型铅锌矿床。例如:克阿瑟河(McArthur River)和芒特艾萨(Mount Isa)等;东部古生代优地槽中孕育了伍德朗(Woodlawn)VMS矿床。而在非洲元古宙时期的冒地槽中赋存有块状、层—纹状硫化物矿床,例如南非的阿格尼斯(Aggeneys,新元古代)、布罗肯希尔(Broken Hill,新元古代)和甘斯堡(Gamsberg,新元古代)等。

美国中东部克拉通碳酸盐岩台地发育,其中,发育一系列密西西比河谷型(MVT)铅锌矿床。主要有老铅矿带(Old Lead Belt)、三州矿区(Tri State)维伯纳姆带(Viburnum Trend)和玛斯科特(Mascot)等。美国阿拉斯加西北部冒地槽区分布有红狗(Red Dog)SEDEX铅锌矿床。

欧洲块状硫化物(MVT)成矿主要有4个成矿时期,分别是元古宙—志留纪、志留纪—早泥盆世、石炭纪及三叠纪。欧洲中部的SEDEX铅锌矿床的主要成矿时代主要为泥盆纪和石炭纪。

亚洲与海底火山作用有关的大型—超大型块状硫化物铅锌矿床有两个重要成矿时期:古生代和新近纪。亚洲SEDEX矿床主要分布于中国、朝鲜和印度,成矿时期主要有两个:一是元古宙,代表性矿床为中国的东升庙,朝鲜的检德(Komdok)及印度的兰普拉—阿古恰(Rumpura - Agucha);另一个是泥盆纪,如中国的厂坝(中泥盆世)。此外,亚洲成矿域MVT铅锌矿床也较发育,诸如中国的凡口(中泥盆世—中晚石炭世)。由于亚洲陆块由多个小型陆块聚集,地质构造复杂,古近纪时期在印度洋扩张作用带动下,形成产于推覆带复杂背景下的中国金顶铅锌矿床(古近纪)。

5)主要成矿模式

目前,针对SEDEX、VMS和MVT三类矿床已推出较为完善的成矿模式,其他类型矿床尽管也提出了多种成矿模式,但是认识无法统一,难以应用。

(1)SEDEX矿床成矿模式。SEDEX矿床区域构造成矿模式由Large D E(1981)首先推出。他汇集三级盆地的特点提出的成矿模式为:从盆地深部地层萃取了Pb、Zn、Ag等成矿元素的热水溶液,通过同生断层喷涌到海底系统。含矿热水溶液在喷涌过程中,首先在同生断层(即角砾岩筒,亦即补给带)上部析出磁黄铁矿和黄铜矿等,形成细脉/网脉浸染状矿石。这类矿石具有后生成矿特征,并具有较强的热液蚀变。当热水溶液喷涌至海底与海水发生混合时,即沉淀析出黄铁矿、闪锌矿、方铅矿、重晶石以及赤铁矿等矿物,形成层状矿体,后者上盘无热液蚀变,矿体与围岩整合接触。

(2)VMS成矿模式。Hutchinson R W(1980)首先推出了MVS矿床成矿模式,用板块构造的对流循环机制解释了MVS的形成,并对时下流行的"黄矿"和"黑矿"成因进行了阐释。

Franklin等(1981)根据块状—层纹状贱金属矿床与海底火山机构的关系,提出了该类矿床的经典成因模式。该模式建立了贱金属块状—层纹状矿的富集与海底火山机构的关系,将火山机构与断裂系统、对流循环系统联系起来,建立了与潜火山侵入体有关的岩浆水、海水和大气降水之间的循环机制,较好地解释了多金属的分带特征。Horikoshi E和Sato T(1970)及Sato T(1974)推出了日本黑矿成矿模式:赋存于日本中新世弧后盆地的"黑矿",受中新世断裂和弧后扩张海盆双重控制,矿带长1500km,宽100km。容矿岩石为凝灰岩,含矿岩系由火山岩和沉积岩组成,厚度达3000m。

(3)MVT矿床成矿模式。MVT(Mississippi valley type ore)矿床的成矿机制众说纷纭。总体而言,该类矿床远离火成事件,矿体赋存于稳定的大型克拉通碳酸盐盆地,赋矿层位众多,为典型的后生矿床。一般地,矿体受白云岩控制,呈不规则状顺层或垂直层理产出。矿石具有特殊的构造类型,赋矿岩石通常为充填角砾岩、充填角砾岩的粗粒岩石和膨胀角砾岩的细粒岩石。角砾岩由磨圆度较差的粗粒白云岩碎块和细粒白云岩碎块组成。多金属矿物多以充填物形式和脉石矿物一起沉淀,呈条带状、浸染状及网脉状构造。岩石的孔隙度是该类矿床矿石品位主要的控制因素。

(4)金顶铅锌矿成矿模式。朱上庆和覃功炯(1995)给出了金顶铅锌矿较为完善的成矿模式。该模式较好地诠释了复杂条件下陆相碎屑岩盆地形成超大型铅锌矿床的机制。金顶铅锌矿产于中新生代陆相兰坪盆地,大规模的盆地缩短和同生深断裂为盆地热卤水排放提供了驱动力和有利的构造场所。当含Pb、Zn、Ag、Sr、Hg等元素的热卤水沿同生断裂和推覆-滑覆构造带运移、上升,与富含还原硫的地下水相遇，发生矿质卸载，形成多金属矿体。

(5)蔡家营铅锌矿成矿模式。黄典豪(1992)提出的蔡家营矿床模式可以作为脉状铅锌矿的经典成矿模式。该矿位于华北陆块北缘新太古代优地槽区，在中生代构造岩浆带强烈活动的影响下，形成一系列隆起、坳陷和有关矿床。蔡家营铅锌矿体赋存于中生代斑岩体外侧的变质岩和火山碎屑岩建造中的陡倾斜裂隙系统中。矿体呈脉状，多以隐伏—半隐伏状态产生，局部有分支复合、膨大尖缩现象，规模大小不一。

6)铅锌矿成矿流体地球化学研究

成矿流体是各种成矿物质运移的载体，从古老的矿床到现代的地热活动区，从大洋→岛弧→大陆内部，一些大型、超大型矿床的形成都与热水流体作用有密切关系。

现代地热区的热水流体研究表明，海底热水活动区与大陆地热区是成矿作用的发生区。因而，我们可以通过对现代大洋底部热水活动规律及对热水喷流成矿作用模式进行总结，借以指导地质历史时期矿床成因研究。

热水溶液主要是卤水，含有溶解的盐类主要有 KCl、NaCl、$CaSO_4$ 和 $CaCl_2$ 等。盐度范围从海水3.5%NaCl 的盐度到海水盐度的十几倍。这样的热水溶液能够溶解相当量的 Au、Ag、Cu、Pb、Zn 等金属离子，尤其，高温热水溶解金属的能力更为显著。

肖荣阁等(2008)根据成矿流体的化学成分研究，将成矿流体划分为一般热水溶液、富 CO_2 热水溶液、富 NaCl 热水溶液等。根据地质作用的不同，按照流体溶质成分及温度进行分类，又将热水溶液分为高温硅钾热水溶液、中温碳酸盐热水溶液和低温硫酸盐热水溶液等。

流体包裹体研究是了解成矿流体温度、盐度、组分等成矿信息的重要途径。目前，利用流体包裹体可测定成矿流体的温度、盐度、组分及同位素组成等丰富的成矿信息。显微冷热台成矿温度测定、盐度测定和成矿压力的估算，离子探针、激光拉曼光谱挥发组分分析、气液相色谱(离子色谱)分析及流体包裹体同位素、微量元素研究等流体包裹体研究取得长足进展。

1.2.2　存在问题

该区以往开展的地质工作多为区域性、基础性地质调查与研究工作。由于自然条件的限制，尽管以往工作对本区的构造活动、岩浆作用、成矿特征都有不同程度的涉及，但对研究区的成矿地质条件、成矿机制、成矿规律的综合研究缺乏深度，研究区地质找矿工作程度仍较低，大量的商业性勘查成果尚未系统整理和综合研究。存在的问题主要表现在：

(1)缺乏对典型矿床的深入研究。对典型矿床的研究，一方面，可以丰富矿床成矿理论；另一方面，通过研究可以建立矿床模型，反过来又可指导区域找矿。随着工作程度的不断深入，该成矿带的很多矿床(点)已经具备条件开展典型矿床的研究。

(2)区内大地构造演化及成矿规律研究十分薄弱。根据印度大陆向亚洲大陆俯冲-碰撞的成矿系列理论，俯冲阶段成矿(180～65Ma)已经得到证实，并在西藏谢通门县雄村铜矿取得重大找矿突破；冈底斯东段发现的大型—超大型斑岩铜(钼)矿床(17～13Ma)，专家学者将其归于碰撞后；而 180Ma 之前漫长的地质演化过程中形成的矿床及成矿系列还不被人们所认知，需要我们进一步加强研究。

(3)已发现的矿床控矿因素和矿床成因类型存在较大争议，仅凭个别矿区辉钼矿 Re－Os 同位素测定年龄，无法解决研究区成矿的时限问题。区内典型矿床研究缺乏深度，成矿期次划分不清楚，成矿特征研究不深入，典型矿床的对比研究尚属空白。

(4)区内的主要地层包括上石炭统—下二叠统的来姑组、中二叠统的洛巴堆组、前石炭纪的松多岩群等对成矿的贡献知之甚少，需要开展沉积层序学、矿床地球化学、构造地球化学等方面的研究，来分析判断地层在成矿过程中扮演的角色。

(5)现在发现的主要矿床类型包括斑岩型钼矿(沙让钼矿)、层控型铅锌多金属矿(亚贵拉、洞中拉、蒙亚啊、昂张、拉屋等)，需要从岩石学、矿物学、微量元素地球化学、同位素地球化学等方面进行研究，以确定晚古生代岩浆活动和燕山晚期—喜马拉雅早期岩浆活动对成矿的贡献。

1.3 拟解决的科学问题和研究内容

1.3.1 拟解决的科学问题

本次研究面临的关键科学问题很多，如研究区主要的铅锌多金属矿床成矿的构造环境如何，有待深入研究；典型矿床成因类型存在“岩浆派”和“沉积派”之争，成矿期次划分不清，成矿时限缺乏依据和数据支撑；晚古生代沉积建造对成矿的控制作用有待深入研究；念青唐古拉地区南、北两个成矿亚带（昂张-拉屋、亚贵拉-龙玛拉）的典型矿床对比研究尚属空白；主要矿集区岩浆作用对铅锌多金属成矿的贡献如何，岩浆成矿作用起主导作用还是锦上添花等。

根据念青唐古拉地区铅锌多金属矿床研究现状，结合依托项目的目标任务，在系统收集整理研究区内地质、矿产、地球物理、地球化学、遥感资料的基础上，确定本书研究拟解决的关键科学问题是：在前人工作的基础上，通过区域矿床调查和典型矿床解剖，研究和分析研究区铅锌多金属矿主要控矿因素，确定主要铅锌矿床的成因类型、成矿时限，划分铅锌多金属矿床成矿系列，总结念青唐古拉地区铅锌多金属矿成矿特征及成矿规律，开展成矿预测研究，确定进一步找矿方向。

1.3.2 研究内容

在全面收集研究区已有的基础地质、地球物理、地球化学、遥感地质、矿产地质和科研成果等有关资料数据并对其进行处理的基础上，从沉积建造与成矿、岩浆过程与成矿两方面深入研究工作区沉积建造及其含矿性、岩浆过程与成矿控制，分析区内构造岩浆岩带演化特征及其成矿控矿作用。通过典型矿床研究，基本查明研究区铅锌多金属矿的主要控矿地质因素，提取找矿标志，总结区域成矿规律，建立不同成因类型矿床的成矿模式和找矿预测模型，进而指导矿产资源调查评价工作，为进一步找矿勘查提供新的找矿靶区。主要研究内容体现在以下几个方面：

(1)成矿地质背景研究。通过综合前人有关区域地质、区域地球物理、区域地球化学研究成果，结合必要的区域地质剖面调查，厘定区域成矿的大地构造背景及其演化过程，为区域成矿规律总结提供宏观的理论依据。

(2)区内有关的控矿地质条件研究。研究各种控矿因素对成矿的具体贡献以及不同控矿因素的耦合致矿作用。具体包括：

①通过对区域内近东西向、北西向、北东向构造的组成要素，具体特征，形成演化及其控矿作用的研究，最终厘定区域内的控矿构造格架。

②通过成矿动力学及物质演化等途径对区内岩浆活动的总体特征进行研究，进而查明它与成矿的内在联系。特别是对区内大规模发育的燕山期—喜马拉雅期中酸性侵入体的时空分布和成矿特征进行深入的研究，从中总结区内岩浆岩的成矿专属性；对区内火山活动的基本特征及其与成矿的关系进行一定程度的探讨。

③对区内的地层、岩性特征进行综合分析，重点查明区内重要含矿沉积建造的基本特征及古环境特征，进而查明有关的地层岩性，特别是石炭纪—二叠纪地层及其细碎屑岩、碳酸盐岩岩石对区内不同类型（如矽卡岩型和层控型）矿床的具体控制作用。

④从成矿地质特征、物质建造特征、共生组合特征、时空分布特征等方面，对区内已知的拉屋铜锌矿、亚贵拉铅锌矿、蒙亚啊铅锌矿和新嘎果铅锌多金属矿等典型矿床进行重点剖析，从而为总结区内成矿规律和同类矿床的找矿准则奠定基础，为区内新类型矿床的找寻提供依据。

⑤从区域矿床时、空分布，物质来源和共生组合等诸方面对区域成矿规律进行研究和总结，构建区域成矿系统，划分不同级别的成矿单元，建立区域成矿模型，为区域成矿预测提供理论依据。

1.4 研究思路与研究方法

1.4.1 研究思路

研究工作部署在青藏高原腹地的念青唐古拉地区，以研究区实施的念青唐古拉地区成矿条件研究与找矿靶区优选和区内实施的矿产资源调查评价项目为依托，以成矿系统理论为指导，在全面收集研究区已有的地质、矿产、物探、化探、遥感资料的基础上，利用计算机和 GIS 技术充分挖掘铜铅锌多金属矿的有关信息。依托区内实施的矿产调查评价项目，开展路线调查和剖面测制，以构造解析手段查明剖面岩石序列关系，厘定研究区地层层序，研究成矿地质构造背景和变质变形历程及其与成矿的关系。依托区内开展的念青唐古拉地区成矿条件研究与找矿靶区优选项目，从区内典型矿床剖析入手，建立典型矿床成矿系统的空间-时间结构格架，厘定矿床成矿系列。以成矿系统和矿床成矿系列等学术思想为指导，采用地质调查、稳定同位素、矿物包裹体及岩矿石微量元素和稀土元素测试研究等手段，对拉屋铜铅锌矿、亚贵拉铅锌多金属矿、蒙亚啊铅锌矿、新嘎果铅锌多金属矿、昂张铅锌矿等典型矿床进行重点解剖，总结区域控矿条件和找矿标志，在 GIS 平台支持下，总结区域成矿规律，建立区域铅锌多金属矿成矿模式，开展成矿预测研究，圈定成矿远景区，建立地质找矿勘查模型。

1.4.2 研究方法

研究方法的选择以行之有效、经济实用为原则，在重视野外第一手地质资料及收集前人已有工作成果资料的基础上，加强新理论的指导和新技术、新方法的应用。通过各种方法的有机组合，保证研究工作的顺利实施。采用的研究方法如下：

(1)利用地层层序分析、构造解析和现代岩石学研究方法，配合必要的地质剖面测制，探讨区内的地质演化、构造演化与成矿演化的关系，特别是对铜铅锌矿化的成矿类型及空间分布的制约。

(2)根据成矿系统的观点和理论，从念青唐古拉地区基本成矿地质背景及成矿特征分析入手，剖析基本成矿地质条件和已知成矿特征的内在联系，从中总结区内不同地层岩性、不同时期岩浆活动，及不同级别、类型的构造对区内不同类型矿化的具体成矿贡献。

(3)利用系统分析方法对区内的矿田、矿床、矿体进行多层次的系统分析，揭示成矿系统的有机构成及深层次的联系和制约关系；配合专门性的立体综合制图方法及各种现代测试技术，从多方位揭示区内铜多金属矿化的富集规律和空间定位规律。矿床成矿规律研究方面主要从以下两个方面进行：①矿集区综合物探、化探地质剖面研究。在选择的重要矿集区范围内，通过主要矿床部位，测制地质-高精度磁法、电磁法-土壤、岩石地球化学剖面，从构造、沉积建造、岩浆建造等不同角度，建立已知矿床之间的成因联系；②重要矿床和矿化点、典型岩体研究。主要是微迹元素地球化学研究，这里的微迹元素包括大离子亲石元素、稀土元素以及挥发性元素。通过同位素地球化学研究、流体地球化学研究，矿床或岩体中各类样品按剖面顺序采集，以便于对比研究。

(4)用综合信息方法、地质类比法、趋势外推法、地质求异法等行之有效的预测方法，通过计算机信息综合处理和提取技术对区内成矿前景进行科学的综合评价和相应的成矿预测。

1.5 完成的主要工作量

本研究工作自 2009 年 9 月开始，于 2013 年 9 月结束，历时 4 年。完成的主要工作量见表 1 - 1。

表 1-1 完成的实物工作量表

序号	工作内容	单位	完成	序号	工作内容	单位	完成
1	路线地质调查	km	210	12	薄片鉴定	片	120
2	矿点调查	处	22	13	光片鉴定	片	97
3	坑道调查	km	3.1	14	包裹体测温	件	20
4	钻孔编录	m	3100	15	包裹体成分分析	件	6
5	地质、物探、化探综合剖面测制	km	12	16	S同位素样品测试	件	16
6	地质剖面测制	km	14	17	Pb同位素样品测试	件	14
7	典型矿床研究	个	5	18	H、O同位素样品测试	件	2
8	岩矿石化学分析	件	120	19	锆石U-Pb年龄测试	件	3
9	常量元素	件	32	20	包裹体测温及成分测试	件	30
10	微量元素	件	50	21	电子探针分析	件	30
11	稀土样分析	件	40	22	单矿物制样	件	20

1.6 取得的主要成果及创新点

多年来，依托笔者承担的工作项目，科研与生产相结合，通过开展“西藏念青唐古拉地区铅锌多金属矿床特征与成矿规律研究”工作，取得了如下创新性成果：

(1)依托勘查项目，在念青唐古拉地区晚古生代来姑组碎屑岩与碳酸盐岩沉积建造中，发现并评价了亚贵拉、拉屋、昂张等层状铅锌多金属矿床，矿床规模达大—超大型，并掀起了研究区铅锌多金属矿勘查的热潮。

(2)通过地层层序分析与构造解析，结合大比例尺地质剖面测量，系统总结了研究区不同区域的沉积-构造学特征和差异，划分了念青唐古拉地区Ⅳ级成矿地质构造单元，自南向北依次为扎雪-金达断隆、亚贵拉-龙玛拉断坳、都朗拉断隆、昂张-拉屋断坳，并提出念青唐古拉地区构造演化为由晚古生代的断隆、断坳相间分布的地质构造格架至中新生代转换为新特提斯构造背景下的岩浆弧的认识。

(3)系统开展了研究区典型矿床对比研究。通过对亚贵拉铅锌多金属矿、拉屋铜铅锌矿、蒙亚啊铅锌矿、新嘎果铅锌矿及昂张铅锌矿等典型矿床研究，提出研究区存在三大成矿系列，即晚古生代海底喷流沉积铅-锌-重晶石-石膏矿床成矿系列、中生代燕山晚期与中酸性侵入岩浆活动有关的铁-铜-铅-锌成矿系列及新生代喜马拉雅期与中酸性侵入岩浆活动有关的钼-铅-银矿床成矿系列，建立了工作区热水沉积-岩浆热液叠加改造成矿模式。

(4)建立了区域多金属矿综合信息找矿模型。在全面收集研究区已有的地质、矿产、物探、化探、遥感资料的基础上，从研究区成矿地质背景分析入手，综合地质异常，物探、化探、遥感异常信息，从区域内筛选成矿远景区，并通过异常查证，逐步缩小找矿靶区，确定含矿地质体，择优进行钻探工程验证。采用补充地质调查、成因矿物学、稳定同位素、矿物包裹体及原生晕测试研究等手段，对区内新发现的典型矿床进行研究，分析了不同类型矿床的主要控矿条件和找矿标志，总结了区域铜铅锌多金属矿找矿标志及成矿规律，进一步提炼成为区域矿床组合模式，建立了多金属矿综合信息找矿模型和典型矿床成矿模式。该找矿预测模型和成矿模式不仅对研究区层控型铅锌多金属矿和热液(矽卡岩)型钼铅锌多金属矿的发现和评价具有重要作用，而且对整个冈底斯地区开展同类型矿床的找矿评价具有重要的指导意义。

如金达找矿靶区应用热水沉积-岩浆热液叠加改造成矿模式在亚贵拉发现热水沉积岩和矽卡岩蚀变，然后通过地质填图配合大比例尺物探、化探剖面测量，发现赋存于火山碎屑岩与碳酸盐岩岩性界面的热水沉积-岩浆热液叠加改造型铅锌多金属超大型矿床。

(5)探索出工作区行之有效的勘查技术方法组合。本次研究结合勘查实践建立了适于工作区有效的找矿技术方法组合，即“3S”技术＋水系沉积物测量优选及缩小找矿靶区，大比例尺地质填图＋土壤化探、激电剖面测量定位含矿地质体，工程验证圈定矿体。经反复实践，该技术方法组合在工作区是适用的和有效的。可以相信在相似的地质环境，这些方法组合仍然具有可借鉴性。

(6)全面系统地进行了区域成矿规律研究，总结了不同类型矿床的综合找矿标志信息，在成矿分析的基础上圈定了矿产预测区和找矿靶区，进一步明确了找矿方向。科学预测提出的成矿远景区16处，已提交矿产远景调查和矿产勘查项目验证，提出的成矿理论和有效找矿技术方法组合，被广泛应用于研究区部署的各类矿产勘查项目，均已取得了明显的效果。研究区部署的后续项目——“西藏仁多岗矿产远景调查”新发现矿产地5处，新发现有较好找矿前景的矿点12个。

通过总结、研究，及时提出了区内铅锌银成矿规律和调查评价工作重点选区方面大量新的认识，提供给相关调查评价项目应用，有力地指导了野外地质找矿工作，同时，经过调查评价项目的验证，收到很好的效果，为地质找矿突破奠定了坚实的基础。

2　区域成矿地质背景

工作区大地构造位置处于冈瓦纳北缘晚古生代—中生代冈底斯—喜马拉雅构造区中北部的念青唐古拉中生代岛链东段(潘桂棠,2002),早期称之为隆格尔-工布江达弧背断隆带(刘增乾等,1990)(图2-1)。

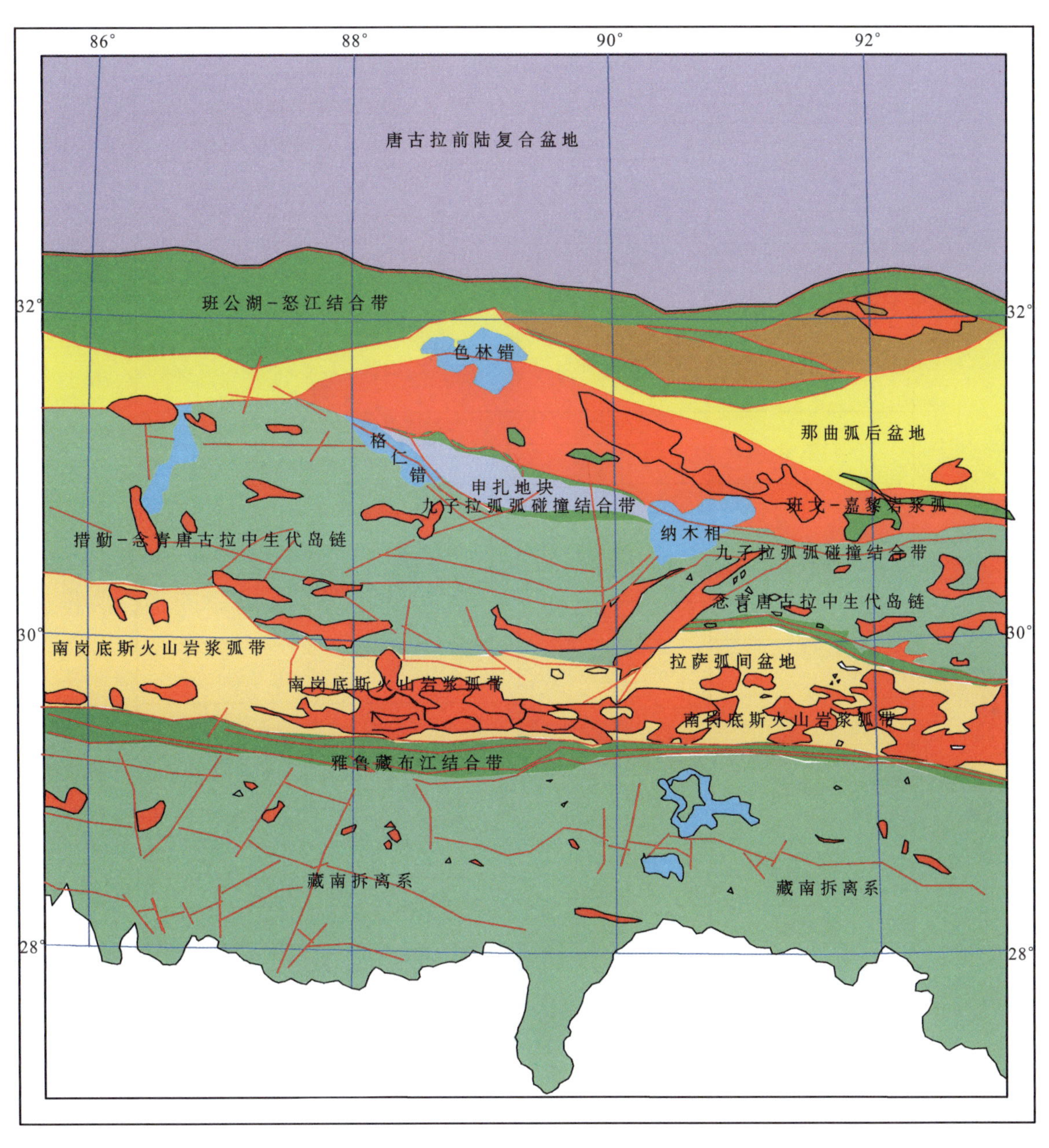

图2-1　冈底斯—喜马拉雅构造区次级构造单元划分图(据潘桂棠,2002,略作修改)

由于研究区经历了特提斯构造演化的全过程，特别是自晚古生代至中生代阶段，受特提斯大洋岩石圈与亚洲大陆和印度大陆岩石圈相互作用的影响，区内发育多期区域性构造-热事件，不同时期、不同类型的构造形迹叠加在一起，形成复杂的区域地质构造格局。

2.1　区域地层及沉积建造特征

研究区隶属冈底斯-念青唐古拉地层区拉萨-察隅地层分区（表 2－1），主要出露中新元古界念青唐古拉群，下古生界前奥陶系松多岩群、上古生界石炭系—二叠系，中生界三叠系—白垩系，新生界林子宗群年波组、帕那组及第四系。

表 2－1　研究区地层层序表

地层分区 地层时代		冈底斯-念青唐古拉地层区	
		拉萨-察隅地层分区	
第四系	全新统	冲积、洪积、湖沼堆积物(Qh)	
	更新统	冰积、冰水堆积物(Qp)	
新近系			
古近系	渐新统		
	始新统	年波组($E_{1-2}n$)/帕那组(E_2p)	
	古新统		
白垩系	上白垩统	竟柱山组(K_2j)/设兴组(K_2sh)	
	下白垩统	塔克拉组(K_1t)	
侏罗系	上侏罗统		
	中侏罗统		Tj$o\psi m$
	下侏罗统		
三叠系		T_{1-2}^{M}	
二叠系	上二叠统		
	中二叠统	洛巴堆组(P_2l)	
	下二叠统	来姑组(C_2P_1l)	
石炭系	上石炭统		
	下石炭统	诺错组(C_1n)	
泥盆系		D_{2-3}	
前奥陶系	松多岩群	雷龙库岩组(AnOl)	
		玛布库岩组(AnOm)	
		岔萨岗岩组(AnOc)	
中新元古界		念青唐古拉群($Pt_{2-3}N$)	

注：据1∶25万门巴幅区域地质调查报告略作修改。

念青唐古拉群：是研究区最古老的结晶基地，呈断块状嵌布于念青唐古拉地区晚古生代—中生代地层中，主要岩石组合为含透辉石大理岩、含石榴十字二云片岩、含阳起石浅粒岩、石榴黑云斜长变粒岩、含石墨斜长透辉岩和斜长角闪岩、片岩等，原岩为火山-沉积建造，岩石变形强烈。许荣华等(1981)曾在羊八井勒青拉用 U-Pb 法测得片麻岩锆石残余年龄 1250Ma，中国地质科学院地质力学研究所(2003)并采用锆石离子探针测年法在片麻岩中获得 1802～1766Ma 的结晶年龄和 817～718Ma 变质年龄。

松多岩群：分布于研究区南部的扎雪—金达一带，为一套厚度巨大、原岩以陆源碎屑岩为主，中间夹有中基性火山岩、火山碎屑岩及少量碳酸盐岩的变质岩系，主要岩性有灰—银灰色石英岩、石英云母片岩、石英片岩、角闪片岩等，与上覆下石炭统诺错组、上石炭统—下二叠统来姑组均为断层接触。据岩相及生物群分析，喜马拉雅和冈底斯-念青唐古拉两区在早奥陶世为一整体，同属冈瓦纳大陆的北缘，为一稳定的陆表海域(图 2-2)。奥陶纪末，可能受南半球冰川活动影响全球海平面下降，研究区发生海退，部分地区仍有海水残存。

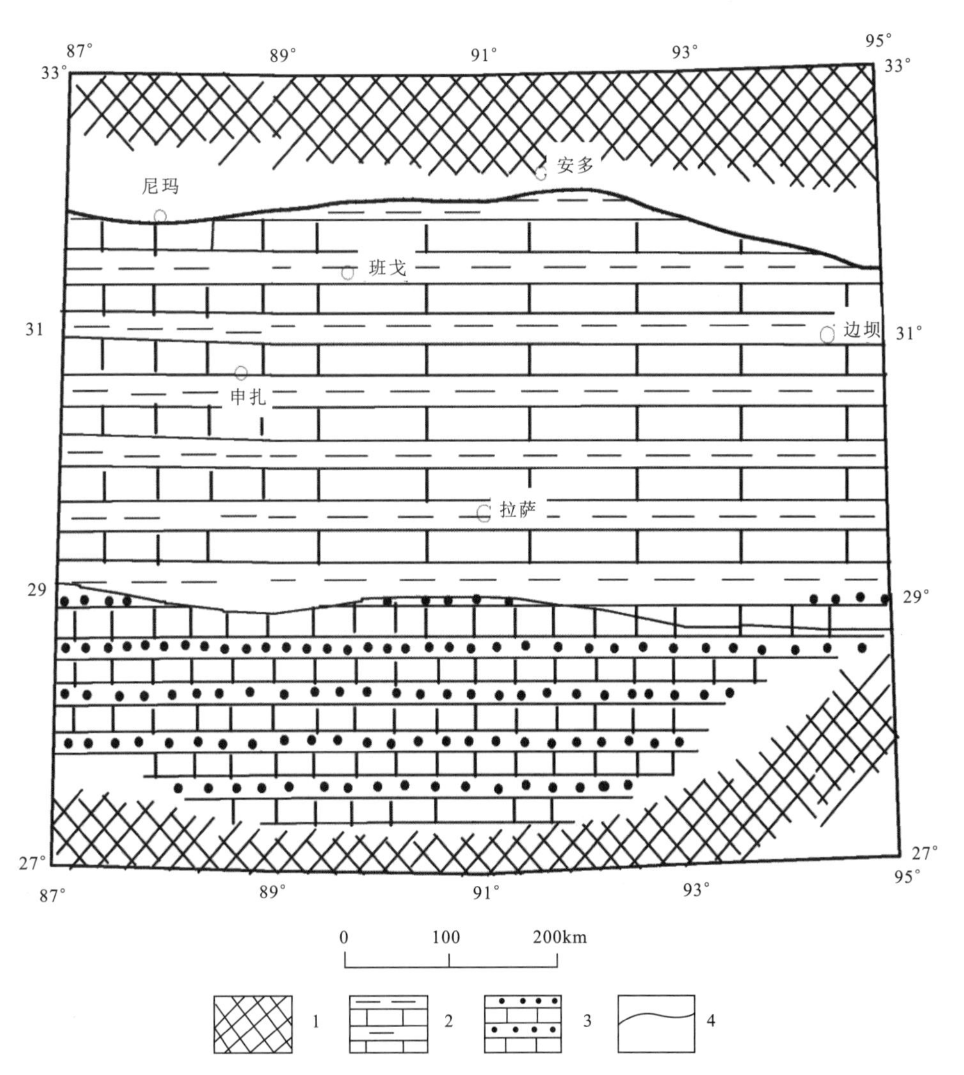

图 2-2　奥陶纪沉积岩相古地理图(据赵政璋等，2001，资料改编)

1. 剥蚀区(古陆)；2. 碳酸盐岩-页岩相；3. 碳酸盐岩-砂岩相；4. 岩相分区界线

石炭系—二叠系：晚古生代，青藏高原裂谷作用具有普遍性，古特提斯洋的开裂、闭合是构造演化中重要事件之一(许志琴，2006)。石炭纪—二叠纪地层由一套含碳质细碎屑复理石夹碳酸盐岩和中基性火山岩组成，包括下石炭统诺错组、上石炭统—下二叠统来姑组、中二叠统洛巴堆组、上二叠统蒙拉组。

其中,诺错组主要以一套灰—深灰色深海相砂岩、页岩、含砾泥质粉砂岩韵律式沉积建造为特征,夹多层结晶灰岩透镜体,在局部的破碎层段中还夹有少量薄层变质粉砂岩、石英岩和浅粒岩。主要岩性为一套深灰色板岩、变石英砂岩,中间夹有结晶灰岩、变玄武岩和安山岩等。由南而北,诺错组含砾细碎屑岩组分逐渐减少,碳酸盐岩组分相应增多,显示研究区南陆北海的古地理格局;来姑组沉积建造具典型的冈瓦纳沉积特色,以冰碛杂砾岩和具浮冰落石构造的含砾砂、板岩夹碳酸盐岩建造,并伴以冷水动物群和舌羊齿植物群的出现为特征(李光明,2007)。在拉屋—昂张及龙玛拉—亚贵拉一带,来姑组为一套灰—深灰色复理石建造,局部夹同时期的基性和中酸性“双峰式”火山岩,具裂谷盆地沉积特征,其间常相伴的玄武岩、中酸性火山岩、火山角砾岩等“双峰式”火山岩,究其成因应与工作区裂谷带伴随的张裂活动有关,是裂谷构造演化的综合体现;洛巴堆组总体上为一套浅海碳酸盐岩-碎屑岩建造,其间略有变化,以灰岩为主夹泥质粉砂岩及基性火山岩,表明沉积环境为距陆源区较远的浅海环境,火山岩发育与裂谷拉张活动有关,属于稳定或次稳定类型沉积;蒙拉组系一套滨海-浅海环境沉积的厚度有限的碎屑岩夹少量灰岩建造,与中二叠统呈假整合,标志着裂谷活动的结束。

总体而言,石炭纪—二叠纪时期,研究区处于弧后盆地拉张构造环境,杨经绥等(2006)松多-工布江达变质年龄(269±17)Ma 的超高压变质带的发现证实了这一认识。早石炭世后期地壳活动性加剧,彰显了青藏高原的“泛裂谷化”特征。许多部位出现不同程度的张裂、快速沉陷和火山活动,形成活动、次活动或次稳定的多种类型沉积。早二叠世,青藏高原进入了“泛裂谷化”的鼎盛期,石炭纪出现的裂谷此时多数达到或接近陆间裂谷的程度,有的成为大洋裂谷。此外,南大陆冰川活动的不断加强,使冈瓦纳大陆北缘的冰海沉积向北扩展,部分进入古特提斯海域与暖水沉积相会,导致两种沉积的交互出现。自早二叠世晚期开始,工作区部分裂谷或洋盆相继闭合,并产生地体间的对接或碰撞,导致了局部地区的隆起或造山。晚二叠世海水大量退出,导致原来的海底大部分露出水面,形成大面积的陆源剥蚀区。而研究区的林周地区尚有海域存在,独具特色,在堆龙德庆至墨竹工卡一带堆积了以泥质岩为主的沉积岩和中性火山岩。沉积岩中硅质含量较高,可能受火山作用影响所致。

下中三叠统:中生代进入特提斯活动大陆边缘沉积时期,地壳活动性逐渐增强。由于新特提斯洋的快速扩张而处于侧向挤压状态,研究区处于隆升环境,缺失大部沉积记录,仅在拉萨却桑寺沉积有查曲浦组。该组由早期的局限海盆地相砂岩、砂屑灰岩、灰岩、硅质岩,向上过渡为海陆交互相,并伴有强烈的火山活动,发育英安岩、安山岩、安山质角砾熔岩、凝灰岩夹灰岩等。查曲浦组火山岩 SiO_2 的含量在44.46%~47.92%之间变化,具显著的 Nb、Ta、Ti 负异常,显示岛弧火山岩的基本特征及构造环境,表明晚三叠世冈底斯活动大陆边缘已开始形成。

白垩系:区内白垩纪地层有塔克拉组、设兴组及竟柱山组,其中,塔克拉组、设兴组仅在林周盆地出露。塔克拉组为一套滨浅海相沉积建造,主要岩性为灰色长石岩屑砂岩、石英砂岩,局部夹灰岩透镜体。设兴组为一套潮汐砂泥岩相-红层砂泥岩相沉积组合,岩性主要为紫红色、灰绿色泥岩,粉砂质泥岩,紫红色粉砂岩,黄灰色细砂岩等,整合于塔克拉组地层之上。竟柱山为一套以陆相为主的碎屑岩建造,主要岩性为紫红、灰色砾岩,砂岩,粉砂岩,泥岩,局部夹海相砂泥岩、泥灰岩与中基性火山岩,厚 461~2500m。该组与下伏地层呈角度不整合接触,为区内重要的造山不整合面。

古近系年波组/帕那组:为一套巨厚的中酸性为主的火山岩建造,主要岩性为流纹岩、粗面岩、安山岩等中酸性岩,岩石化学成分具典型陆缘火山弧岩石特征。年波组/帕那组不整合于下伏地层之上,在研究区西南部和东南部分布较为集中,构成一个古近纪火山岩盆地。

2.2 区域构造及其演化特征

自晚古生代以来,研究区经历了两次重大构造体制演化,即晚古生代的特提斯洋-陆构造体制演化和新生代以来的高原陆内汇聚构造体制演化(李光明等,2007)。区内大地构造属性和构造单元随着构造演化不断发生变化，形成了区内显著不同的构造-岩浆-沉积建造。晚古生代以来，念青唐古拉地区频繁的火山岩浆活动与构造运动，造成了区内多期次成矿作用的叠加，为研究区多金属成矿带大型或超大型矿床的形成提供了最根本的内在条件。

2.2.1　区域构造特征

冈底斯-念青唐古拉复合火山-岩浆弧带亦称隆格尔-工布江达弧背断隆带，主要由前中生代地层所构成。该构造单元西部发育近南北向的羊八井-九支拉韧性剪切带，将弧背断隆分为东、西两部分，东部主要为石炭纪和二叠纪地层，南缘有少量前奥陶纪松多岩群，以发育近东西向的褶皱和逆冲推覆构造为特征，部分古近纪陆缘弧火山岩覆盖其上。西部出露地层相对较老，除零星分布的古生界之外，尚有中新元古代片麻岩系。

根据裂谷作用在研究区不同区域的沉积-构造学特征和差异，研究区在晚古生代自南向北可进一步划分为：扎雪-金达断隆、亚贵拉-龙玛拉断坳、都朗拉断隆、昂张-拉屋断坳，即“两隆、两坳”的次级成矿构造单元(图 2-3)。

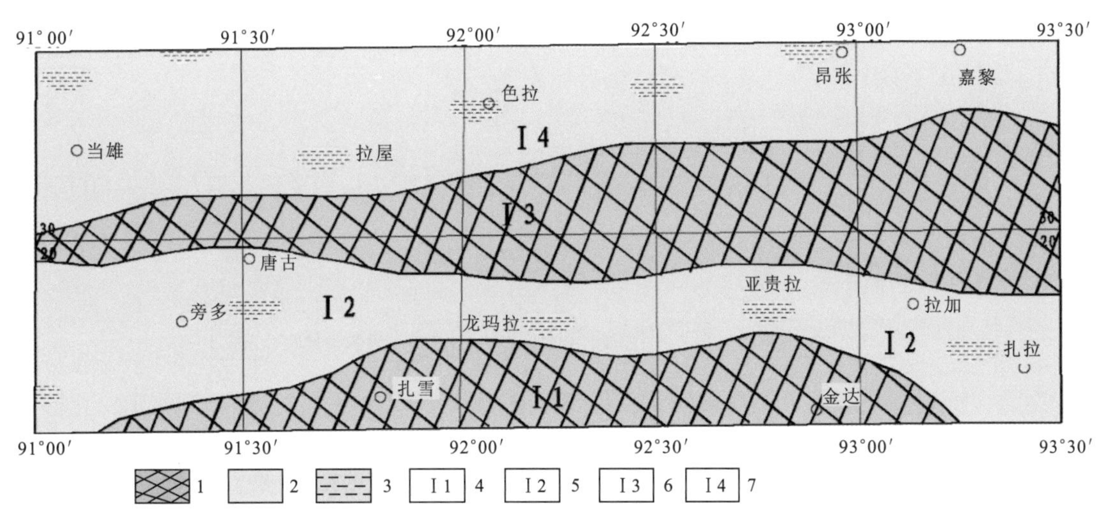

图 2-3　研究区Ⅳ级成矿构造单元划分示意图

1. 断隆；2. 断坳；3. 卤水池；4. 扎雪-金达断隆；5. 亚贵拉-龙玛拉断坳；6. 都朗拉断隆；7. 昂张-拉屋断坳

扎雪-金达断隆：分布于研究区南部，以扎雪-门巴韧性剪切带与其北侧的亚贵拉-龙玛拉断坳分割。区内出露地层主要为前奥陶纪松多岩群和下石炭统诺错组的沉积变质细碎屑岩系组成。松多岩群为一套绿片岩-低角闪岩相的变质岩系，主要岩石类型为石英岩、白云石片岩、含钙铝榴石黑云石英片岩、堇青石片岩等，其原岩为粉砂质泥岩、粉—细石英砂岩、砂岩夹中基性火山岩。松多岩群南部发现一条规模较大、呈东西向展布的松多-工布江达超高压变质带，变质温度为 650～750℃，压力 2.58～2.67GPa，其原岩为大洋玄武岩，变质年龄(269±17)Ma(杨经绥等，2006)。该高压变质带可能是古特提斯洋俯冲的产物，代表一条新的板块边界。据此推断，扎雪-金达断隆在晚古生代处于岛弧构造环境，其内部发育的中基性火山岩和晚三叠世Ⅰ型花岗岩充分证实了这一认识。研究区晚三叠世Ⅰ型花岗岩的分布严格受扎雪-门巴(广布切-沙让)韧性剪切带控制，晚三叠世的Ⅰ型花岗岩主要分布于该断裂南侧，白垩纪花岗岩分布于断裂北侧。沿该断裂带岩石挤压破碎强烈，发育大量的构造角砾岩、碎裂岩、碎粉岩等。带内岩层强烈揉皱，可见紧闭的同斜褶皱、平卧褶皱及大量的牵引褶皱，在断裂带内及两侧发育一系列平行主断裂的次级断裂，多显示强烈的挤压和逆冲特点，被后期的北东向断裂所截切，其北侧的来姑组变形特征明显，发育轴面南倾紧闭同斜褶皱，指示由南向北逆冲作用的存在。断裂带内大量发育的牵引褶皱，指示由南向北逆冲的特征(图 2-4)。根据区内地层变质、变形特征分析，该断裂带形成于晚石炭世晚期，沿冈底斯被动大陆边缘发生大规模的拉伸作用，形成大规模的拉伸盆地，并有弱的糜棱岩化。此期断裂活动受后期造山作用影响，其规模、产状等特征均遭破坏，其性质已难以辨别。晚期活动主要表现为晚侏罗世—早白垩世时期的浅表层次的脆性破碎活动，脆性断裂亦沿主界线发育，形成一系列产状南倾的高角度逆断层。

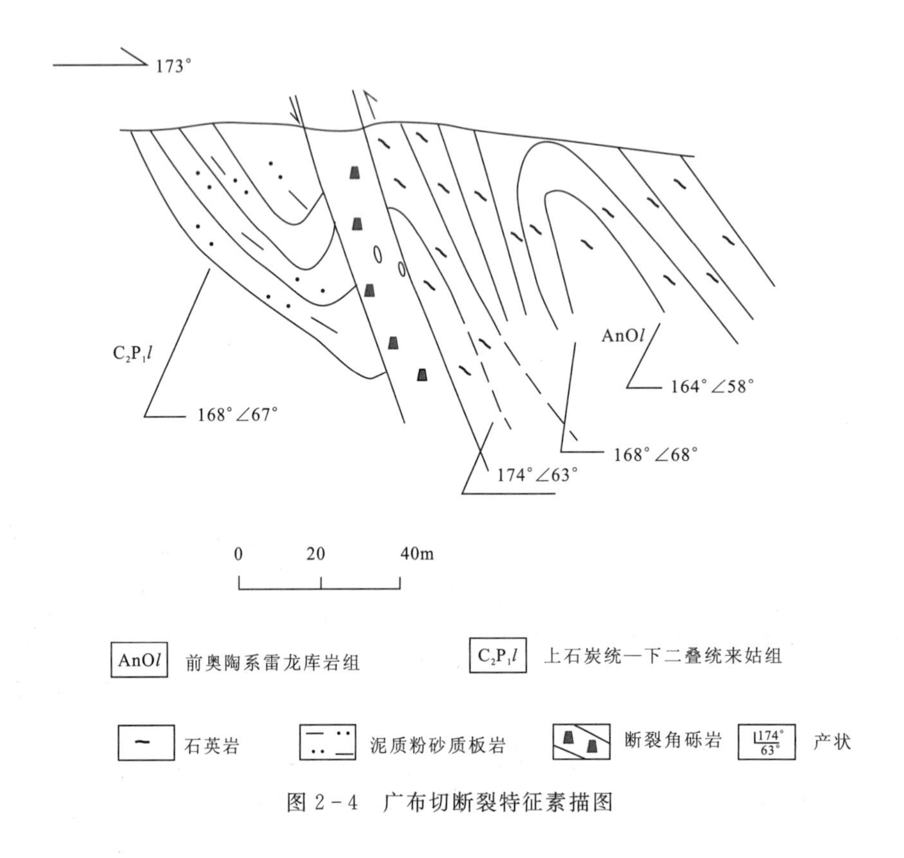

图 2-4 广布切断裂特征素描图

亚贵拉-龙玛拉断坳：位于工作区中南部，夹持于扎雪-门巴断裂和拉如-卓青北-江多断裂之间。东起米拉以东，经亚贵拉、扎雪、旁多区，向西延伸至羊巴井一带。出露地层主要为诺错组、来姑组和洛巴堆组。区内主要构造陈布栋-多其木断裂西段为来姑组第三岩性段中的层间断裂，东段被古近纪帕那组火山岩覆盖。断裂活动始于晚石炭世晚期，为伸展盆地形成的同生断裂，局部沿断裂带可见有火山活动，晚期活动为燕山晚期，此期断裂的规模较大，显示正断层性质，形成各种成分构造角砾岩和碎裂岩。

下石炭统诺错组沉积环境为半深海-深海细碎屑岩体系。据林周县唐古乡江多村西沟剖面，以深灰色深海相砂岩、页岩、含砾泥质粉砂岩韵律式沉积为特征。顶部发育钙质含量较高的板岩，浊积岩相极为发育，内部见粒序层理、底冲刷构造；出露地层厚度大于 500m。在门巴乡德宗温泉附近，诺错组产于东西向逆冲断裂与南北向平移断层所围限的残破断块内，层序不全，岩层破碎较强。出露的岩层主要为一套灰色至深灰色粉砂质板岩、钙质板岩夹多层结晶灰岩透镜体，在局部的破碎层段中还有少量薄层变质粉砂岩、石英岩和浅粒岩。在西部棒多岗一带出露厚度为 2924m，岩性主要为含砾长石岩屑砂岩、含砾沉凝灰岩、凝灰质砂岩及复屑凝灰岩；在旁多一带以粉砂质绢云板岩、含砾泥质粉砂岩为主，夹长石石英砂岩，出露厚度为 768m。上石炭统—下二叠统来姑组第一岩性段为滨、浅海相黄褐色中厚层含砾砂岩、长石石英砂岩、含生物碎屑钙质长石砂岩、粉砂岩及黑色泥岩；第二岩性段为深海相深灰色厚层含砾泥质粉砂岩夹黄褐色粉砂质泥岩；第三岩性段以大套巨厚沉积纹层发育泥岩出露为标志，以有灰岩夹层为特征，与上覆中二叠统洛巴堆组薄层灰岩、泥灰岩、泥岩韵律层整合接触。洛巴堆组为一套沉积厚度较大、由岩性较为单一的碳酸盐岩组成的地层地质体。它是由陆缘障壁岛型和浅海陆棚台地型碳酸盐岩组成，局部夹有活动岛弧型火山岩和火山碎屑混入，沉积厚度各处变化较大。

从该断坳总体岩相特征看，诺错组形成于深水盆地环境，碎屑中火山岩组分较多，反映构造环境不稳定性，造成了浊流沉积的多发性。来姑组层序完整，化石丰富，出露面积很大。其第一岩性段为滨、浅海相，第二岩性段为深海相，第三岩性段以浅海陆棚相及区域浅变质为特征。

都朗拉断隆：分布于研究区中北部，夹持于拉如-卓青北-江多断裂和色日绒-巴嘎断裂之间。出露地层主要为来姑组，为一套浅海相细碎屑岩建造，与其南、北两侧断坳内的来姑组沉积建造相比，以沉积建造缺乏火山物质且沉积厚度小为特征，主要岩石以砂岩、板岩及生物碎屑灰岩为典型特征，沉积环境应属于滨岸碎屑岩相、潟湖含膏盐细碎屑岩夹碳酸盐岩相、浅水陆架含砾碎屑岩夹少量碳酸盐岩相。区内来姑组沉积厚度为1657m，而南侧的亚贵拉-龙玛拉断坳来姑组沉积厚度大于4669m，北侧的昂张-拉屋断坳来姑组沉积厚度亦达3158m。拉如-卓青北-江多断裂呈近东西向延伸，西段被古近纪帕那组火山岩覆盖，东段断裂活动影响地层及岩体有晚石炭世—早二叠世来姑组，晚白垩世的黑云母花岗岩和辉绿玢岩。该断裂具多期活动特点，早期为伸展盆地形成的同生断裂，后期为燕山期黑云母花岗岩的边界控制断裂。早期断裂受造山作用及多种因素影响，性质、规模等已难以确定，晚期活动规模较大，显示正断层性质，形成各种成分构造角砾岩和碎裂岩。

昂张-拉屋断坳：位于工作区北部，南侧以色日绒-巴嘎断裂与都朗拉断隆为邻。东起嘉黎区以东，经昂张、色拉、拉屋，向西延伸至奔塘岗北侧一带，出露的地层主要是来姑组。该组地层岩性段间和岩性段内部发育多条逆冲断层将岩组内部错断，致使组段出露不全。根据来姑组岩石组合类型及层间、层面的结构和构造分析，该组沉积环境属活动性较强的岛弧碎屑岩夹中基性火山岩相。自下而上，由老至新可以划分为3个岩性段。

第一岩性段：含砾砂质板岩夹砂质条带状大理岩段。主要由含砾砂质板岩夹长石石英砂岩、中基性火山岩、火山碎屑岩；在上部含砾板岩中常夹有含砂质的碳酸盐岩透镜体层。

第二岩性段：千枚状板岩、千枚岩，夹石英岩、片岩和斜长片麻岩段。主要岩性为千枚状板岩、板状千枚岩，中间夹石英岩、变质长石石英砂岩、变粒岩、石英片岩、云母片岩，部分层段离岩体较近处则变质程度深，形成各种片岩和斜长片麻岩。其原岩为滨岸砂岩、过渡带粉细砂岩和页岩，滨外含砾泥岩、粉砂岩和滨外泥、页岩，以及较深水的黑色泥、页岩等海相沉积。

第三岩性段：含砾砂质板岩、黑色板岩、千枚岩夹透镜状碳酸盐岩段。以含砾的细碎岩为主，中间夹有各种粒级和成分的砂岩及碳酸盐岩透镜体。变质后则为板状千枚岩、千枚岩夹各种变质砂岩和变晶的石灰岩、白云岩、石膏、膏溶角砾岩等。此岩段沉积厚度巨大，多在3000m以上。

从断坳岩相特征看：来姑组第一岩性段，属典型的深水相浊流成因。第二岩性段主要为灰色中厚层钙质板岩，原岩为细粒陆源碎屑岩组合，分选性极差，在区域上分布具有一定的广泛性，根据上下层位沉积主要为浊流成因的特征分析，应属浊流成因。第三岩性段下部主要为深灰色中厚层状含砾粉砂岩，也是典型的深海还原环境条件下发育的浊积岩沉积相；上部发育的各种粒级和成分的砂岩及碳酸盐岩透镜体，为浅海陆棚相带沉积相。

总之，隆格尔-工布江达弧背断隆带分布的次级断隆、断坳基本代表了工作区晚古生代陆内断陷裂谷构造背景和沉积岩相古地理地貌特征。区内分布的层状铅锌矿受南、北两条东西向展布的断坳控制。

2.2.2　区域构造演化

前奥陶纪：早古生代早期，在拉伸环境下研究区接受伸展-坳陷沉积，形成中深海-滨海陆棚环境的碎屑岩建造，在区域上分布大洋拉斑玄武岩，并伴有辉长岩脉侵入。初始地幔岩浆沿裂谷上侵，形成超镁铁质岩石。受南北向的挤压，形成了具流变特征的平卧褶皱，继而受南北向的拉展，发生一近东西向拆离伸展，形成近东西向A型褶皱和不对称褶皱。约在早古生代晚期(466Ma)，经区域动力热流变质作用和变形，形成低角闪-绿片岩相变质岩(松多岩群)。奥陶纪末期，测区处于隆升剥蚀状态。

晚古生代时期：研究区在晚古生代的裂谷作用与青藏高原各裂谷带的形成和演化具有同步性，裂谷作用基本上都从泥盆纪中、晚期开始，在早二叠世达到裂谷化高峰，在晚二叠世末终结。裂谷作用的同步性反映动力学过程的同一性。这一动力学过程同古特提斯洋的打开和消亡相联系。因为古特提斯洋也是从晚古生代初期启开，到晚二叠世初消亡。它横亘在青藏高原的北部，分隔着南方冈瓦纳大陆和北方劳亚大陆。

根据裂谷带中发育的地层和沉积序列特征，认为研究区裂谷带大致经历了裂谷作用萌生、裂谷初成、裂谷成熟、裂谷闭合 4 个演化阶段。区内层控型铅锌多金属矿床成矿作用多发生在断陷裂谷带强烈拉张下沉的晚期向闭合的转换时期。

裂谷作用萌生阶段：中、晚泥盆世地壳开始裂开并发生差异性升降，在古剥蚀面的凹陷带最先发生陆源碎屑物堆积，底部以粗碎屑为特征，有的部位出现火山作用，喷发中酸性和中基性岩浆。

裂谷初成阶段：石炭纪时期相邻地堑型坳陷兼并，致使坳陷范围扩大并逐渐定型，成为沉积作用的主要场所。坳陷内部结构不均匀，有垒堑构造，既堆积碎屑沉积，又堆积碳酸盐沉积，它们相互消长。这时更多地出现主要为碱性系列的火山作用，基性岩浆喷发逐渐代替中酸性和中基性岩浆喷发。

裂谷成熟阶段：早二叠世，地壳减薄达最大程度，盆地范围扩大达最大程度。拉斑系列玄武岩浆沿断裂大规模喷发，并以发育铁锰质碳酸盐沉积为特征，某些部位出现深水硅质岩沉积，局部地方堆积细粒陆源碎屑沉积。

裂谷闭合阶段：晚二叠世末期，地壳的引张作用停息，盆地受到挤压和抬升，沉陷范围收缩，并出现新的蚀源区。

在亚贵拉-龙玛拉、昂张-拉屋两条断坳带中发育有深水自生矿物和地球化学标志的富铁锰质碳酸盐岩及薄层暗色泥岩，具类复理石特征。断坳中发育的硅质岩、铁锰质碳酸盐岩、微晶石英岩和富斜长石岩中，厚仅数毫米的纹层构造极为发育，水平层理极为均匀、平整，延伸稳定，系热水沉积岩（张旺生，2009）。有时可见韵律层理或类浊流沉积的粒序层，即具深水沉积学标志。据《西藏当雄幅 1∶25 万区域地质调查报告》，下石炭统诺错组沉积环境为碎屑岩半深海-深海体系，其沉积界面都位于浪基面之下。

根据残余原生沉积构造标志和沉积相推断，在亚贵拉-龙玛拉、昂张-拉屋断坳中相对深陷的断坳区内，在石炭纪—早二叠世时期都经历了由浅—深—渐浅的变化过程，通常水深大于千米。

中生代时期：在早、中三叠世时期基本上保持晚二叠世时的古地理格局，包括部分羌塘地域在内的冈底斯古陆依然存在，致使区内大片地方未接受沉积。然而，在其东南部的林周盆地继续被海水淹没。早、中三叠世沉积见于拉萨北面的堆龙德庆至墨竹工卡一带，拉萨南面也有零星分布。其下部主要为灰岩、凝灰质砂岩夹硅质灰岩、凝灰质灰岩及安山岩等；上部以中性、中酸性火山岩和火山碎屑岩为主夹少量凝灰质砂岩及粉砂岩。拉萨以南则为砂板岩、灰岩夹中基性火山岩。表明该区为浅海环境下形成富含火山岩的碳酸盐岩-砂岩相。火山岩属钙碱系列，碎屑岩具有近距离搬运、快速堆积的特征。

中三叠世末，青藏高原由于受早印支运动的影响一度抬升，大部分地区露出水面。到晚三叠世海水再次入侵，中期达到最大规模，到晚期开始海退。与此相应，青藏高原岩相古地理有了新的变化。冈底斯-念青唐古拉区于晚三叠世，大片地域仍为冈底斯古陆所占据，在古陆南侧的林周盆地的麦龙岗—拉东一带，发育有晚三叠世沉积，主要为一套砂页岩、泥岩与灰岩互层建造，以灰岩为主夹角砾岩及辉绿岩脉，是在较动荡的滨浅海潮坪或台地环境下形成的碳酸盐岩夹碎屑岩相沉积。

在研究区南部，沿门巴—档多一带分布有晚三叠世的黑云角闪花岗闪长岩、黑云母二长花岗岩，锆石 SHRIMP U－Pb 年龄和角闪石 $^{40}Ar/^{39}Ar$ 年龄分别为 207Ma 和 215Ma。地球化学特征和岩石学特征表明，该期花岗岩为 I 型花岗岩，形成于岛弧构造环境，显示在晚三叠世—早侏罗世时期冈底斯活动大陆边缘已开始形成。

中晚侏罗世时期，是新特提斯洋俯冲消减的高峰时期。由于新特提斯洋和北侧的班公错-怒江弧后洋盆向冈底斯的共同俯冲消减，晚侏罗世研究区岩浆活动强烈，在日翁拉—勇拉一线黑云母二长花岗岩就位。此时，在南北向挤压应力作用下，研究区普遍遭受变质变形，形成与区域构造线一致的轴面南倾的闭合褶皱，规模较大，形成由北而南的逆冲断层及区域上的低绿片岩变质作用。

白垩纪时期，受雅鲁藏布江新特提斯洋俯冲加剧的影响，岩浆活动频繁。区内都朗拉斑状黑云母花岗岩、二长花岗岩就位，这些岩体均具S型花岗岩特征，是与俯冲碰撞有关的地壳重熔的产物。受南北向挤压应力作用的影响，形成北西向、北东向延展逆断裂。区内地层普遍发生变形，形成轴面北倾的平缓褶皱。晚白垩世末期，区内出现短暂的拉张，在都朗拉断隆南侧沿扎雪-门巴断裂带有辉绿玢岩岩墙广泛侵入。

新生代时期：古近纪时期，随着印度板块继续向北运移，由洋壳俯冲继而转换为陆-陆碰撞阶段，受俯冲消减和重熔作用的影响，火山活动发育。在研究区中东部出露大量的岛弧-陆缘型火山岩，岩性主要为安山质凝灰岩、安山岩、流纹岩、流纹质凝灰岩等，其K-Ar测年结果在38.18～54.42Ma，时代为始新世。同时，还有同时期的石英斑岩侵入。渐新世时期是构造岩浆活动相对稳定期，测区内没有发现这一时期岩浆活动，同时也缺乏同时期沉积记录，这一时期可能为高原最早夷平面产生时期。

新近纪时期，青藏高原仍处于区域性强烈碰撞挤压造山和地壳缩短增厚阶段，导致研究区发生大量与构造隆升有关的热事件。研究区在近南北向应力作用下形成了系列近东西向的逆断层和东西向宽缓的直立水平褶皱，以及北东向和北西向的走滑断裂。

上新世以后，青藏高原处于挤压作用后的松弛阶段，高原达到最大隆升高度后发生垮塌及东西向、南北向、北西向等继承性的断裂活动，形成高角度正断层和张扭性断裂，控制着研究区温泉、地震的空间分布，因地块间发生脉动性、差异性隆升，导致研究区夷平面、河流阶地等现代构造地貌的形成。

2.3 岩浆活动及岩浆岩建造

研究区岩浆作用较为发育，岩浆活动与构造作用息息相关。从前奥陶纪到新生代的各主要地层单元中都有火山岩的分布，而在晚古生代以来的地层中最为集中。侵入岩大多数形成于燕山-喜马拉雅期，反映出岩浆的侵位与中、新生代构造活动的密切联系。

2.3.1 侵入岩

根据本研究同位素测年结果及《西藏门巴区幅(1∶25万)区域地质调查报告》同位素测年数据(吉林大学，2005)，区内侵入岩侵入时限可大致分3组：一组年龄为215～199Ma，其岩性主要为花岗闪长岩、二长花岗岩和英云闪长岩等，分布于南侧的门巴、金达附近。岩相学特征和地球化学研究表明，该时期的岩石属Ⅰ型花岗岩，具壳幔混合特点；二组为139～60.2Ma，岩性为二云花岗岩、含巨斑黑云母花岗岩等，主要分布于色日绒—错麦一带，受断层控制明显，岩石具S型花岗岩特征，属壳源型花岗岩；第三组年龄在57.7～11.0Ma之间，岩性为斜长花岗岩、石榴二云母花岗岩，分布零散，侵入于前两期花岗岩之中。

根据岩石化学分析(表2-2至表2-4)，区内晚三叠世花岗闪长岩岩石地球化学特征为$Na_2O>K_2O$，岩石中里特曼指数$\sigma=1.76$，碱度率AR为1.92；采用SiO_2-(K_2O+Na_2O)图解属钙性花岗岩系列(图2-5)。其中，SiO_2含量63.75%，(K_2O+Na_2O)含量6.05%，略低于中国酸性岩同类岩石；Al_2O_3含量14.60%，与中国酸性岩基本相似(焉明才，迟清华，2005)；MnO含量0.12%，MgO在2.72%，CaO的含量则在4.56%，明显高于中国酸性岩类。岩石固结指数SI=18.95。铁镁指数MF=67.23，反映岩浆分离结晶程度较低。微量元素含量与费尔斯曼同类岩石相比Ga=5倍、Cr=9倍、Zn=2倍、Sr=3倍，其余均低。

表 2-2　研究区岩浆岩硅酸盐分析结果表

序号	野外编号	时代	室内定名	分析结果(%)													
				SiO_2	Al_2O_3	Fe_2O_3	FeO	CaO	MgO	K_2O	Na_2O	TiO_2	P_2O_5	MnO	H_2O	CO_2	烧失量
1	GS515/1	E_2	黑云母花岗斑岩	71.46	14.25	0.73	1.12	0.56	0.385	4.99	4.12	0.221	0.072	0.073	1.160	0.444	1.660
2	GS401/1	E_2	花岗斑岩脉	68.72	11.88	1.13	3.84	3.75	3.630	2.92	1.75	0.648	0.140	0.071	1.270	0.188	1.230
3	GS4196/1	E_2	辉绿玢岩	45.62	15.56	3.21	9.74	6.65	6.000	2.22	3.13	3.350	0.560	0.206	3.640	0.753	3.940
4	GS518/1	E_1S	闪长岩	54.16	16.96	1.41	6.92	7.64	4.680	2.27	3.42	1.080	0.402	0.177	0.665	0.309	1.020
5	GS517/1	E_1S	花岗闪长岩	58.22	16.81	3.38	3.68	6.03	3.570	3.07	3.37	0.967	0.328	0.121	0.578	0.161	0.664
6	GS522/1	K_2D1	角闪花岗闪长岩	66.48	14.69	1.74	3.22	3.07	2.120	3.11	3.25	0.655	0.118	0.091	1.490	0.134	1.720
7	GS523/1	K_2D2	二长花岗岩	66.52	14.56	1.59	3.07	3.41	1.830	3.21	3.24	0.584	0.114	0.089	1.410	0.161	1.490
8	GS120/1	K_2D3	黑云母斑状二长花岗岩	71.44	14.64	0.36	1.64	1.08	0.555	5.20	3.30	0.266	0.102	0.050	0.912	0.108	0.972
9	GS111/1	K_2D4	钾长花岗岩	67.46	14.79	1.02	3.01	3.59	1.760	3.38	2.85	0.508	0.100	0.076	1.230	0.188	1.240
10	GS206/1	J_1G1	角闪花岗闪长岩	54.40	16.47	2.08	7.47	6.85	3.730	2.93	2.73	1.300	0.392	0.163	1.120	0.242	1.520
11	GS207/1	J_1G2	英云闪长岩	54.12	16.00	1.77	7.89	6.75	4.160	3.08	2.54	1.400	0.456	0.180	1.080	0.175	1.280
12	GS115/1	J_1G2	英云闪长岩	71.06	12.54	1.68	2.86	0.96	2.630	3.24	1.74	0.721	0.160	0.066	1.720	0.323	2.340
13	GS202/1	J_1G3	二长花岗岩	66.48	14.82	2.11	2.98	4.49	1.720	2.36	2.78	0.659	0.224	0.098	1.010	0.121	0.976
14	GS203/1	J_1G3	二长花岗岩	70.58	15.34	0.66	1.31	2.62	0.441	4.09	3.48	0.193	0.064	0.069	0.883	0.148	1.100
15	GS503/1	T_3Y	花岗闪长岩	63.75	14.60	2.10	3.48	4.56	2.720	2.74	3.31	0.649	0.195	0.116	1.270	0.269	1.620
16	GS520/1	E_2p	流纹质角砾晶屑凝灰岩	73.47	13.60	0.47	1.52	1.52	0.719	2.31	3.66	0.223	0.059	0.072	1.340	0.658	2.140
17	GS520/19-1	E_2p	流纹质角砾晶屑凝灰岩	68.12	14.37	1.01	3.08	1.33	1.080	5.08	3.00	0.729	0.168	0.077	1.600	0.497	1.990

表 2-3 研究区岩浆岩微量元素分析结果表

序号	野外编号	时代	室内编号	分析结果($\times 10^{-6}$)																	
				Cr	Ni	Co	Rb	W	Mo	Sr	Ba	V	Sc	Nb	Ta	Zr	Hf	Ga	Sn	Se	Th
1	Wl515/1	E_2	黑云母花岗斑岩脉	8.02	7.30	16.9	131	160	1.04	145	879	9.95	5.28	9.58	0.99	166	4.65	16.5	1.10	0.098	19.8
2	Wl401/1	E_2	花岗斑岩脉	47.2	30.20	19.3	192	91	0.80	130	481	89.40	13.70	14.20	0.82	182	7.08	18.4	0.70	0.047	14.4
3	Wl4196/1	E_2	辉绿玢岩	69.6	45.60	38.8	136	4.98	1.08	326	267	319	37.60	16.20	1.71	190	7.13	30.6	1.10	0.210	15.4
4	Wl518/1	E_1S	闪长岩	38.6	16.40	26.6	93	54	2.75	899	424	233	21.40	6.82	0.92	148	5.04	24.0	3.00	0.120	9.14
5	Wl517/1	E_1S	花岗闪长岩	35.3	21.00	20.2	133	89	1.55	820	554	179	18.30	9.85	0.53	161	5.39	21.0	1.10	0.091	18.9
6	Wl522/1	K_2D1	角闪花岗闪长岩	18.3	8.80	20.4	126	159	0.92	224	710	109	16.30	9.49	1.35	134	4.66	21.0	0.60	0.130	22.1
7	Wl523/1	K_2D2	二长花岗岩	18.4	10.70	16.3	137	125	0.96	184	629	111	16.60	7.90	0.88	114	3.88	20.2	1.70	0.450	25.4
8	Wl120/1	K_2D3	黑云母斑状二长花岗岩	<1.0	4.50	14.4	269	142	0.43	152	582	15.2	5.20	11.50	1.20	120	4.40	18.0	3.20	0.020	29.4
9	Wl111/1	K_2D4	碱长花岗岩	12.6	6.70	17.7	155	130	0.25	216	700	81.0	16.90	11.80	1.01	170	5.37	18.0	1.00	0.020	19.8
10	Wl206/1	J_1G1	角闪花岗闪长岩	14.9	7.50	19.9	117	86	0.35	623	803	229	31.80	14.70	1.70	292	10.80	26.7	6.00	0.073	12.4
11	Wl207/1	J_1G2	英云闪长岩	28.2	5.50	21.4	121	53	0.21	525	759	246	33.80	14.60	0.69	288	10.50	27.4	1.70	0.084	12.7
12	Wl117/1	J_1G2	英云闪长岩	<1.0	8.45	15.8	99	166	0.20	750	662	50.0	7.36	8.55	0.72	220	7.44	18.5	0.55	0.026	20.2
13	Wl202/1	J_1G3	二长花岗岩	4.20	4.50	18.0	91	165	<0.10	856	697	84.8	9.97	8.71	0.66	230	7.40	19.8	0.95	0.023	17.9
14	Wl203/1	J_1G3	二长花岗岩	<1.0	10.50	17.7	123	226	0.19	625	1020	13.4	3.08	7.88	0.59	113	4.35	15.6	0.90	0.012	14.5
15	Wl503/1	T_3Y	花岗闪长岩	22.8	10.80	21.9	104	126	0.32	428	452	166	23.00	9.41	1.66	128	5.01	20.6	1.00	0.023	16.1
16	Wl520/1-1	E_2p	流纹质角砾晶屑凝灰岩	<1.0	5.60	8.5	120	109	18.00	240	442	21.8	7.10	15.00	1.64	153	4.90	18.0	0.95	0.420	28.8
17	Wl520/19-1	E_2p	流纹质角砾晶屑凝灰岩	23.3	14.50	7.5	222	66	0.85	206	1320	65.8	12.40	15.80	0.94	272	8.40	23.1	3.00	0.160	

表 2-4　研究区岩浆岩稀土元素分析结果表

序号	野外编号	时代	室内编号	分析结果（$\times10^{-6}$）														
				La	Ce	Pr	Nd	Sm	Eu	Gd	Tb	Dy	Ho	Er	Tm	Yb	Lu	Y
1	Wl515/1	E_2	黑云母花岗斑岩	59.1	87.6	8.01	29.9	5.24	1.01	4.28	0.69	3.99	0.89	2.43	0.43	2.46	0.33	19.4
2	Wl401/1	E_2	花岗斑岩	39.9	62.5	7.71	34.7	5.68	1.04	4.51	0.90	5.92	1.06	3.12	0.46	2.71	0.31	20.0
3	Wl4196/1	E_2	辉绿玢岩	34.2	66.9	9.26	39.1	8.99	2.85	10.00	1.70	10.5	2.11	5.80	0.82	5.70	0.74	46.7
4	Wl518/1	E_1S	闪长岩	38.9	70.3	7.58	34.9	6.67	1.78	5.37	0.89	4.67	0.83	2.18	0.33	2.02	0.25	19.7
5	Wl517/1	E_1S	花岗闪长岩	51.8	89.4	9.15	38.4	7.23	1.06	6.13	1.10	5.30	1.02	2.58	0.40	2.36	0.32	24.9
6	Wl522/1	K_2D1	角闪花岗闪长岩	57.0	93.1	9.10	32.7	5.15	1.16	5.24	0.89	5.64	1.24	3.28	0.50	2.60	0.45	27.9
7	Wl523/1	K_2D2	二长花岗岩	69.0	106.0	10.00	35.1	6.12	1.18	5.50	0.91	5.55	1.03	3.25	0.52	3.48	0.47	26.1
8	Wl120/1	K_2D3	黑云母斑状二长花岗岩	43.7	73.8	7.07	27.2	6.16	0.77	5.12	0.86	5.37	0.84	2.30	0.34	2.44	0.26	24.5
9	Wl111/1	K_2D4	钾长花岗岩	50.2	80.2	10.00	40.6	7.18	1.37	7.96	1.32	7.37	1.44	4.01	0.60	4.71	0.66	31.5
10	Wl206/1	J_1G1	角闪花岗闪长岩	63.8	120.0	13.10	55.5	11.40	2.31	11.10	1.86	9.77	1.84	5.19	0.82	5.20	0.71	45.5
11	Wl207/1	J_1G2	英云闪长岩	67.5	130.0	14.00	58.2	12.30	2.15	11.90	1.74	9.93	1.92	5.50	0.85	5.51	0.75	49.4
12	Wl117/1	J_1G2	英云闪长岩	111.0	181.0	12.20	52.3	8.55	1.84	5.72	0.88	3.56	0.65	1.81	0.28	1.88	0.30	17.1
13	Wl202/1	J_1G3	二长花岗岩	101.0	161.0	12.80	52.8	8.54	1.86	5.88	0.96	4.24	0.85	2.15	0.37	2.17	0.30	18.6
14	Wl203/1	J_1G3	二长花岗岩	34.0	73.9	5.16	20.5	4.03	1.32	3.42	0.57	2.88	0.57	1.83	0.32	2.11	0.30	18.4
15	Wl503/1	T_3Y	花岗闪长岩	27.2	46.8	4.88	15.2	3.52	0.96	3.21	0.56	3.34	0.67	2.00	0.30	1.96	0.28	16.4
16	Wl520/1-1	E_2p	流纹质角砾晶屑凝灰岩	53.8	89.6	9.56	35.7	7.05	0.83	6.20	1.11	6.94	1.41	4.12	0.64	4.56	0.63	35.4
17	Wl520/19-1	E_2p	流纹质角砾晶屑凝灰岩	90.4	153.0	15.00	60.8	11.90	1.63	9.56	1.52	8.58	1.66	4.87	0.75	4.70	0.63	42.4

根据晚三叠世花岗岩的岩石化学分析结果，在 Pearce(1984)提出的(Y+Nb)-Rb 图解(图 2-6)和 Y-Nb 图解中投影(图 2-7)，晚三叠世花岗岩无一例外地均投影于火山弧花岗岩区内，表明研究区晚三叠世的花岗岩形成于岛弧构造环境。区内燕山期花岗岩类岩石地球化学特征表现为 $K_2O>Na_2O$，属铝过饱和、SiO_2 过饱和、过碱性到中碱性岩石。微量元素含量与费尔斯曼同类岩石对比：Pb、Cu 稍高，Cr=53.6 倍、Ni=2.5 倍、Co=4 倍、Ag=20 倍、Zn=2 倍。

根据晚白垩世花岗岩的岩石化学资料，在 R_1-R_2 图解上投影(图 2-8)，研究区的晚白垩世花岗岩投影点均落入同碰撞花岗区。根据岩石地球化学特征，结合研究区岩浆岩的地质构造分析，认为区内的晚白垩世花岗岩属同碰撞花岗岩类，形成于碰撞造山环境。

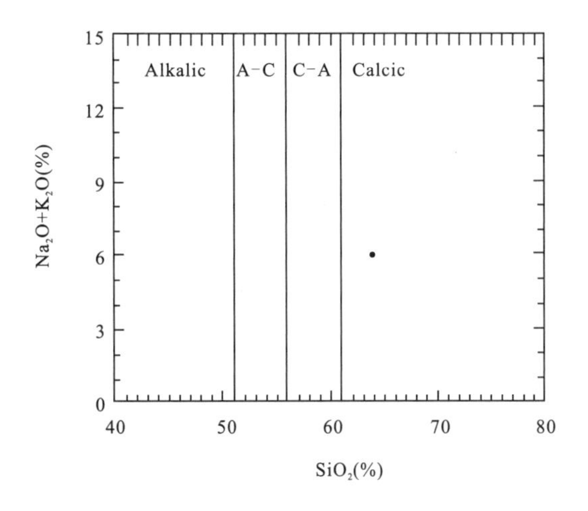

图 2-5 晚三叠世花岗岩 SiO_2-(Na_2O+K_2O)图解

Alkalic. 碱性；A-C. 钙碱性；C-A. 碱钙性；Calcic. 钙性

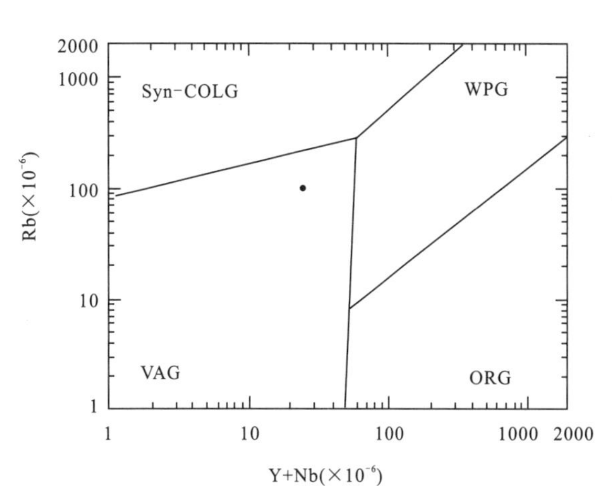

图 2-6 花岗岩的(Y+Nb)-Rb 图解

syn-COLG. 同碰撞花岗岩；WPG. 板内花岗岩；VAG. 火山弧花岗岩；ORG. 洋脊花岗岩

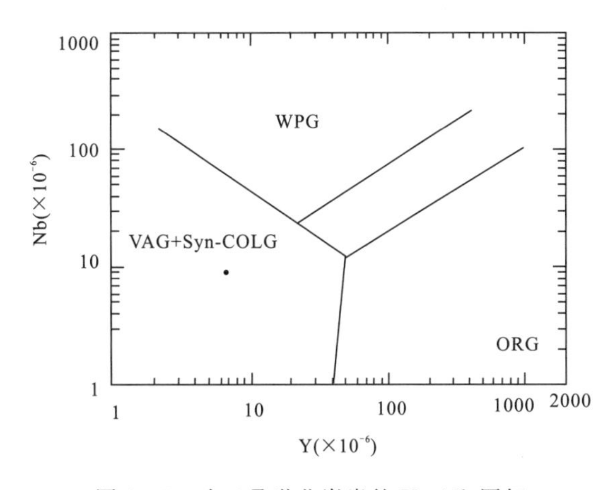

图 2-7 晚三叠世花岗岩的 Y-Nb 图解

Syn-COLG. 同碰撞花岗岩；WPG. 板内花岗岩；VAG. 火山弧花岗岩；ORG. 洋脊花岗岩

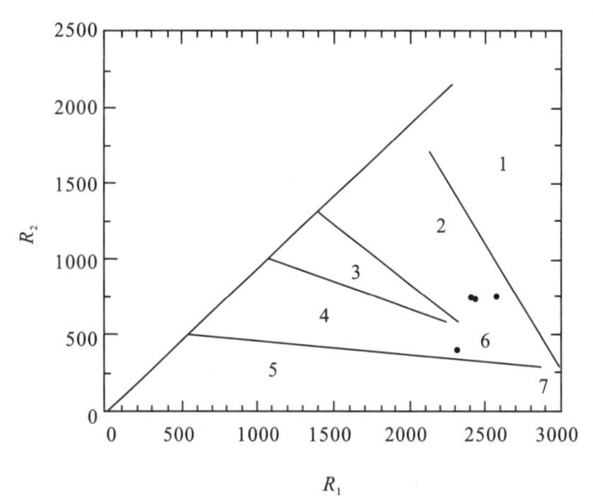

图 2-8 岩浆岩 R_1-R_2 构造图解

1. 地幔斜长花岗岩；2. 破坏性活动板块边缘(板块碰撞前)花岗岩；3. 板块碰撞后隆起期花岗岩；4. 晚造期花岗岩；5. 非造山区(A 型)花岗岩；6. 同碰撞(S 型)花岗岩；7. 造山期后(A 型)花岗岩

根据岩体构造环境分析，晚白垩世花岗质侵入岩的岩浆活动与班公错-怒江洋盆在晚白垩世的封闭引起的弧-陆碰撞有关。在区域范围内，晚白垩世侵入岩与早侏罗世侵入岩在空间上密切伴生。说明其岩浆侵位、火山活动均与古特提斯北洋盆沿班公错-怒江带俯冲消减存在动力学成因联系，属典型的俯冲造山岩浆活动。

始新世辉绿岩墙侵位于石炭系—二叠系来姑组和洛巴堆组中，局部侵入到燕山晚期花岗岩单元中。根据岩石化学分析，岩石中 SiO_2 含量 45.62%，Al_2O_3 含量 15.56%，与中国基性岩组成基本相当，其中，K_2O 含量 2.22%，Na_2O 含量 3.13%，明显高于中国辉绿岩，MgO 含量 6.00%，CaO 含量 6.65%，则低于中国辉绿岩类。岩石里特曼指数 $\sigma=10.9$，$Na_2O>K_2O$，属大西洋型钠质碱性岩系。在 FAM 图解中，投影点落在了钙碱性岩系区域内（图 2－9）。说明岩石总体属钙碱性拉斑玄武岩系列。岩石中微量元素和稀土元素与地壳平均值比较，Hf、U 含量较高，Rb、Ga、Th 与地壳平均值相当或偏高，而 Ba、Sr、Nb、Zr、Y 等均显示亏损。微量元素蛛网图（图 2－10）中，Rb、Th 显示出强烈的正异常，Ba、Ta、Nb 显示出轻微的富集，Ce 显示出有亏损和轻微富集的特点。曲线型式与板内基性岩的微量元素蛛网图相似，暗示该期辉绿岩形成于板内环境。稀土元素配分模式图（图 2－11），曲线基本呈右倾型式，但斜率不大，轻稀土相对富集，重稀土相对亏损，但曲线呈平坦状，亏损较小，δEu 为 0.91，有弱的负铕异常。在 Rb－(Y＋Nb)图解中（图 2－12），辉绿岩投影点落入板内玄武岩区，说明辉绿岩岩墙形成于后碰撞的地壳相对稳定的环境，可能与板块造山期后应力松弛所造成的裂解作用有关。

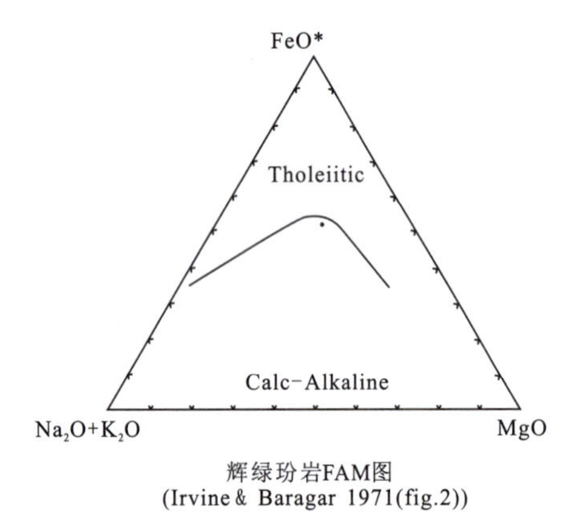

图 2－9　始新世侵入岩的 FAM 图

Tholeiitic. 拉班玄武系列；Calc－Alkaline. 钙碱性系列

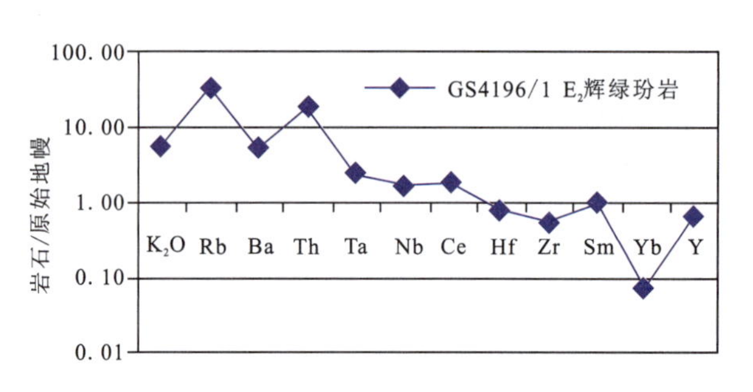

图 2－10　始新世侵入岩的微量元素蛛网图

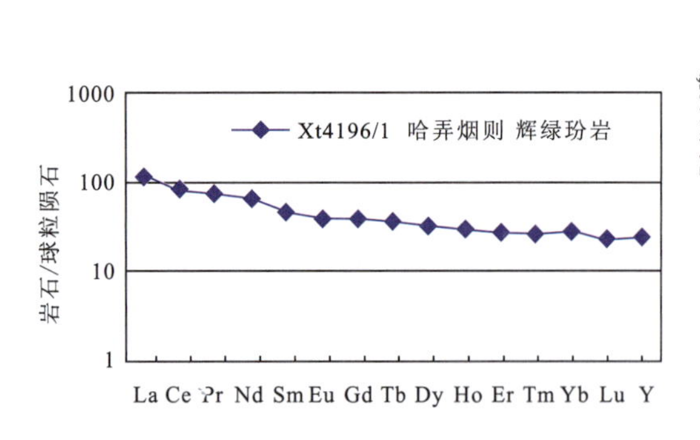

图 2－11　始新世侵入岩的稀土配分模式图

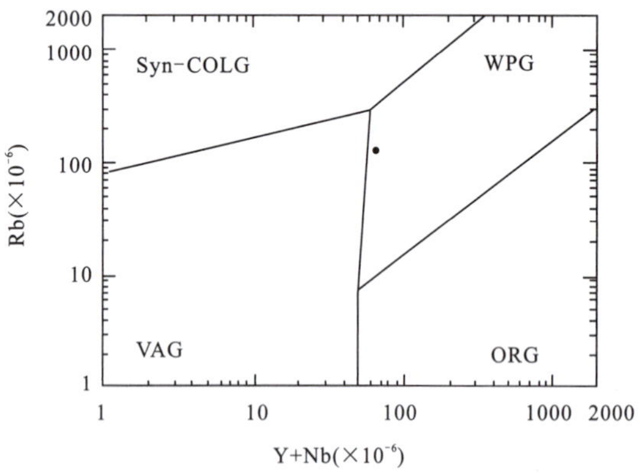

图 2－12　辉绿玢岩的 Rb－(Y＋Nb)图解

Syn－COLG. 同碰撞花岗岩；WPG. 板内花岗岩；VAG. 火山弧花岗岩；ORG. 洋脊花岗岩

研究区侵入岩的岩石化学、微量元素、稀土元素分析结果，揭示了本区岩浆岩复杂的成因类型（即有 S 型、I 型和过渡型）以及多源性（即下地壳、上地壳及两者的混合来源），侵位时间从晚三叠世延续到始新世。它们的形成可能受到雅鲁藏布江蛇绿岩代表的新特提斯洋壳的俯冲以及班公错-怒江洋盆闭合导致的弧-陆碰撞两种构造背景的双重控制。

2.3.2　火山岩

火山作用是地球内部重要动力过程的表现形式，火山活动及产物为地球动力学研究提供了载体。研究区发育多期火山活动，主要形成古生代和新生代火山岩。其中，古生代火山岩呈夹层分布于前奥陶纪和石炭纪—二叠纪地层中，已经在地层章节作了论述，这里不再赘述。古近纪始新世帕那组火山岩主要沿亚贵拉-龙玛拉裂谷的分界断裂带展布，古近纪火山岩是冈底斯中—新生代火山岩浆弧的重要组成部分，火山活动与区域构造演化密切相关。

始新世帕那组火山岩的岩石类型较复杂，主要有玄武岩、安山岩、流纹岩以及相应的火山碎屑岩类。根据岩浆作用方式、喷发类型、搬运方式、堆积定位环境及在火山机构的相对位置，帕那组火山作用的岩相类型见表 2－5。

表 2－5　研究区始新世火山岩相类型表

火山作用方式	岩石形成环境	岩相类型	主要岩石类型
溢流式	地表开放环境、火山口(湖盆)环境	溢流相、喷溢相	熔岩
爆破式		爆发空落相 火山碎屑流相 基底涌流相 喷发沉积相	正常火山碎屑岩为主 熔结火山碎屑岩为主 层凝灰岩为主 沉火山碎屑岩或火山碎屑沉积岩
侵入作用	地壳浅部封闭环境	潜火山岩相火山侵入岩	潜火山岩斑岩、玢岩

根据始新世帕那组火山岩代表性岩石的岩石化学分析结果（表 2－2 至表 2－4），从岩石化学成分上看，帕那组火山岩具高钾钙碱性岩石特征，与典型的俯冲型火山岩有着明显区别，具有地壳增厚期陆内火山活动特点。其 SiO_2＞68％，(K_2O+Na_2O)在 5.97％～8.08％变化，Al_2O_3 为 13.60％～14.37％，里特曼指数分别为 1.1 和 2.1，属于铝、硅饱和-过饱和钾玄质-钙碱性岩石系列，碱度率 AR 分别为 8.1 和 8.2。始新世帕那组的中酸性火山岩分异程度略高，所采获的两个样品镁铁指数 MF 分别为 73.4 和 79.1，显示火山活动特征类似于板块内部火山岩，岩浆有向富钾演化的趋势。

帕那组火山岩总体呈不相容元素强烈富集，微量元素蛛网图显示（图 2－13），不同部位、不同岩石类型的帕那组火山岩具有相似的微量元素地球化学特征。帕那组火山岩 K_2O、Rb、U、La、Ce 相对富集，而 Ba、Ta、Nb、Sr、P、Ti 元素相对亏损，尤其，Hf、Zr、Sm、Ba、Y、Nd 和 Ti 的含量较低，帕那组火山岩与板内花岗岩的微量元素蛛网图模式基本一致，说明帕那组火山岩岩浆源区可能与增厚地壳物质的部分熔融有关。帕那组火山岩过渡族元素（Sc、Ti、V、Cr、Mn、Fe、Co、Ni、Cu、Zn）地球化学特征同样反映不同部位、不同类型岩石具有相似特点，显示壳源岩浆特点及不同阶段火山岩的岩浆同源演化特征。帕那组火山岩稀土元素总量较高，∑REE 为(257.55～407.4)$\times10^{-6}$；其中 LREE 为(196.54～332.73)$\times10^{-6}$，LREE/HREE 为 3.22～4.46，δCe 为 0.88～0.91，δEu 为 0.37～0.67。稀土元素配分模式图上存在明显的负 Eu 异常，属于轻稀土富集型的右倾配分曲线模式，配分曲线总体相互平行（图 2－14），反映岩浆具有同源性。

研究区始新世帕那组火山岩为高钾钙碱性-钾玄质系列，岩石组合为流纹岩-安山岩-玄武岩（杨德明，2005）。区内帕那组的火山活动，在 Nb－Y 图解（图 2－15）和 Rb－(Y＋Nb)图解（图 2－16）显示，帕那组火山岩主要落入同碰撞和火山弧区域，表明岩浆形成于挤压造山构造环境，反映了一种区域构造挤压和地壳部分增厚环境。

总之，区内岩浆岩的分布、建造特征及构造环境揭示了研究区晚古生代以来，经历了两大不同的构造演化阶段的更迭和构造体制转换，随着不同构造演化阶段的更迭，区内大地构造属性和构造单元亦不断地发生变化。即研究区自晚古生代裂谷作用，经历裂谷萌生、裂谷初成、裂谷成熟、裂谷闭合4个演化阶段，呈现断隆、断坳相间分布的地质构造格架，至中生代—新生代演化为新特提斯构造背景下的岛链带(复合岩浆弧)的演化历程。

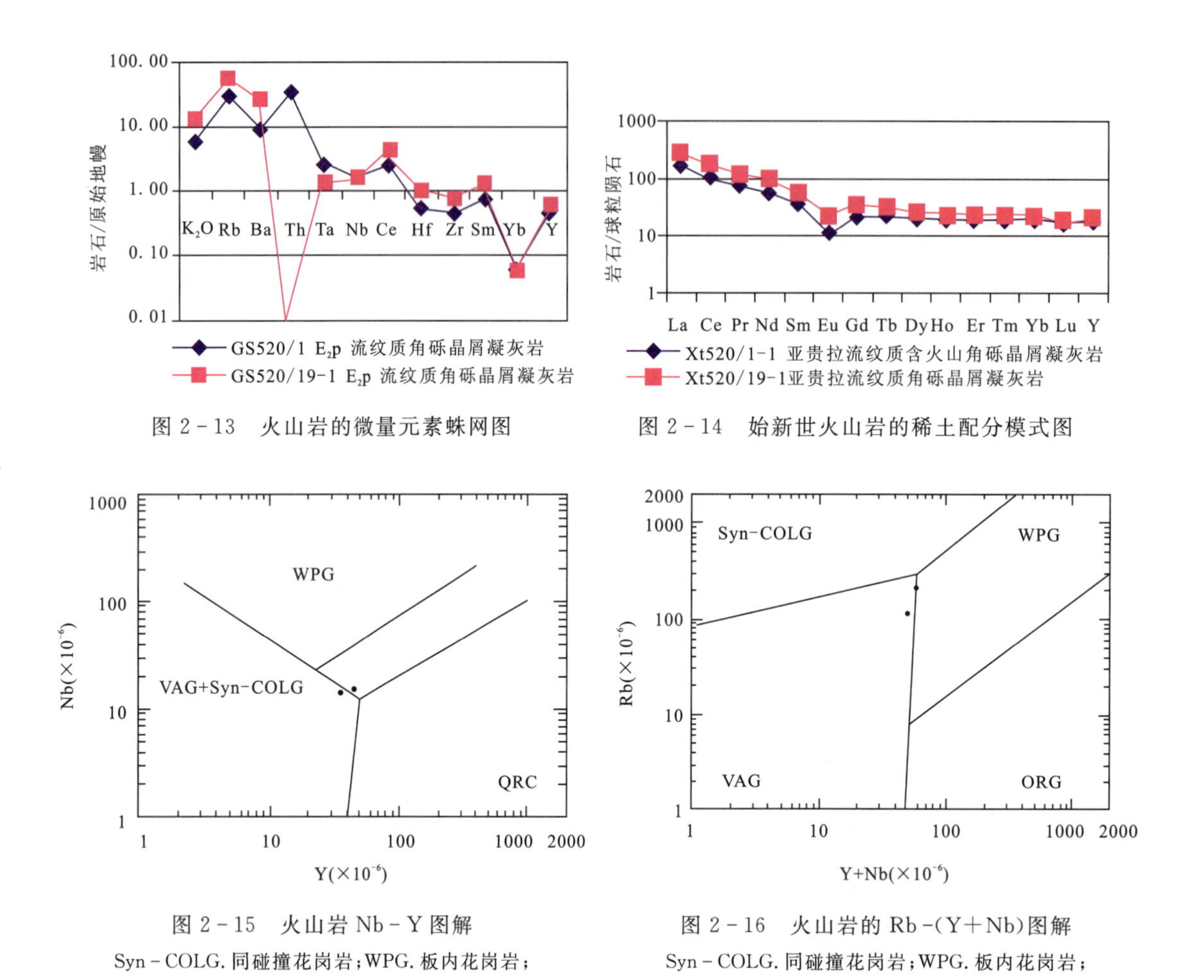

图2-13 火山岩的微量元素蛛网图

图2-14 始新世火山岩的稀土配分模式图

图2-15 火山岩Nb-Y图解

Syn-COLG. 同碰撞花岗岩；WPG. 板内花岗岩；VAG. 火山弧花岗岩；ORG. 洋脊花岗岩

图2-16 火山岩的Rb-(Y+Nb)图解

Syn-COLG. 同碰撞花岗岩；WPG. 板内花岗岩；VAG. 火山弧花岗岩；ORG. 洋脊花岗岩

2.4 区域地球物理特征

2.4.1 区域重力场特征

整个青藏高原被重力梯级带所围限，处于一个规模巨大的低值负异常区内，高原的轮廓被$-300m/s^2$重力等值线圈闭，呈现一个独立的负异常区。异常区内部重力变化平缓，异常区边部梯度带变化较强烈。一些横贯高原的重力异常梯度带和重力异常带与已知构造带有较好的吻合。研究区位于改则-丁青重力异常带的中段，区内为一条近东西向的重力梯度带，重力变化范围为$(-530\sim-450)\times10^{-5}m/s^2$。根据重力场的形态、走向和幅值，青藏高原区域重力场划分为三大区域(图2-17)。

北部重力低值区：位于羌塘-唐古拉地区，以北西西向大型重力低值带为标志。布格重力异常由东、西两个重力低异常区构成，推测为中生代沉积岩系和浅成中酸性岩体的综合反映。西低区分布于东湖—唐古拉一带，走向北西西向，等值线极值为$-560\times10^{-5}\,m/s^2$，北西端未封闭。东低区分布在青荣—杂多一带，异常范围较小，呈椭圆形，北西走向，等值线极值为$-535\times10^{-5}\,m/s^2$。

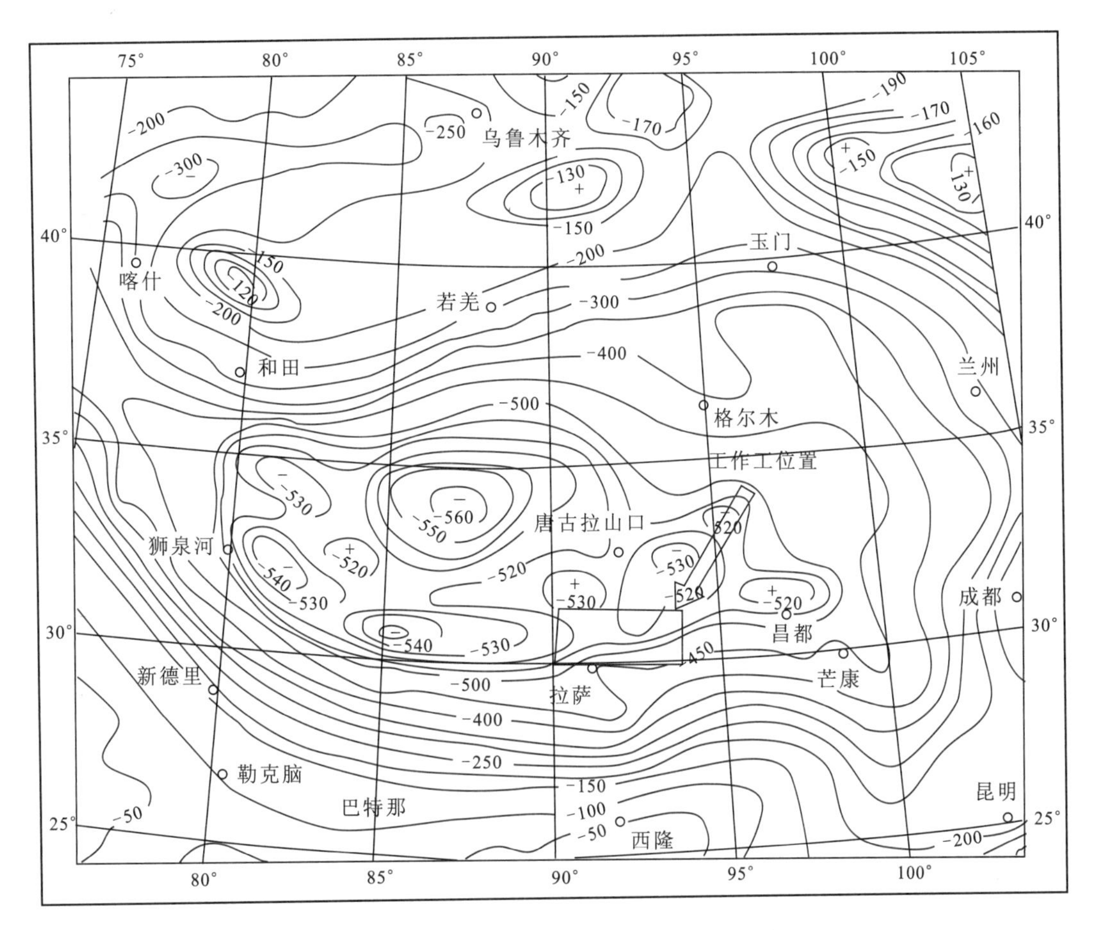

图2-17　冈底斯-念青唐古拉成矿区区域布格重力异常图(据李光明等，2004，略作修改)

中部复杂异常区：位于班公错-怒江缝合带以南，雅鲁藏布江缝合带以北的东西向带状区域。研究区分布于该异常区的中南部，布格重力异常值在$(-570\sim-510)\times10^{-5}\,m/s^2$之间变化，局部异常以范围小、幅值大、走向多变为特征，总体由两低一高的重力异常构成。重力高位于色林错—那曲一带，呈东西向展布，极值为$-515\times10^{-5}\,m/s^2$。两个重力低均呈近东西向分布，西部重力低位于甲窝—羊八井附近，极值为$-570\times10^{-5}\,m/s^2$，由高低相间的4个局部重力异常组成，推测是区内中酸性侵入岩的反映。东部重力低分布于委元朵—比如一线，呈椭圆状，走向北东东向，异常值在$(-560\sim-520)\times10^{-5}\,m/s^2$之间变化，可能是近地表地质体的反映，同时，地壳的中下部的低密度层也应是引起该异常的重要原因之一。

南部高值区：在区域重力异常图上形成巨大的重力梯级带，推测是地幔结构变化的反映。该区的布格重力异常值在$(-500\sim-330)\times10^{-5}\,m/s^2$之间变化，极值为$170\times10^{-5}\,m/s^2$，该区地表主要出露中生界，南部和东部出露元古宇，重力异常反映了莫霍面南高北低的形态。

2.4.2　区域航磁场特征

研究区航磁场规律性较强，在雅鲁藏布江及藏北地区航磁ΔT图上，研究区位于纳木错-工布江达变化磁场带上，显示为一条带状磁异常。从南至北大致以ΔT线性梯度带、变异带为界，可划分为林周-工布江达、羊八井-多其木、当雄-嘉黎、纳木错-昂张4个磁场区带(图2-18)，与研究区划分的晚古生代4个Ⅳ级构造单元(断隆、断坳)基本一致。

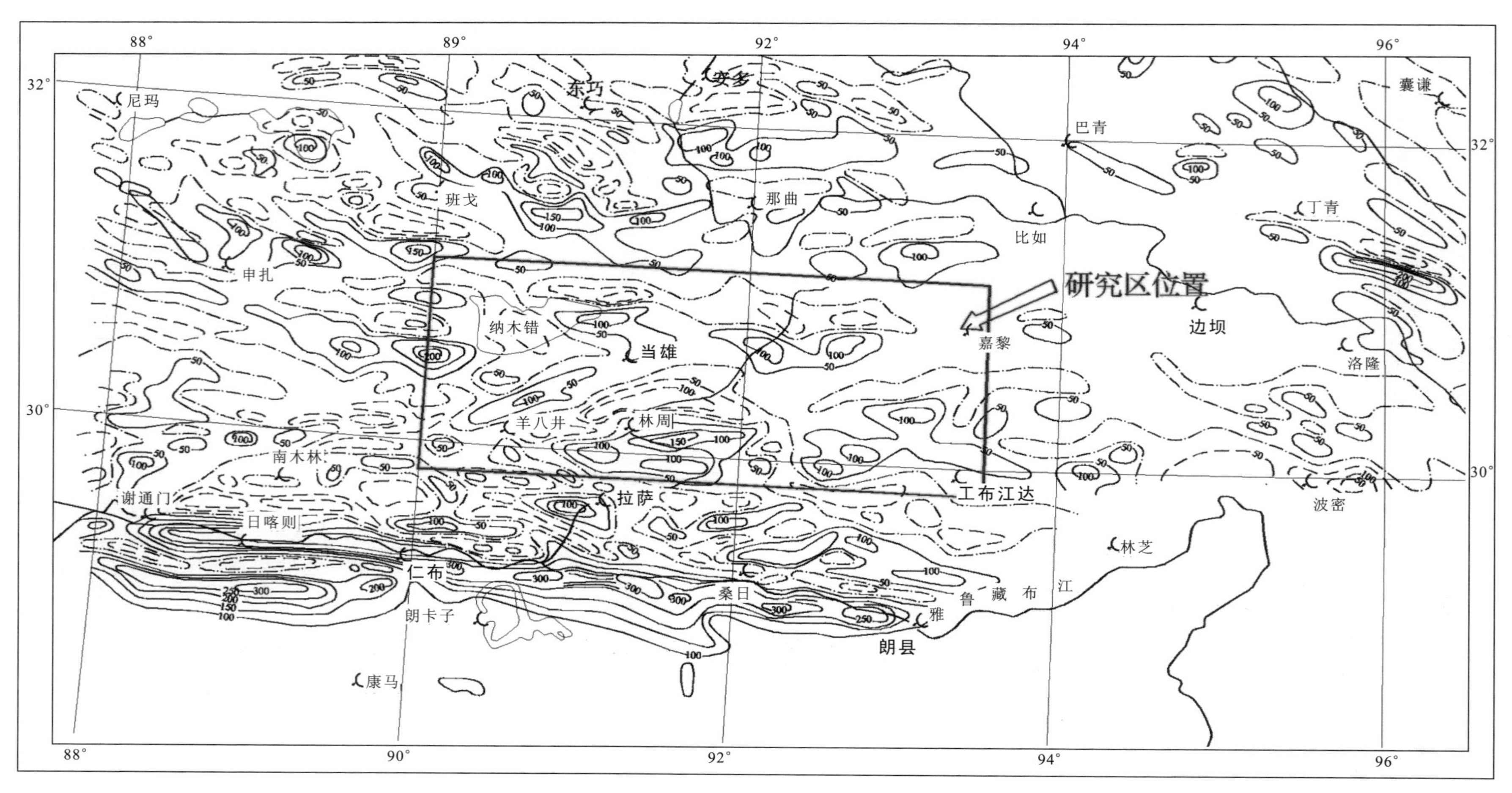

图 2-18　雅鲁藏布江及研究区航磁 ΔT 略图(据吕庆田等,2002)

林周-工布江达正磁异常带：呈串珠状近东西向展布，具有磁异常梯度陡、强度大、延展连续的特点。磁异常强度 100～150nT，依据 ΔT 磁异常带沿走向的变化特点，分为东、西两段，长度分别达到 80km 和 120km，分别与研究区分布的中酸性侵入岩和始新世帕那组火山岩基本对应。磁异常带北侧的梯度陡变带与扎雪-门把韧性剪切带较为吻合。该异常带应是地表出露的中酸性、中基性岩浆岩和局部地段隐伏超基性岩的综合反映。

羊八井-多其木负磁异常带：呈带状近东西向展布，由 2 个呈带状展布的负磁异常组成，磁异常强度 －100～－50nT。该异常带与亚贵拉-龙玛拉晚古生代断坳对应较好，负磁异常内带往往与研究区分布的热水沉积成因的铅锌多金属矿体的分布一致。

当雄-嘉黎波动变化正磁异常带：该带大致呈北西西向展布，由东、西两个正磁异常组成，异常强度 50～100nT，西部磁异常呈不规则状北西向展布，东部磁异常呈舒缓"弓"形近东西向分布，异常区内分布两个马鞍状的高值区。该异常带与区内出露的燕山期花岗岩分布基本一致，是研究区中酸性岩浆岩磁性特征的综合体现。

纳木错-昂张负磁异常带：该异常带呈北西西向带状展布，异常低缓、平稳、连续，异常带内有 3 个负磁异常区大致呈串珠状等间距分布，异常强度－100～－50nT。该异常带与昂张-拉屋晚古生代断坳对应较好，其中，拉屋、昂张两个大型铅锌多金属矿床分别赋存于东、西两端的负磁异常区内。

2.4.3　区域重力场、磁场反映的壳幔结构特征

研究区位于莫霍面呈东西走向的马鞍状凹陷区内，莫霍面深度在 71～73km 之间(图 2－19)，中间

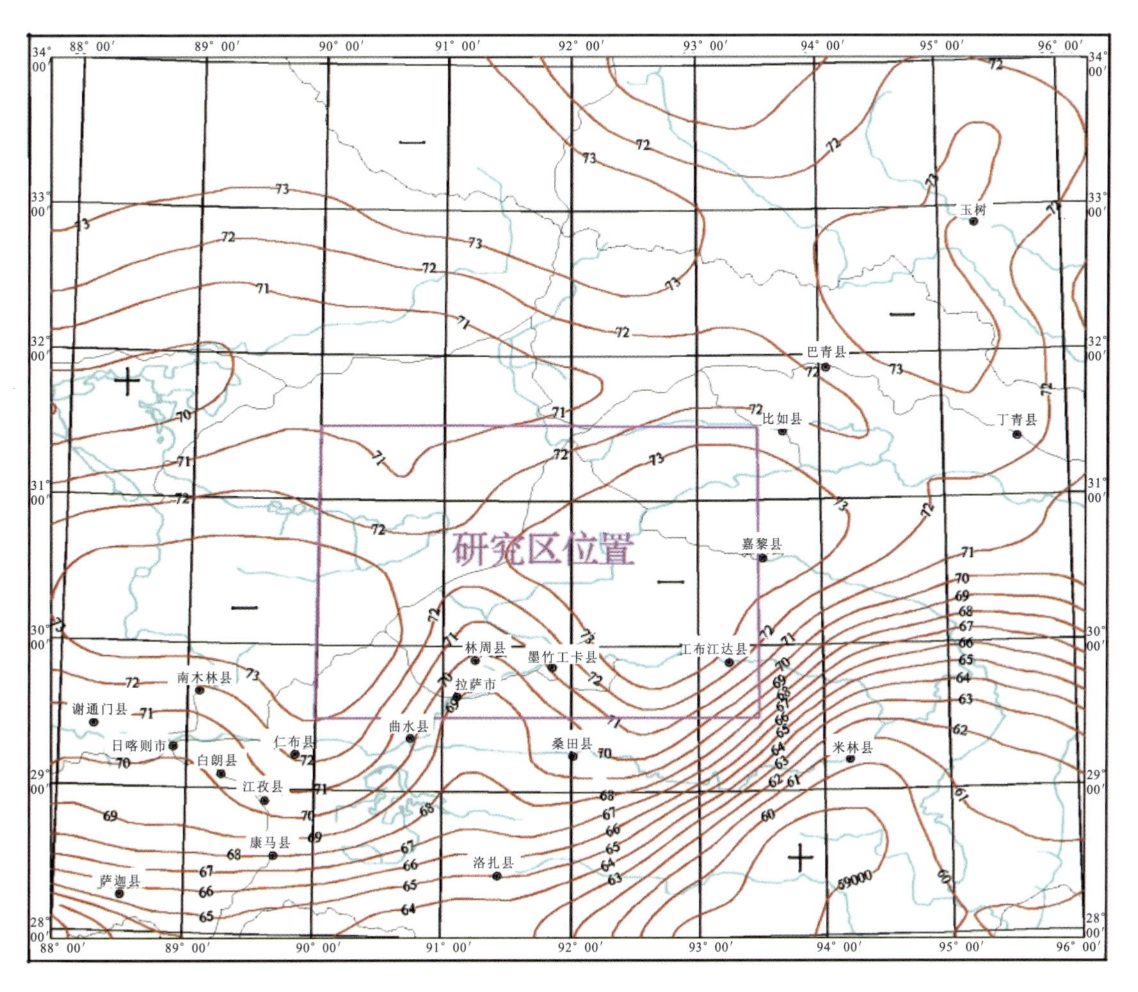

图 2－19　研究区重力推断莫霍面等深平面图(据李光明，2007)

鞍部莫霍面上涌的陡变带应是区内南北向走滑断裂的反映，说明印度板块向欧亚板块的俯冲对研究区地壳厚度具有整体影响，在印度板块向欧亚板块的俯冲、挤压、碰撞过程中，地壳不断受南北向挤压发生变形而增厚，在中部因南北向应力作用而产生深切岩石圈的南北向走滑断裂，地幔物质沿断裂带上涌致使研究区莫霍面呈马鞍状。研究区南侧莫霍面深度由 73km 迅速升至 59km，莫霍面坡度角为 2°～3°，莫霍面的"陡变"特征明显，其陡变带位于雅鲁藏布江缝合带以南，莫霍面向北急速加深显然与印度板块向欧亚板块俯冲致使地壳增厚有关。

2.5 区域地球化学场特征

研究区是 Cu、Pb、Zn、Ag 等元素综合异常大规模集中分布区，地球化学景观具高原中高山地与河湖盆地相间分布特点。受多次构造-岩浆活动的影响，区内 Cu、Mo、Au、Pb、Zn、Ag 等成矿元素的地球化学异常总体呈近东西向带状分布，局部叠加有北东向和北西向的次级异常。根据 1：5 万水系沉积物测量样品测试结果统计，本区的主要成矿元素及指示元素在区内主要地层、岩浆岩区的水系沉积物地球化学特征值见表 2-6。

表 2-6 主要地层、岩浆岩区水系沉积物元素含量表

地质单元 \ 元素	Au	Ag	Cu	Pb	Zn	As	Sb	W	Mo
K	1.17	69.90	12.40	22.23	56.87	12.39	0.720	2.21	0.551
C—P	1.68	76.93	13.77	27.47	73.06	15.19	0.651	2.97	0.690
γ_5^3	1.27	75.60	9.86	22.77	53.98	11.84	0.431	3.02	0.532
γ_6	0.95	69.01	5.68	32.54	40.09	3.30	0.188	2.94	0.555
全区	1.27	71.04	11.86	21.33	54.78	12.82	0.593	2.31	0.480
地壳丰度	4.30	70.00	47.00	16.00	83.00	1.70	0.500	1.30	1.100
全区/地壳丰度	0.30	1.01	0.25	1.33	0.66	7.45	1.190	1.78	0.440

注：计量单位 Au、Ag 为 $\times10^{-9}$；其他为 $\times10^{-6}$；地壳丰度值(维诺格拉多夫，1962)。

区内主要成矿元素及指示元素在石炭纪—二叠纪地层中最为富集，各元素平均含量均高于区域背景值，是形成 Au、Cu、Pb、Zn 等多金属异常的主要层位。其中，Zn 含量明显高于全区平均值，Au、Ag、Cu、Pb、As、Sb、W、Mo 含量接近或稍高于全区平均值。其中，Pb、W、Mo 呈强分异型，Au、Ag、Cu、Zn、As、Sb 呈分异型。主成矿元素具备地球化学富集成矿条件。在该套地层中已发现铜、铅锌多金属矿(床)点 30 余个。

白垩纪地层中，Cu、Pb、Zn、Sb、Mo 等元素平均含量稍高于区域背景值，Au、Ag、As、W 相当或稍低于区域背景，各元素在地层中多呈均匀分布，无明显富集，很少形成异常。

工作区分布的岩浆岩主要为燕山晚期花岗岩，喜马拉雅期花岗岩少量出露。燕山晚期花岗岩岩体中，Ag、Cu、Mo 含量略高于全区平均值，Au、Pb、W 含量与全区平均值相当，Zn、As、Sb 含量则明显低于全区平均值。与石炭纪—二叠纪地层相比，Zn、As、Sb 平均含量低，Au、Ag、Cu、Pb、W、Mo 含量则与地层相当。岩体中 Au、Ag、Zn、Mo 呈极强分异型，As、W 呈强分异型，Cu、Pb 呈分异型，Sb 为不均匀型。主成矿元素具一定的局部富集趋势。

研究区对地球化学演化、元素迁移富集起主导作用的是区内的扎雪-门巴、拉如-卓青北-江多和申扎-嘉黎等主干断裂，沿上述断裂带，主成矿元素及指示元素均呈高背景大面积分布，并在北西向断裂与北东向次级断裂的交会处富集，形成一系列 Pb、Zn、Ag、Cu、Mo 等元素组合异常。异常所处位置受晚古生代来姑期断坳围限，分布地层主要为来姑组，多处在中酸性岩浆岩接触带附近。研究区 Pb、Zn、Cu、Mo 等主要成矿元素的地球化学异常图见图 2-20 至图 2-23。

研究区 Pb、Zn 元素异常可大致划分为南、北两个异常带，异常带分别展布于晚古生代断坳中，带内 Pb、Zn 异常强度高、规模大，元素组合复杂。异常以 Pb、Zn 为主，伴生 As、Sb、Cd、Ag、Au、Mo 等。此外，研究区尚有一些较为离散的 Pb、Zn 异常，但异常强度与规模不及上述两个异常带规模，异常的分布明显受控于北东向、北西向断裂及区内分布的中酸性岩浆岩。研究区 Mo 元素也呈现高强度、大面积异常，但是 Mo 元素异常分布不受晚古生代断坳和来姑组所限，Mo 元素异常主要受控于研究区内的中酸性岩浆岩。区内 Pb、Zn、Cu、Mo 等元素地球化学异常特征表明其形成的地质构造背景及成因不同，东西向带状展布的地球化学异常与晚古生代裂谷盆地有关，可能由来姑期热水沉积引起。区内分布的相对离散的 Pb、Zn、Cu、Mo 等元素异常是热液蚀变的产物，可能与区内岩浆作用有关。

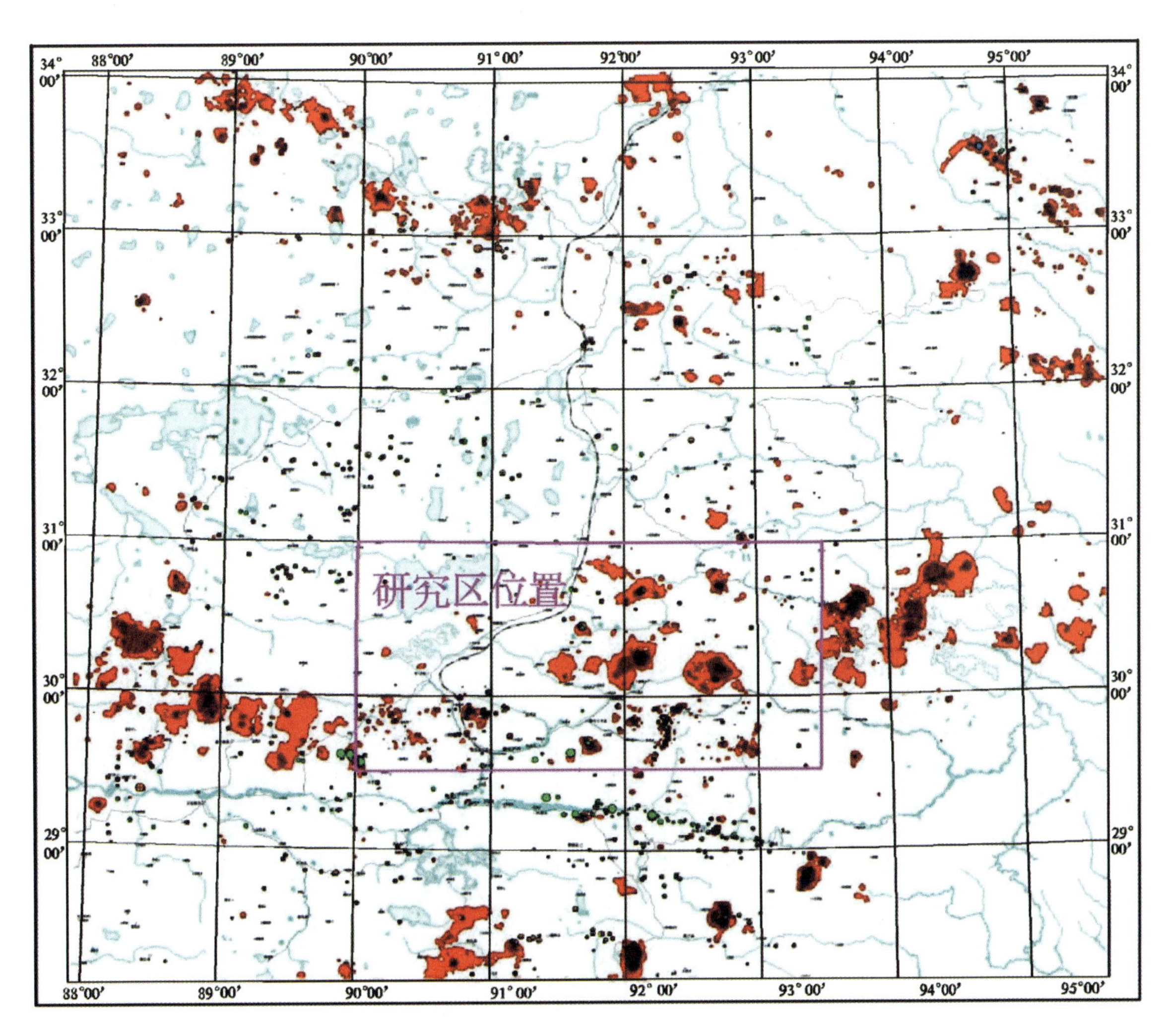

图 2-20 雅鲁藏布江成矿区铅元素地球化学异常图(据李光明，2007 修编)

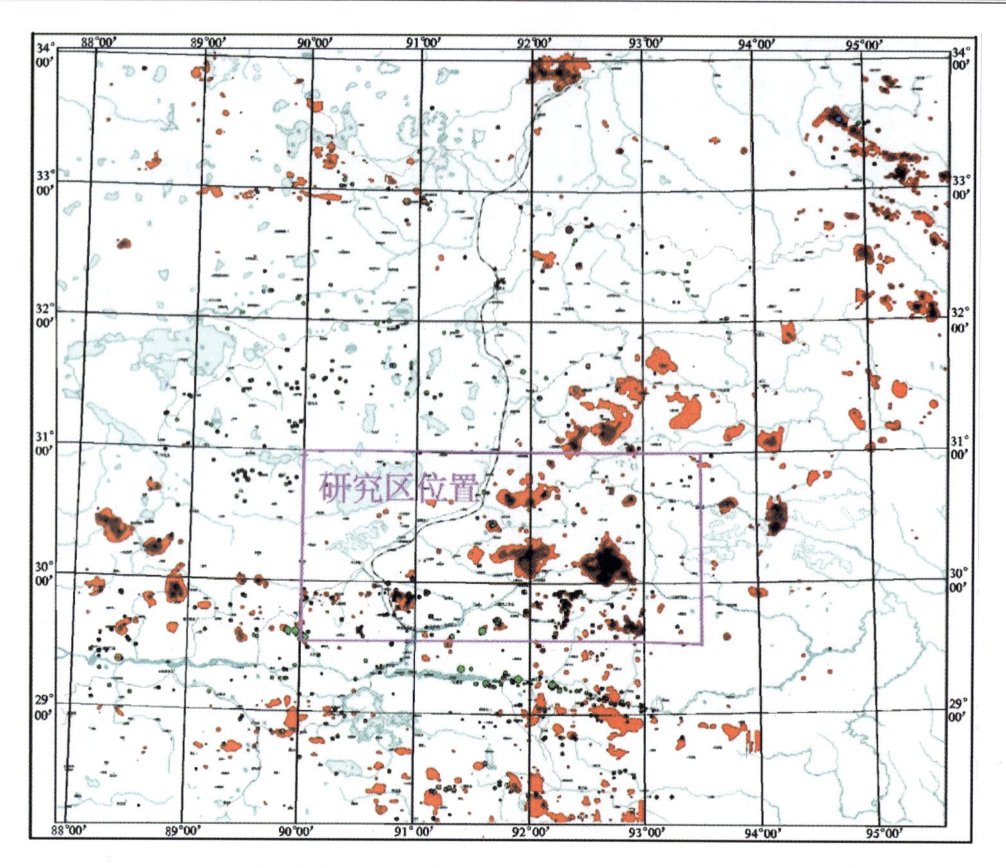

图 2－21　雅鲁藏布江成矿区锌元素地球化学异常图(据李光明,2007 修编)

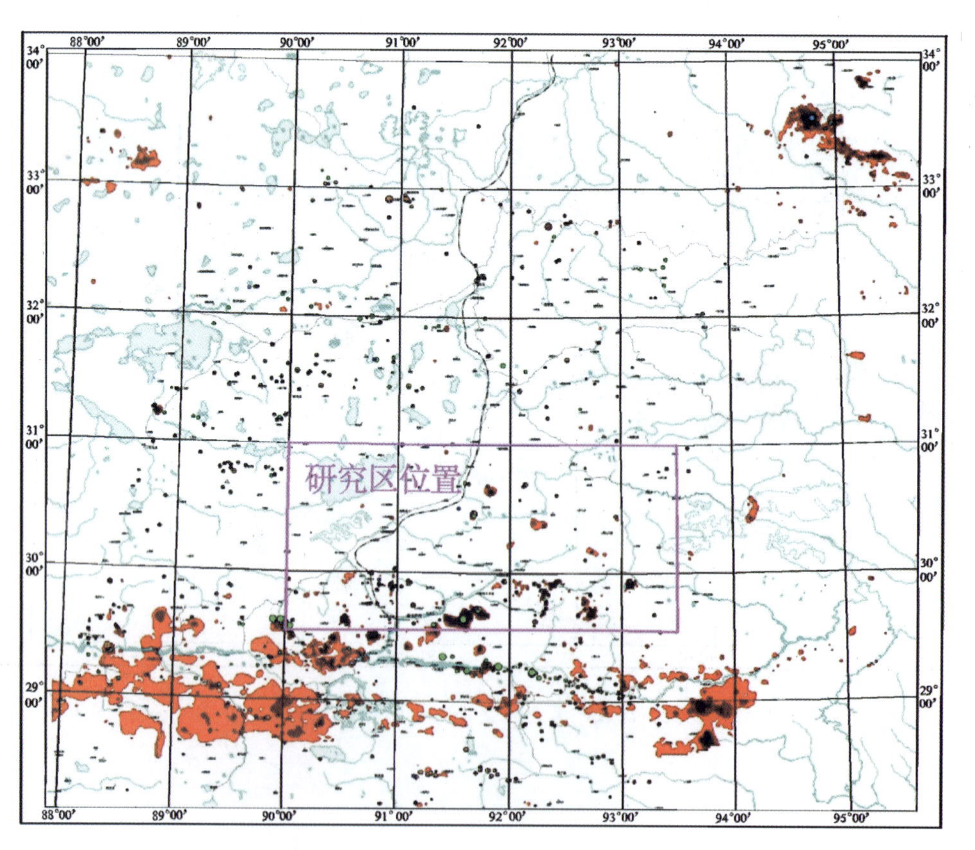

图 2－22　雅鲁藏布江成矿区铜元素地球化学异常图(据李光明,2007 修编)

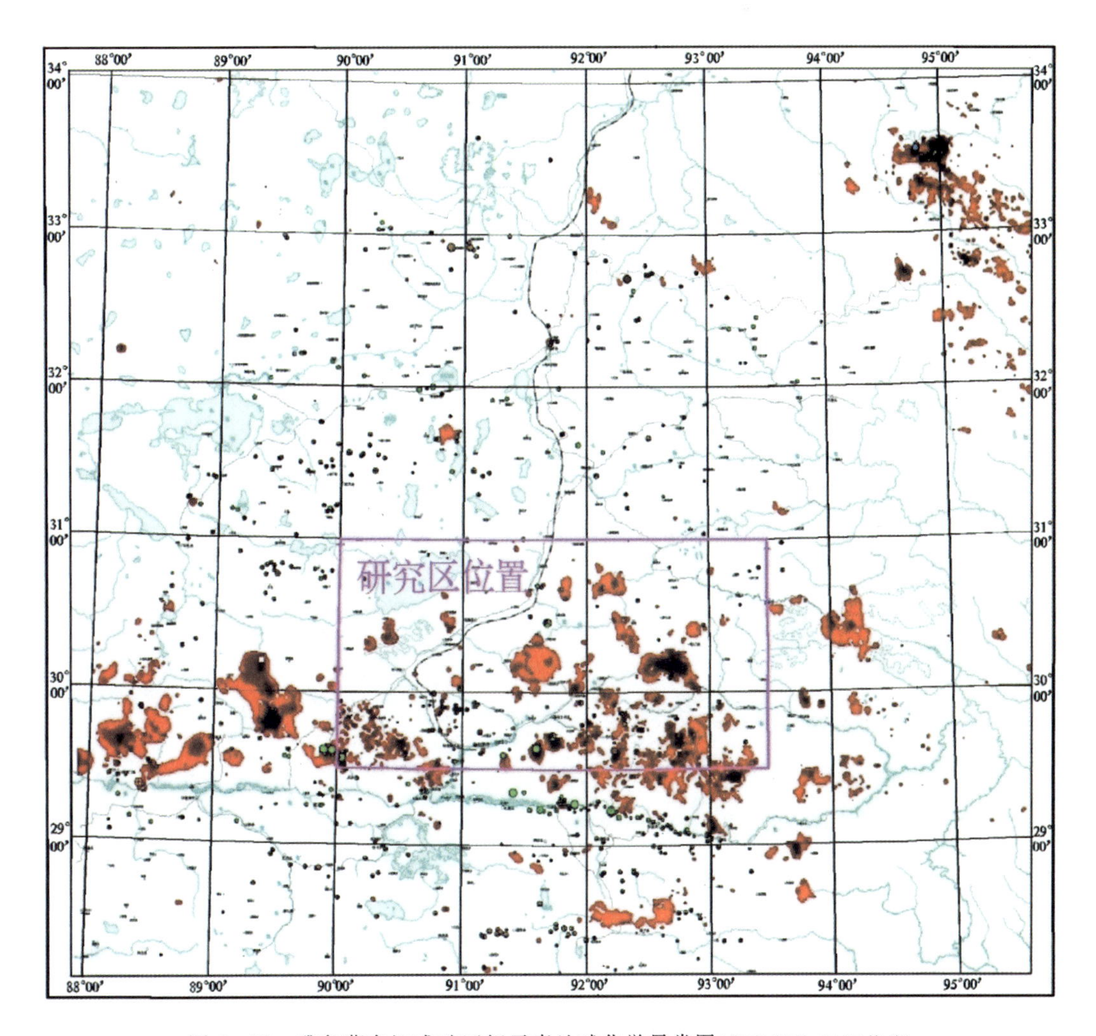

图 2-23　雅鲁藏布江成矿区钼元素地球化学异常图(据李光明,2007 修编)

2.6　构造体制演化与区域成矿作用

自晚古生代以来,研究区经历了复杂的地质构造演化历程,随着不同构造演化阶段的更迭,区内大地构造属性和构造单元亦不断地发生变化。研究表明:在晚古生代时期,研究区经历了裂谷盆地构造演化,产生了系列断隆与坳陷。在中生代—新生代时期,历经了新特提斯洋壳俯冲→形成主动大陆边缘→弧-陆碰撞造山(地壳缩短、逆冲推覆与伸展走滑)等构造体制的转换,每一种构造体制下都有强烈的构造运动和成岩成矿作用,并形成相应类型的矿床。

2.6.1　晚古生代裂谷构造演化及其成矿作用

世界上许多大型块状硫化物矿床在空间上都与大型断陷盆地有关,其中,有相当数量的是热水沉积盆地。各盆地构造环境、演化的差异又控制着成矿作用的特殊性,即成矿作用与大地构造演化的盆地发育阶段密切相关。

2.6.1.1 裂谷构造演化

从大地构造位置分析，早泥盆世，研究区内的亚贵拉-龙玛拉断坳、昂张-拉屋断坳处于拉萨地块构造单元过渡壳环境。根据区域地质资料，其下伏基底为前奥陶纪松多岩群（雷龙库岩组、玛布库岩组和岔萨岗岩组）。进入泥盆纪时期，由于拉萨地块板缘和内部经历了第一次强烈拉张、凹陷，出现了下、中、上泥盆统浅海相碳酸盐岩类、复理石碎屑建造。尤其是早泥盆世，有厚约 400m 富含紫红色砂、砾岩的碎屑沉积假整合在前奥陶系之上，代表着裂谷活动的开始。进入石炭纪，随着深部岩浆房上移，壳-幔物质混熔，必然引起拉萨地块上地壳基底深断裂拉张，出现活动性较大的陆内断陷裂谷带，形成一套厚度大，并含基性和中基性火山岩的陆源碎屑沉积。在断陷裂谷带中发育的次一级构造单元——断坳，为成矿物质如黄铁矿、磁铁矿、Pb、Zn 及 Cu 等成矿元素大量的富集创造了条件。晚石炭世，拉萨地块断陷裂谷再次拉张裂陷，出现火山活动，到早二叠世，拉萨地块断坳中继续有中基性岩浆喷发。因此，Pb、Zn、Cu 多金属成矿作用多在断陷裂谷带强烈拉张下沉的晚期向闭合的转换期发生，矿床出现在同生断裂构造控制的热卤水池中。这时期构造环境处于向相对平静转化，有利于形成稳定的成矿空间。晚二叠世，拉萨地块堆积厚度有限的碎屑岩与下二叠统为假整合，这意味着裂谷活动的结束。

研究区内的断坳盆地是一组等间距的近东西向隐伏基底断裂与南北向基底断裂交叉形成裂陷断块，所以火山、热水喷流活动中心乃至矿床（点），均大致等间距分布于基底断裂交会点附近。

2.6.1.2 同生断裂与基底断裂共轭网络

根据重力梯度带及航磁异常的变化，结合区测资料分析，研究区占主导的古地理界线展布方向为东西向。东西向主构造线控制了冈底斯-念青唐古拉区晚古生代火山沉积岩系的展布。大致呈等间距分布的东西向、南北向线型构造与北东向、北西向构造相交，组成共轭网络，造就了研究区火山沉积盆地等间距排列的格局。每一个断陷火山沉积盆地都有一条东西向的控盆断裂。

在亚贵拉-龙玛拉断坳中，北东东向的扎雪-门巴韧性变形带（前奥陶系与来姑组分界断裂）横贯石炭纪—二叠纪断坳沉积岩带南缘，以此为界，南侧为断陷裂谷的基底前奥陶系，北侧为石炭系—二叠系来姑组。断裂沿 NE75°方向延伸达数百千米，倾向北西，倾角 60°～75°，构造破碎带宽百余米，具多期活动特征，具压扭性质，但断裂走向呈舒缓波状起伏，与一般压扭性断裂平直不同，推测早期断裂呈张扭性，是控制亚贵拉-龙玛拉断坳沉积盆地的一级同生基底断裂构造。

扎雪-门巴韧性断裂带不仅是亚贵拉-龙玛拉断坳同生基底断裂，而且还控制着石炭系—二叠系的沉积环境，靠近断裂带来姑组为深海-半深海环境，远离则逐渐演变为浅海环境。与热水沉积有关的 Pb、Zn 矿化均分布于该断裂北侧狭长的断坳内。如盆地南缘的亚贵拉、洞中拉、洞中松多、龙玛拉等矿床（点）等间距地分布于其北侧，该断裂控矿性明显。根据区域化探扫面成果，断裂带北侧 Pb、Zn 等元素化探异常呈带状近东西向展布，南侧 Pb、Zn 等元素化探异常则呈不规则状围绕中酸性岩体凌乱分布。

拉如-卓青北-江多断裂带为亚贵拉-龙玛拉断坳北缘断裂，呈近东西向延伸，倾向南，倾角 70°～80°。破碎带宽数十米，沿断裂形成一连串陡坎和洼地，以及呈带状展布的花岗岩、二长花岗岩出露。断裂具多期活动性特征，早期呈张扭性，晚期具压扭性质。Pb、Zn 矿化主要分布于该断裂南侧。其与扎雪-门巴韧性变形带同为石炭纪—二叠纪时期亚贵拉-龙玛拉断坳的南、北控盆断裂。

在昂张-拉屋断坳中，东西向展布的色日绒-巴嘎脆韧性变形带为昂张-拉屋断坳南界断裂，断裂总体走向 80°，倾向北，倾角一般 60°～80°，局部地段倾角较小。断裂带宽达数百米，是昂张-拉屋断坳来姑期的控盆断裂，具多期活动性特征。根据区域地质背景资料，结合 Cu、Pb、Zn 等化探异常的分布及色日绒-巴嘎断裂带特征，推测该断坳是理想的深陷封闭盆地。其与北侧纳木错-嘉黎断裂带断裂共同控制了昂张-拉屋断坳的形成和发展演化。

2.6.1.3 成矿环境与矿质聚积

研究区晚古生代中晚期是重要的喷流沉积型矿床成矿时代。成矿环境是受陆内断陷裂谷控制的断坳，矿床含矿岩系为陆屑沉积向类复理石过渡型和构造次稳定型建造，包括细碎屑岩、泥岩和铁锰质碳酸盐岩。成矿区(即次级断坳)在很大程度上都伴有成矿时期活动的同沉积断层，它们可能是含矿热液上升到达地表的通道。同沉积断层经常通过沉积相和厚度等陡变现象来判断。

来姑期，研究区以东西向同沉积断层控制的陆内掀斜状断坳带有两条，每条断坳带的断陷洼地都偏向南缘部分(图 2-24)。

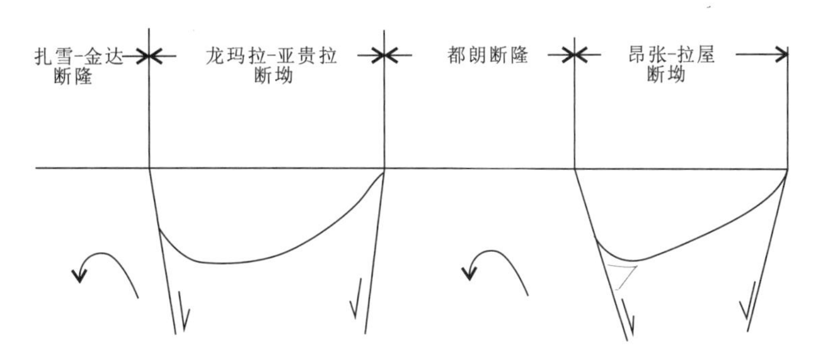

图 2-24 研究区掀斜断坳带剖面示意图

根据沉积相分析，南带比北带沉积速率大，即南带深、向北带渐浅的不对称断陷盆地，所以成矿物质易向南带深陷的洼地中聚积。研究分析表明，在东西向带状展布的掀斜状断坳带内，还发育有更次一级的近南北向同沉积断层，将东西向断坳带分割成若干个长约数百米至几千米不等的次级断坳和断隆区(地垒)。对每一个次级断坳而言，从同沉积断裂活动至热水沉积成矿，每个次级断坳和断块(地垒)构成相对独立的断块-热水喷流体系。在这每一个断块-热水喷流体系中，由东西向和南北向同沉积断裂网络控制的次级断坳构成了海底喷流热水成因的热卤水池。热卤水池是海底喷流成矿物质的有利定位场所。由于东西向带状展布的掀斜状断坳带被近南北向同沉积断层分割成若干个相对独立的断块-热水喷流体系(即卤水池)，所以沿东西向断坳带在海底喷流热水成矿上出现了 Pb、Zn、Cu 成矿元素不同组合的矿床类型。

2.6.2 中生代弧-盆演化及成矿作用

早、中三叠世，新特提斯由裂谷发展到大洋化阶段，雅鲁藏布江缝合带南发育良好的浅变质的复理石沉积是其佐证。由于新特提斯洋的快速扩张，研究区处于侧向挤压状态而隆升。晚三叠世—早侏罗世时期，新特提斯洋开始向冈底斯陆块俯冲，沿扎雪—门巴—金达一带分布有晚三叠世的黑云角闪花岗闪长岩、黑云母二长花岗岩，其岩石地球化学特征和岩石学特征表明，该期花岗岩为 I 型花岗岩，形成于岛弧构造环境(杨德明，2005)，表明晚三叠世—早侏罗世冈底斯活动大陆边缘已开始形成。晚侏罗世，由于新特提斯洋和北侧的班公错-怒江弧后洋盆向冈底斯的共同俯冲消减，研究区岩浆活动强烈，发育有黑云母二长花岗岩、花岗闪长岩、二云母花岗岩等。晚侏罗世末期，区内发生一次重要的南北向挤压作用，形成由北而南的逆冲断层、逆冲推覆型韧性剪切带及低绿片岩相的变质作用，前白垩纪地层和岩浆岩普遍发生不同程度的变质作用，导致区域上多尼组和下伏地层的不整合接触。白垩纪，区内发生一次重要的热事件，形成由南东向北西向的逆冲推覆断层，导致侵入到松多岩群中的花岗岩在 105Ma 左右发生热扰动。上白垩统竟柱山组在区域上不整合上覆于不同时代的地层之上，竟柱山组为一套磨拉石建造，暗示班公错-怒江弧后洋盆闭合，并强烈隆升。

中生代时期，伴随新特提斯洋的演化孕育了系列俯冲-碰撞型花岗岩，在岩体及接触带形成一系列铜铅锌及钨锡矿床，不仅对早期形成的各类矿床进行叠加改造，同时，形成一系列诸如矽卡岩型-角岩型铜锌、铜铁矿床，无疑改变了晚古生代海底热水沉积层状矿体的原始形态和产状，并导致成矿物质的再次活化、迁移及再富集。如拉屋矿区层状矿体中所见的后期叠加的矽卡岩型铜锌矿、铅锌矿即是最好的例证。

2.6.3 新生代弧-陆碰撞及成矿作用

古近纪时期，随着印度板块继续向北运移，研究区构造环境由洋壳俯冲转换为陆壳碰撞，受俯冲消减和重熔作用的影响，发育大规模的火山喷发，形成大面积岛弧-陆缘型火山岩，主要岩性为安山质凝灰岩、安山岩、流纹岩、流纹质凝灰岩等。杨德明等(2005)采用 K－Ar 同位素测年，获得 54.42～38.18Ma 的火山岩侵入年龄，时代为始新世。

新近纪时期，青藏高原仍处于区域性强烈碰撞挤压和地壳缩短增厚阶段，导致研究区大量与构造隆升有关的热事件发生。念青唐古拉主峰附近斑状花岗闪长岩(11.0Ma，K－Ar)，石榴黑云花岗岩(10.5Ma，K－Ar)，二长花岗岩、斜长花岗岩(18.2Ma，K－Ar)，斑状黑云母花岗岩是这一时期地壳缩短增厚深部熔融的产物。在近南北向挤压作用下，形成近东西向的逆断层和东西向宽缓的直立水平褶皱，以及北东向、北西向平移断层。新近纪后期，由于加厚地壳的减薄，高原壳幔物质和能量再度发生调整与交换，区内发生较强烈的侧向伸展作用，形成一系列近南北向的裂谷盆地，并伴生一套与伸展作用有关的壳幔混合源的火山活动和深成岩浆活动，对区内已形成的矿床，如亚贵拉、洞中拉、龙玛拉等矿床发生叠加改造，成矿组分进一步富集，形成一系列热水喷流沉积-叠加改造型、斑岩型、矽卡岩型以及浅成低温热液铅锌多金属矿床。

总之，研究区长期复杂的地质构造演化，孕育多期区域性构造-热事件，造就了本区优越的成矿地质条件，形成矿产资源种类繁多、矿床类型复杂的矿床组合形式。

3　典型矿床地质特征

念青唐古拉成矿区处于雅鲁藏布江巨型铜多金属成矿带北亚带。区内古生代、中生代、新生代地层分布广泛，构造、岩浆岩发育，铜、铅锌、银矿床（点）星罗棋布，是青藏高原重要的铅锌多金属矿化集中区。区内分布铜、铅锌、银、金及非金属矿床（矿点和矿化点）60余个，其中，亚贵拉铅锌多金属矿、拉屋铜锌多金属矿、蒙亚啊铅锌多金属矿、新嘎果铅锌多金属矿、昂张铅锌多金属矿是研究区铅锌多金属矿床类型的代表。因工作进展不同，亚贵拉、拉屋矿床已达详查程度，新嘎果、蒙亚啊矿床达普查程度，昂张矿床仅为预查程度。

3.1　亚贵拉铅锌多金属矿床

亚贵拉铅锌多金属矿床位于西藏工布江达县亚贵拉—扎哇一带。地理坐标为东经92°40′41″—92°46′17″，北纬30°12′21″—30°13′58″。矿区南距工布江达县金达镇及318公路40 km，区内有简易公路与318公路相连，交通较为方便。矿床大地构造位置处于亚贵拉-龙玛拉断坳东段，扎雪-门巴断裂带北侧。矿区地层仅出露上石炭统—下二叠统来姑组，区内岩浆活动强烈，断裂构造发育，成矿地质条件较为有利（图3-1）。

3.1.1　矿区地质特征

3.1.1.1　地层

矿区出露地层为上石炭统—下二叠统来姑组（C_2P_1l）及第四系（Q）。

上石炭统—下二叠统来姑组（C_2P_1l）为一套灰黑色深海-半深海相碎屑岩夹碳酸盐岩建造，主要岩性为砂质板岩、变石英砂岩、岩屑凝灰岩、晶屑凝灰岩、含砾凝灰质砂岩，及铁锰质条带大理岩、硅质岩等。区域上与下石炭统诺错组、中二叠统洛巴堆组呈整合接触关系，与位于其南侧的前奥陶纪松多岩群为断层接触。矿区内的上石炭统—下二叠统来姑组（C_2P_1l）大致相当于区域来姑组中上部层位。区内地层呈单斜产出，总体倾向北北西，局部倾向北北东，倾角42°～71°。根据岩性组合特征，矿区来姑组由南向北可大致划分3个岩性段：

第一岩性段分布于矿区南部，呈近东西向带状展布，主要为一套灰色泥质板岩夹变质石英砂岩建造，厚度大于340m，与上覆第二岩性段整合接触。

第二岩性段为矿区重要的含矿岩系，分布于矿区中部，为一套灰黑色变石英砂岩、凝灰岩夹铁锰质条带大理岩及硅质岩建造。主要岩性有变石英砂岩、凝灰质砂岩、岩屑晶屑凝灰岩、流纹质凝灰岩及铁锰质条带状大理岩、富微斜长石岩及硅质岩等。其中，铁锰质条带状大理岩、富微斜长石岩、硅质岩属热水沉积岩（张旺生等，2009），呈夹层或透镜体分布于该段地层中，一般单层厚10m左右，局部可达40m，与凝灰岩共同构成矿区内的含矿岩系。矿区所发现的层状铅锌矿体均赋存于该段地层中，与上覆第三岩性段整合接触。

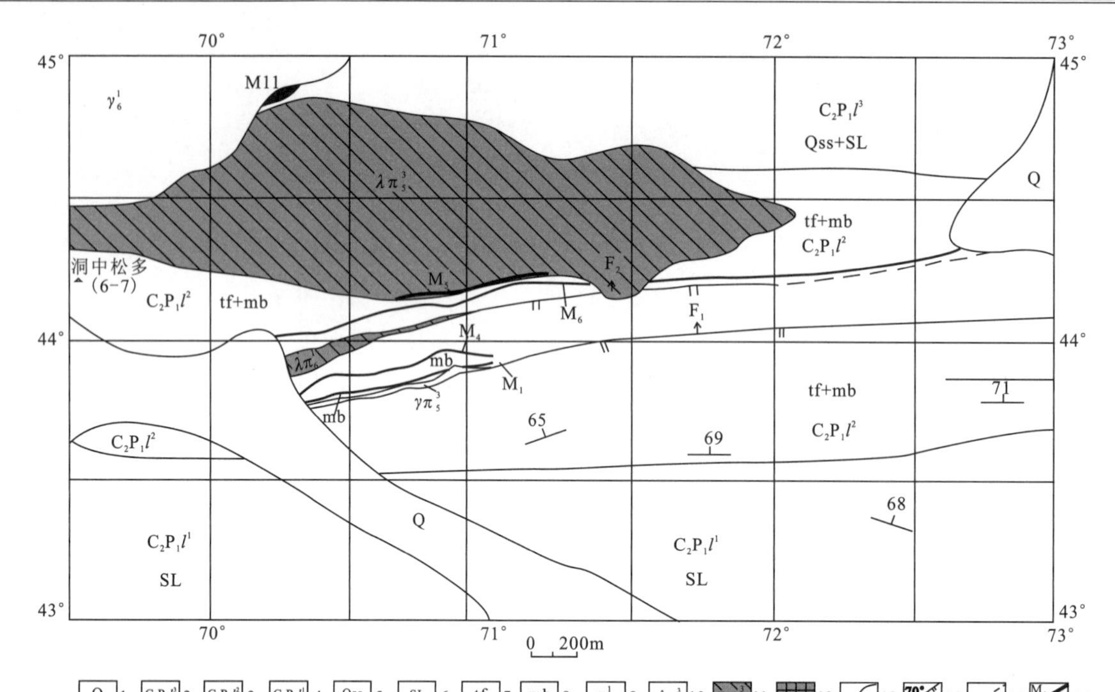

图 3-1 亚贵拉矿区地质略图

1.第四系;2.上石炭统—下二叠统来姑组第三岩性段;3.上石炭统—下二叠统来姑组第二岩性段;4.上石炭统—下二叠统来姑组第一岩性段;5.变石英砂岩;6.砂质板岩;7.凝灰岩;8.大理岩;9.喜马拉雅期花岗岩;10.燕山期花岗斑岩;11.燕山期石英斑岩;12.辉钼矿化石英斑岩脉;13.地质界线;14.逆断层及编号;15.推测断层;16.矿体及编号

第三岩性段分布于矿区北部,为一套灰色砂质板岩、变石英砂岩不等厚互层分布,厚度大于 840m。

变石英砂岩:灰白色、灰褐色及深灰色,中细粒状变余砂状结构,中厚层状构造。主要矿物成分为石英、泥质,次有少褐铁矿、磁铁矿。石英呈圆状、次圆状,粒径一般 0.06~0.25mm,含量 80%~95%;泥质分布于石英粒间,形成填隙式胶结,含量 5%,多发生变质作用形成绢云母。

凝灰质砂岩:灰褐色、灰黄色,具细—中粒粒状结构,层状构造。主要矿物成分为石英 40%~75%,斜长石 15%~30%,均呈不规则粒状,粒径小于 1.0mm,斜长石多为更长石。次要矿物有绿泥石、褐铁矿等,微量磁铁矿。

砂质板岩:在矿区内分布广泛。岩石呈灰黑色、灰褐色,丝绢光泽,具变余砂状结构,板状构造。主要矿物成分为砂质(石英)60%~80%,少量的杂质及碎屑物。虽然有石英重结晶,但仍保留有原来形状。绢云母呈细鳞片状,沿板理面分布。

泥质板岩:与砂质板岩互层产出。岩石呈灰黑色,具残余泥质结构、泥晶结构,板状构造。绢云母化较发育,但强度不同。局部绢云母含量可达 60%以上。岩石具绿泥石化、褐铁矿化等蚀变现象。

大理岩:主要分布于第二岩性段中,呈灰褐—灰黑色,具中—粗粒粒状变晶结构,块状、条带状构造。主要矿物成分为方解石 85%~95%,石英 3%~5%,少量褐铁矿及硅灰石。方解石呈他形粒状,粒径 0.5~1.5mm,个别达 5mm。石英呈他形粒状,粒径 0.05~0.2mm,不均匀嵌布于方解石晶体中。局部见有方铅矿化、闪锌矿化、黄铁矿化。

矽卡岩:主要分布于矿化带内,岩石类型有透辉石矽卡岩、石榴石矽卡岩、绿帘石榴石矽卡岩、透辉石榴石矽卡岩。矽卡岩具有一定的分带性,由外到内依次为大理岩、透辉石矽卡岩、绿帘石榴石矽卡岩、石榴石矽卡岩。区内的铅锌多金属矿化均产于矽卡岩带内。

3.1.1.2 含矿岩系

矿区含矿岩系为第二岩性段地层,主要岩性有变石英砂岩、凝灰质砂岩、条带状大理岩、硅质岩及矽卡岩等。以细粒变石英砂岩及凝灰质砂岩为主，硅质岩、大理岩(矽卡岩)作为夹层分布于变石英砂岩中，一般厚20～35m不等。矿体呈层状或似层状分布于近东西向展布的铁锰质条带大理岩与变石英砂岩岩性界面，受大理岩控制，含矿岩石为矽卡岩化大理岩或透辉石矽卡岩。一般矿体顶板围岩为细粒变石英砂岩，局部为硅质岩或含燧石条带状大理岩，底板围岩为大理岩(矽卡岩)及凝灰质石英砂岩，局部为富微斜长石岩，矿体与围岩呈渐变过渡关系，产状与围岩一致(图3-2)。含矿岩系受燕山晚期和喜马拉雅期岩浆热液改造迹象明显，矿化蚀变发育，主要为黄铁矿化、闪锌矿化、方铅矿化、黄铜矿化、硅化、矽卡岩化、绿泥石化及碳酸盐化。各类蚀变在矿体两侧呈不对称分布，一般底板围岩蚀变强度高于顶板围岩。

3.1.1.3 构造

由于岩性差异明显及受区域性断裂的影响，矿区不同岩性层之间常发生构造滑脱，矿区构造主要表现为断裂，沿M1、M6铅锌矿体底板发育两条北东东向断裂破碎带F_1、F_2，具多期活动性特点，主断裂面上常具光滑的后期构造滑动遗迹。根据构造面上的阶步特征判断，具逆断层性质。主断面沿M1、M6矿体底板呈舒缓波状起伏，矿体受断裂改造，多处矿石具角砾状构造(图3-3)。

图3-2 M6层状矿体与围岩整合接触关系

图3-3 M4矿体ZK3岩芯中的角砾状矿石

F_1断裂：分布于矿区中南部来姑组第二岩性段($C_2P_1l^2$)大理岩中，顺层产出，区内出露长度大于2800m，产状352°～5°∠54°～68°，东、西两端被倒石堆覆盖。该断裂具压扭性质，岩石受到剪切和挤压作用，形成构造碎裂岩和构造角砾岩等。破碎带一般宽30～60m，带内岩石有矽卡岩化碎裂大理岩、矽卡岩，岩石破碎强烈，节理、裂隙发育，局部发育的石英脉呈细脉状或网脉状沿裂隙充填，上、下两盘均为大理岩。破碎带内矿化蚀变发育，主要矿化有方铅矿化、闪锌矿化、黄铁矿化，地表因氧化褐铁矿化非常强烈，主要蚀变有硅化、绿泥石化、矽卡岩化和碳酸盐化等，其中，M1、M4矿体分别赋存于该断裂带的下部和中上部。

F_2断裂：分布于矿区中部来姑组第二岩性段($C_2P_1l^2$)，以顺层产出为主，仅局部切割岩层走向。产状356°～12°∠70°～83°，呈陡倾斜，西端被第四系覆盖，东端延伸至区外。该断裂具多期活动性特点，主断裂面上常具光滑的后期构造滑动痕迹。根据构造面上的阶步特征判断，具逆断层性质。该断裂西段破碎带宽10～20m不等，断裂东段破碎带规模较大，最宽可达160m左右。破碎带内岩石挤压片理化、构造透镜体发育，西段岩石主要为碎裂变石英砂岩，东段岩石主要为矽卡岩化碎裂大理岩。带内矿化蚀变强烈，主要有方铅矿化、闪锌矿化、黄铜矿化、黄铁矿化、硅化、矽卡岩化、绿泥石化及碳酸盐化等。

3.1.1.4 岩浆岩

矿区岩浆活动强烈，岩浆岩发育。岩浆岩主要有燕山晚期石英斑岩($\lambda\pi_5^3$)、喜马拉雅期黑云母花岗岩(γ_6^1)及石英斑岩脉($\lambda\pi_6^1$)等，岩体与围岩呈侵入接触关系。燕山晚期石英斑岩呈不规则透镜状，侵位于M6矿体西段上盘围岩中，并于12勘探线附近切穿M6层状铅锌矿体，岩体接触带可见冷凝边，未见明显的矿化现象。高一鸣等(2010)岩浆锆石U-Pb测年，获得石英斑岩年龄为(128.7±1.1)～(128.3±1.1)Ma，侵入时代为早白垩世，属燕山晚期；黑云母花岗岩呈不规则岩株侵位于矿区北西部的来姑组地层中，其南部切穿燕山晚期石英斑岩。岩石呈灰白色，中细粒花岗结构，块状构造。主要矿物为斜长石40%左右，微斜长石25%左右，石英30%左右，黑云母5%左右。斜长石呈半自形晶，板柱状，粒径0.5～3.5mm，个别呈聚片双晶，多为更长石；微斜长石呈半自形晶，板柱状，粒径0.4～3.8mm；石英呈不规则粒状分布。黑云母呈片状集合体。岩体接触带常见云英岩化现象，局部发育矽卡岩型铅锌矿化。高一鸣等(2010)岩浆锆石U-Pb测年，获得黑云母花岗岩年龄为(62.6±0.51)～(61.71±0.64)Ma，侵入时代为古近纪，属早喜马拉雅期；石英斑岩脉沿F_2断裂破碎带西段主断面侵位，高一鸣等(2010)岩浆锆石U-Pb测年，获得石英斑岩脉年龄为(66.5±0.77)～(66.19±0.57)Ma，与黑云母花岗岩同属早喜马拉雅期，二者应为新特提斯洋闭合印度板块与欧亚板块碰撞的产物，属同碰撞花岗岩。根据矿体产状特征及侵入岩体的测年结果，可判定矿区铅锌矿化划分两个成矿期次，第一成矿期应为晚古生代海西期，第二成矿期则为早喜马拉雅期。

3.1.2 矿体特征

亚贵拉矿区为一富含铅锌银的多金属矿床，经地表槽探工程揭露控制及深部钻探工程控制，区内矿化类型分为铅锌矿化和钼矿化两种。铅锌矿化主要呈层状、纹层—条带状、脉状或细脉浸染状分布于变石英砂岩与条带状大理岩岩性界面或东西向展布的断裂破碎带内；钼矿化呈细脉浸染状分布于石英斑岩脉及其上盘的硅化石英砂岩中。矿区共圈定铅锌矿体9个、钼矿体1个，其中M1、M4、M6为铅锌主矿体，其余矿体规模较小，多为盲矿体，仅有少量的深部工程控制(图3-4)。区内矿体均分布于矿区中部，赋存于上石炭统—下二叠统来姑组第二岩性段或石英斑岩脉中，总体上近平行分布，呈层状、似层状或脉状产出，走向近东西向，倾向北偏西，倾角一般为60°～70°，局部较陡，倾角在70°以上。矿体形态较简单，沿走

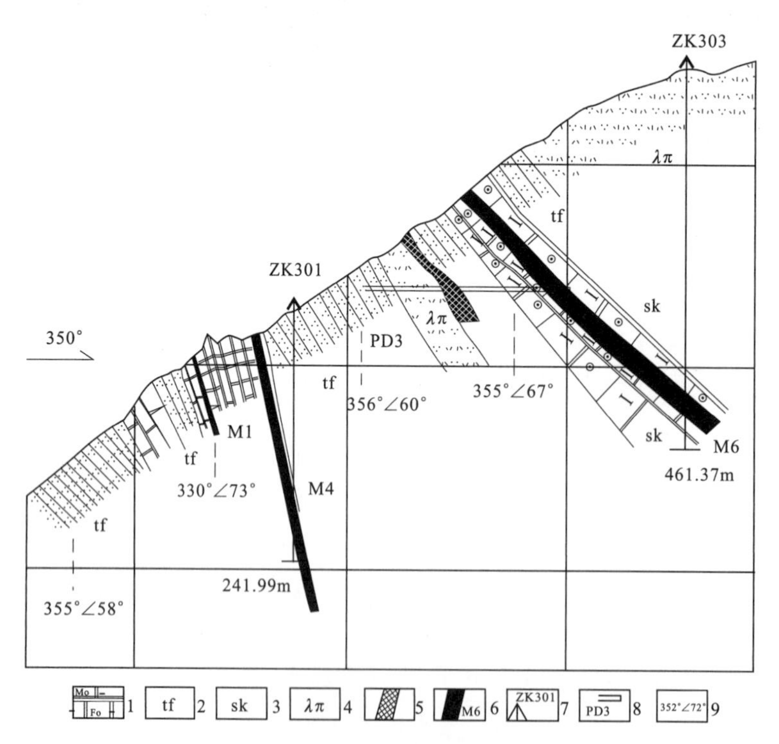

图3-4 亚贵拉矿区3勘探线剖面示意图

1.铁锰质条带状大理岩；2.凝灰岩；3.矽卡岩；4.石英斑岩；5.辉钼矿体；6.铅锌矿体；7.钻孔位置及编号；8.坑探工程位置及编号；9.产状

向、倾向连续性较好，延伸稳定，局部具膨胀尖缩及分支复合现象，矿体长85～1582m不等，平均厚1.91～9.40m。M1、M4、M6等主要铅锌矿体和钼矿体特征详述如下，其他铅锌矿体特征见表3-1。

表3-1　亚贵拉矿床其他矿体特征表

矿体编号	矿体规模(m)		矿体形态	矿体产状	平均品位	控矿因素
	矿体长度	平均厚度				
M5	285	5.04	脉状	298°∠73°	Pb:4.47 Zn:3.58 Ag:84.63	受断裂构造控制，含矿岩石为碎裂石英斑岩。矿体与顶、底板围岩界线清晰
M7	270	6.15	似层状	353°∠63°～68°	Pb:1.12 Zn:1.74 Ag:40.64	受地层控制，顶板围岩铁锰质条带状大理岩，底板为凝灰质砂岩，矿体与围岩呈渐变关系
M8	170	2.56	脉状	289°～302° ∠56°～78°	Pb:0.79 Zn:3.97 Ag:18.85	受断裂构造控制，含矿岩石为碎裂石英斑岩。矿体与顶、底板围岩界线清晰
M9	340	2.38	脉状	283°～295° ∠64°～73°	Pb:2.94 Zn:3.87 Ag:75.80	受断裂构造控制，含矿岩石为碎裂石英斑岩。矿体与顶、底板围岩呈渐变关系
M10	260	2.88	脉状	290°∠62°～74°	Pb:0.66 Zn:2.32 Ag:15.35	受断裂构造控制，含矿岩石为碎裂石英斑岩。矿体与顶、底板围岩界线清晰
M11	50	5.73	透镜状	152°∠56°～69°	Pb:5.23 Zn:4.76 Ag:118.31	受黑云母花岗岩及矽卡岩双重控制，含矿岩石为石榴透辉石矽卡岩

注：计量单位Pb、Zn为%，Ag为$\times10^{-6}$。

M1矿体：呈层状，赋存于矿区含矿岩系中下部的铁锰质条带状大理岩内，产状343°～350°∠72°～78°与围岩产状一致。矿体长860m，平均厚度5.29m，平均品位：Pb 2.6%，Zn 2.56%，Ag 79.94$\times10^{-6}$。矿体边界与围岩界线呈渐变过渡关系，顶、底板围岩均为铁锰质条带状大理岩。围岩蚀变不发育，主要蚀变仅见于底板围岩0.2～0.7m的范围内。围岩蚀变主要为矽卡岩化、硅化、绿泥石化、碳酸盐化。其中，矽卡岩矿物——透辉石、钙铝榴石多呈微晶或雏晶形式产出。

M4矿体：呈似层状，赋存于M1矿体上部的铁锰质条带状大理岩中，与M1矿体大致平行产出，二者相距30～60m。产状352°～5°∠54°～68°。矿体长830m，平均厚4.31m，矿体沿走向、倾向呈舒缓波状变化，局部具膨大尖缩现象。平均品位：Pb 2.46%，Zn 2.39%，Ag 70.51$\times10^{-6}$。矿体边界与围岩界线呈渐变过渡关系，顶板围岩为凝灰质砂岩，局部为硅质岩，底板围岩为铁锰质条带状大理岩。围岩蚀变与M1矿体相似，主要为矽卡岩化（微细粒透辉石、钙铝榴石）、绿帘石化、绿泥石化等。

M6矿体：呈层状，赋存于含矿岩系上部的凝灰质砂岩、凝灰岩与铁锰质条带状大理岩岩性界面。产状340°～9°∠59°～86°，产状与围岩一致，矿体与围岩呈整合接触关系（图3-2）。顶板围岩主要为凝灰质砂岩，局部为石英斑岩，底板围岩为铁锰质条带状大理岩、硅质岩及微斜长石岩。矿体形态简单，厚度变化稳定，连续性较好，沿走向、倾向呈舒缓波状变化，含矿岩石主要为矽卡岩和铁锰质条带状大理岩，局部为凝灰质砂岩。矿体长1580m，平均厚度7.97m，平均品位：Pb 6.65%，Zn 2.16%，Ag 118.44$\times10^{-6}$，矿体品位较高。沿矿体走向（由西向东），矿体厚度总体呈现由厚到薄再到厚的变化规律，矿体品位呈现Pb、Ag品位由高到低再到高的变化规律，而Zn品位表现为由低到高再到低的变化趋势。沿矿体倾向，Pb、Ag品位呈下降趋势，Zn品位具增高的趋势，地表Pb、Zn比值一般为3.5～12.1，深部Pb、Zn比值为1～2.1（图3-5）。

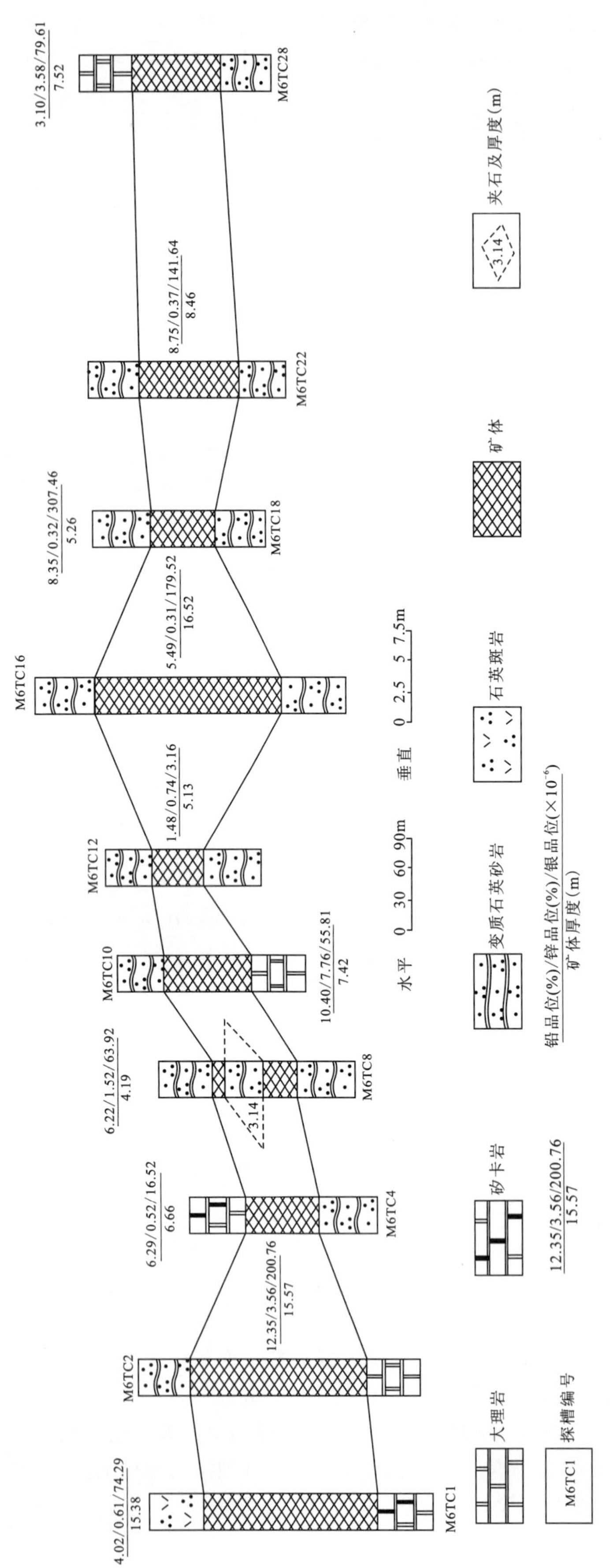

图 3－5　亚贵拉铅锌矿区 M6 矿体沿走向连接及厚度变化对比图

钼矿体形态复杂，赋存于石英斑岩脉及其上盘的硅化碎裂凝灰岩、凝灰质砂岩中，呈厚层状、脉状或透镜状产出。产状348°～351°∠59°～68°，大部呈隐伏矿体产出，仅在矿区西部11勘探线附近地表见有钼矿化露头。沿倾向矿体厚度变化非常大，膨大尖缩、分支复合现象明显。矿体长1080m，矿化宽度30～100m，平均品位0.078%。赋矿岩石主要为硅化变石英砂岩，局部为石英斑岩。矿石结构主要为半自形鳞片状结构，矿石构造以细脉浸染状构造为主，局部为网脉状构造。金属矿物主要为辉钼矿、磁黄铁矿、黄铁矿，少量黄铜矿、方铅矿等，脉石矿物主要为石英、斜长石等，少量绢云母、绿泥石。矿体边界与围岩界线呈渐变过渡关系。围岩蚀变主要为硅化、绢云母化、绿泥石化等。唐菊兴(2009)辉钼矿Re-Os同位素测年，获得成矿年龄为(58.2±0.83)Ma，与矿区内的黑云母花岗岩侵位年龄基本一致，二者应系同一构造热事件的产物。

3.1.3 矿石特征

根据宏观矿体特征，结合矿相学研究，区内成矿具多期、多阶段特征，成矿作用多次叠合。其中，铅锌矿化可划分为海西期热水沉积成矿和早喜马拉雅期岩浆热液接触交代成矿两种铅锌矿化类型。其中，热水沉积成因铅锌矿化，矿体呈层状、似层状，赋存于凝灰质砂岩、凝灰岩与铁锰质条带状大理岩岩性接触界面，含矿岩石为铁锰质大理岩及凝灰质砂岩，矿体产状与围岩基本一致。顶板围岩主要为凝灰质砂岩，局部为石英斑岩，底板围岩为富铁锰质条带状大理岩、硅质岩及微斜长石岩；岩浆热液接触交代成因铅锌矿化，矿体呈不规则状或透镜状，赋存于黑云母花岗岩外接触带的矽卡岩及矽卡岩化大理岩中或叠合于早期的层状硫化物矿体之上。钼矿化则呈细脉浸染状赋存于M6铅锌矿体下盘的石英斑岩脉及其上盘的硅化碎裂凝灰岩、凝灰质砂岩中。

3.1.3.1 矿石结构、构造

根据矿相学研究，海西期成矿作用形成的金属矿物磁黄铁矿、闪锌矿、方铅矿等矿物颗粒细小，粒径在0.01～0.6mm之间，多数为0.03～0.3mm。根据矿石中物质组成的形态、粒度等特征，该期形成的铅锌矿石常具半自形—他形微细粒结构、乳滴状结构、交代残余结构，偶见胶状结构(磁黄铁矿呈胶体状)、纤状变晶结构等，其中，以半自形—他形粒状结构、乳滴状结构、交代残留结构最为常见。

半自形—他形粒状结构：为区内主要的矿石结构，金属矿物方铅矿、闪锌矿、磁黄铁矿等矿物多呈半自形—他形粒状交代并包裹脉石矿物呈条带状聚集，与脉石矿物相间定向分布(图3-6、图3-7)。

图3-6 磁黄铁矿、闪锌矿、方铅矿以他形细粒呈纹层状定向分布(100×单)

图3-7 自形方铅矿和他形黄铜矿伴生(100×单)
Gn.方铅矿；Cp.黄铜矿

乳滴状结构：方铅矿、闪锌矿、磁黄铁矿呈乳滴状散布于围岩中(图3-8)。

交代残留结构：多是方铅矿、闪锌矿交代磁黄铁矿和黄铁矿，被交代矿物呈残留状(图3-9)。

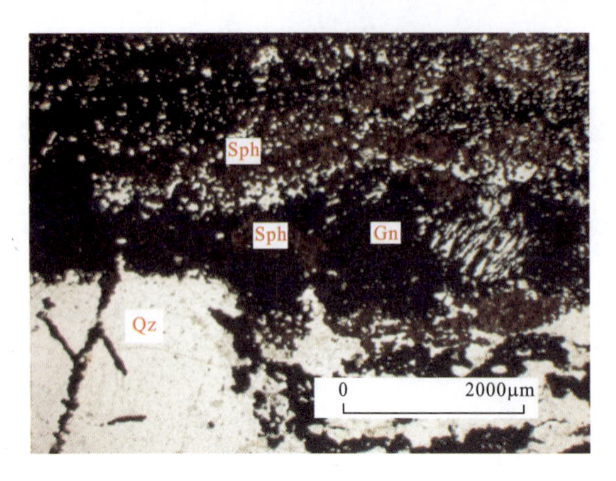

图 3-8 闪锌矿、方铅矿和磁黄铁矿在纹层中呈乳滴状分布(100×单)

Sph. 闪锌矿;Gn. 方铅矿;Qz. 石英

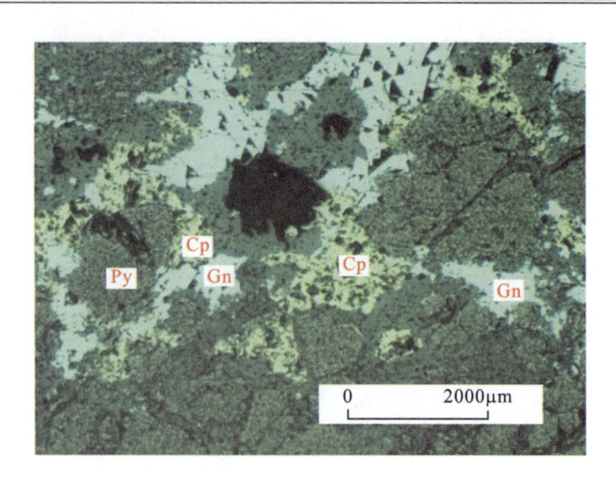

图 3-9 方铅矿交代并包裹黄铁矿,黄铜矿交代黄铁矿、方铅矿(100×单)

Gn. 方铅矿;Py. 黄铁矿;Cp. 黄铜矿

根据矿物集合体的空间分布特征,海西期矿石构造主要有块状构造(图 3-10)、脉状(网脉状)构造、纹层状构造(图 3-11)、水平韵律性层纹—条带状构造(图 3-12、图 3-13)、微斜层系构造或流水构造(图 3-14)、浸染状构造及同生角砾构造等反映同生沉积成矿的典型构造(图 3-15)。

图 3-10 M6TC10 探槽中块状硫化物矿石

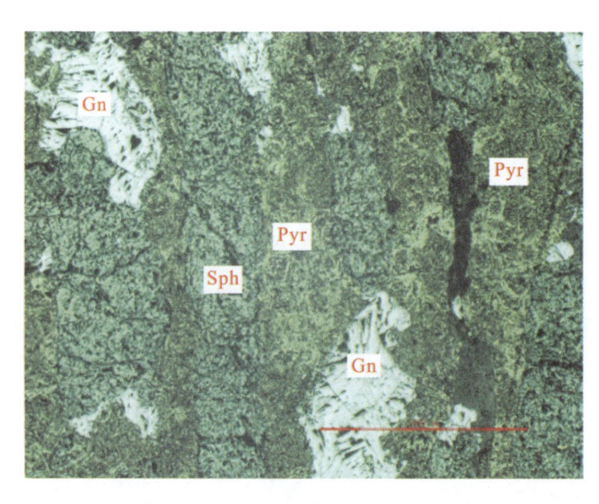

图 3-11 矿石中闪锌矿、磁黄铁矿呈条带状分布(100×单)

Gn. 方铅矿;Pyr. 磁黄铁矿;Sph. 闪锌矿

图 3-12 由不同的矿石矿物及石英、方解石组成的交替层纹

图 3-13 条带状大理岩与铅锌矿化产状呈整合接触

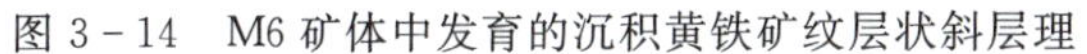
图 3-14 M6 矿体中发育的沉积黄铁矿纹层状斜层理

图 3-15 M4 矿体中发育的同生角砾构造

早喜马拉雅期铅锌矿化具有后生叠加改造型特点，主要金属矿物黄铁矿、闪锌矿、方铅矿等粒度较粗大，自形晶程度高。粒径在 0.2～5mm 之间，多数在 0.3～2mm，矿石具自形—半自形中粗粒晶状结构、交代充填结构、包裹结构、细脉穿插结构、固溶体分离结构等，矿石构造主要有块状构造、团粒状构造、细脉状构造及浸染状构造等。

此外，矿区辉钼矿化属喜马拉雅期岩浆作用的产物，矿石具自形—半自形中粗粒晶结构，细脉状、网脉状及浸染状构造。

3.1.3.2 矿物组成

亚贵拉矿床矿物有数十种之多，矿石矿物主要有闪锌矿、方铅矿、磁黄铁矿、黄铁矿，其次有少量黄铜矿、白铁矿和毒砂等，含量约占 22%。次生矿物有褐铁矿、铅矾、孔雀石等。其中，主要金属矿物磁黄铁矿为贯穿矿体始终存在的矿物。脉石矿物主要为透辉石、石榴石、透闪石、石英和方解石等，其次有钠长石、绿帘石、绢云母和绿泥石等，约占 78%(表 3-2)。其中，早期生成的透辉石、石榴石、透闪石等脉石矿物颗粒细小，多以微细晶的粒径分布，而后期形成的矽卡岩矿物诸如透辉石、石榴石、透闪石则颗粒较粗大。

表 3-2 铅锌矿石矿物成分及其目估百分含量

矿物类别	金属矿物	含量(%)	脉石矿物	含量(%)
主要矿物	闪锌矿(铁闪锌矿)	3.5～4	透辉石	20～25
	方铅矿	4～4.5	石榴石	5～10
	磁黄铁矿	5～10	透闪石	5～10
	黄铁矿	3	石英	15～20
	自然银			
次要矿物	黄铜矿	<0.5	钠长石	5
	白铁矿	<0.5	绿帘石	5
	毒砂	<0.1	碳酸盐	3
合计		22		78

此外，钼矿石金属矿物主要为辉钼矿、磁黄铁矿、黄铁矿，少量黄铜矿、方铅矿等，非金属矿物主要为石英、斜长石等，少量绢云母、绿泥石，次生矿物有褐铁矿、钼华等。

3.1.3.3 主要矿物特征

矿床的主要金属矿物为方铅矿、闪锌矿、磁黄铁矿、黄铁矿。

方铅矿:为区内最主要的矿石矿物,常与闪锌矿、磁黄铁矿、黄铁矿共生。显微镜下观察有两个世代,早世代方铅矿以半自形—他形粒状为主,与磁黄铁矿、闪锌矿和少量黄铜矿共生;晚世代方铅矿以中粗粒为主,常与磁黄铁矿等紧密共生,或产于石英、方解石脉中。据显微镜下统计(表3-3),粒径小于0.16mm的方铅矿占20%以上。细粒方铅矿多呈浸染状、纹层状分布;中粗粒方铅矿常沿闪锌矿、磁黄铁矿裂隙和脉石矿物裂隙或空隙呈细脉状分布,有时呈条带状与其他矿物相间分布。在不同的矿石结构构造中,方铅矿矿物含量变化较大,即呈浸染状→细脉状→块状构造矿石,方铅矿的矿物含量从5%→15%→30%以上变化。

表3-3 方铅矿的粒径统计分析表

<table>
<tr><td rowspan="2">粒径
(mm)</td><td colspan="6">面　积　法</td></tr>
<tr><td>比粒径</td><td>颗粒数</td><td>比面积</td><td>含量(%)</td><td colspan="2">分布(%)</td></tr>
<tr><td>1.28～2.56</td><td>128</td><td>14</td><td>1792</td><td>14.34</td><td rowspan="2">33.29</td><td rowspan="4">77.48</td></tr>
<tr><td>0.64～1.28</td><td>64</td><td>37</td><td>2368</td><td>18.95</td></tr>
<tr><td>0.32～0.64</td><td>32</td><td>87</td><td>2784</td><td>22.28</td><td rowspan="2">44.19</td></tr>
<tr><td>0.16～0.32</td><td>16</td><td>171</td><td>2736</td><td>21.90</td></tr>
<tr><td>0.08～0.16</td><td>8</td><td>214</td><td>1712</td><td>13.70</td><td rowspan="5">22.52</td><td rowspan="5">22.52</td></tr>
<tr><td>0.04～0.08</td><td>4</td><td>206</td><td>824</td><td>6.60</td></tr>
<tr><td>0.02～0.04</td><td>2</td><td>113</td><td>226</td><td>1.81</td></tr>
<tr><td><0.02</td><td>1</td><td>51</td><td>51</td><td>0.41</td></tr>
<tr><td>合　计</td><td></td><td>893</td><td>12 493</td><td>100</td></tr>
</table>

闪锌矿:为区内的主要矿石矿物之一,常与方铅矿、磁黄铁矿共生,有的被方铅矿包裹(图3-16)或交代磁黄铁矿,显微镜下呈褐色、棕红色,呈他形粒状,在矿石中主要呈星散状、细脉状分布,其次呈不规则条带状分布,局部呈浸染状分布(图3-17)。含量一般为1%～5%,局部可达20%以上。闪锌矿粒度以中粗粒为主,据显微镜统计,粒径大于0.16mm的闪锌矿占94%以上(表3-4)。在矿石中闪锌矿与磁黄铁矿的关系最为密切,常与磁黄铁矿呈交代关系,磁黄铁矿含量高时,矿石锌品位也往往较高。

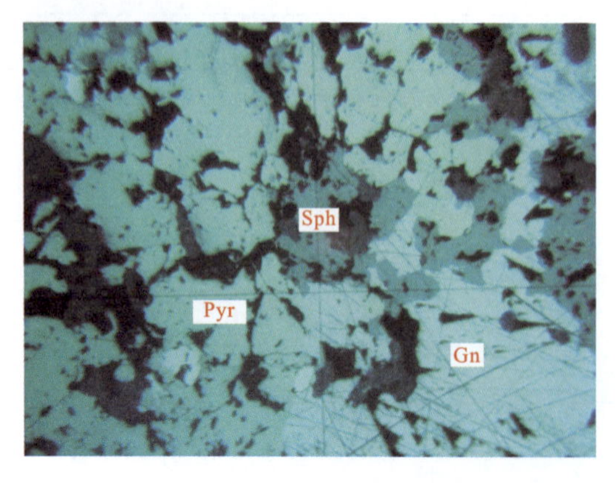

图3-16 闪锌矿包裹于方铅矿的晶体中,二者与磁黄铁矿呈不规则接触(100×单)
Gn.方铅矿;Pyr.磁黄铁矿;Sph.闪锌矿

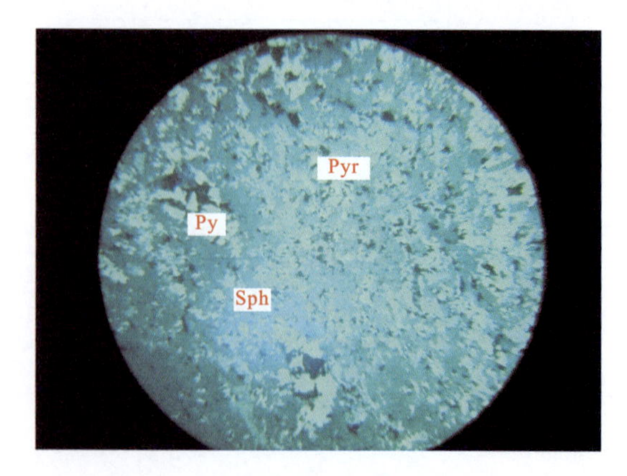

图3-17 闪锌矿和磁黄铁矿呈浸染状,散布于围岩中(100×单)
Pyr.磁黄铁矿;Py.黄铁矿;Sph.闪锌矿

表 3-4　闪锌矿的粒径分析统计

粒径(mm)	面　积　法					
	比粒径	颗粒数	比面积	含量(%)	分 布(%)	
1.28～2.56	128	20	2560	19.10	35.81	80.7
0.64～1.28	64	35	2240	16.71		
0.32～0.64	32	97	3104	23.16	44.89	
0.16～0.32	16	182	2912	21.72		
0.08～0.16	8	228	1824	13.61	19.31	19.31
0.04～0.08	4	144	576	4.30		
0.02～0.04	2	78	156	1.16		
<0.02	1	32	32	0.24		
合　计		816	13 404	100		

注:数据测试由西北有色地质研究院完成。

磁黄铁矿:为区内分布最广泛的金属矿物,常与其他金属矿物共生,呈浅黄色或黄灰色,含量一般为2%～10%,局部可达50%以上。多呈半自形或他形粒状,以中细粒为主,粒径一般小于1mm。区内磁黄铁矿在岩石和矿石中均广泛分布,岩石中的磁黄铁矿多呈星散浸染状分布于矿物粒间,矿石中的磁黄铁矿多呈条带状、纹层状或浸染状沿其他矿物裂隙及粒间空隙分布(图3-18)。在M6矿体西端磁黄铁矿集合体呈层状产出,层理明显,与围岩产状一致,呈整合接触,具沉积成因特点,含少量方铅矿、闪锌矿及黄铜矿(图3-19)。

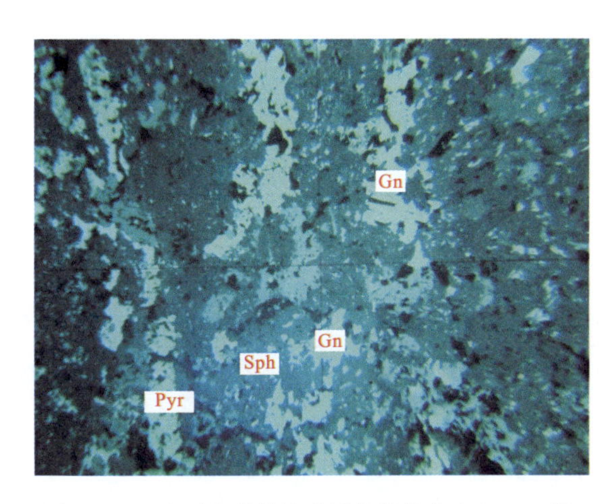

图3-18　矿石中磁黄铁矿呈条带状分布(100×单)
Gn.方铅矿;Pyr.磁黄铁矿;Sph.闪锌矿

图3-19　层状磁黄铁矿

黄铁矿:是矿石中的主要金属硫化物,早期黄铁矿多为细粒,呈自形—半自形晶分布于矿石中,常被黄铜矿、方铅矿等交代。晚期黄铁矿主要沿石英或其他脉石矿物的裂隙分布,有的形成黄铁矿条带状,粒度较大。

黄铜矿:主要有两个世代,表现为两种产出形式。一种是呈固溶体分离物分布于闪锌矿中;另一种为较晚阶段形成的黄铜矿,多充填于闪锌矿、磁黄铁矿裂隙中,并交代这些矿物。

3.1.3.4　化学成分

根据亚贵拉矿区矿石的化学全分析结果(表3-5),矿石的化学成分以富SiO_2、CaO、Al_2O_3、Fe、S、

MnO为特征，次为 MgO、TiO_2 等，其他成分含量较少。矿石化学全分析结果反映不同的矿石类型化学成分具有明显的差异，具块状构造的铅锌矿石和矽卡岩型铅锌矿石 SiO_2、Al_2O_3、TiO_2、K_2O、Na_2O、Ba 含量明显低于凝灰岩型矿石，而 Fe_2O_3+FeO、CaO、MnO、S、Cd 及 Cu、Pb、Zn、Ag 含量明显高于后者。地表、近地表 Fe_2O_3>FeO，深部 FeO>Fe_2O_3。烧失量以矽卡岩型矿石最高，次为块状矿石，凝灰岩型矿石最低。

表 3-5 亚贵拉矿区铅锌矿石化学全分析结果表

矿石类型	块状矿石			矽卡岩型矿石					凝灰岩型矿石	
矿体编号	M6	M4	M4	M1	M4	M6	M4	M1	M4	M6
工程编号	M6TC3	PD5	ZK702	M1TC7	M4TC8	PD3	ZK301	ZK601	M6TC12	PD6
样品编号	HQ1	HQ7	HQ10	HQ3	HQ4	HQ5	HQ8	HQ9	HQ2	HQ6
SiO_2	33.92	10.44	14.56	14.92	3.34	2.94	7.34	8.34	59.44	60.22
Al_2O_3	2.14	0.83	1.03	1.26	0.51	0.29	0.57	0.49	16.00	13.48
TiO_2	0.091	0.0078	0.0065	0.13	0.020	0.0066	0.023	0.0066	0.15	0.63
Fe_2O_3	16.09	26.02	8.15	8.53	29.89	2.08	17.01	2.51	1.57	2.64
FeO	7.53	2.06	28.69	5.53	3.60	12.48	1.42	4.89	1.16	4.57
K_2O	0.039	0.071	0.072	0.12	0.022	0.044	0.062	0.10	1.24	4.62
Na_2O	0.042	0.012	0.015	0.15	0.011	0.012	0.012	0.018	5.68	1.31
CaO	12.28	11.78	14.39	24.43	25.69	33.42	30.98	34.76	4.41	2.44
MgO	0.81	0.064	0.70	3.17	0.077	0.16	0.19	0.83	0.39	2.22
P_2O_5	0.088	0.050	0.075	0.74	0.050	0.045	0.12	0.15	0.050	0.22
MnO	6.20	2.57	1.78	1.04	1.03	0.72	2.24	3.39	0.80	0.12
烧失量	7.30	21.03	9.91	14.22	20.77	7.88	22.73	18.87	4.87	4.54
S	8.26	7.45	17.92	9.46	3.10	10.51	4.44	5.94	0.65	2.78
Cd	0.022	0.046	0.062	0.043	0.021	0.046	0.060	0.044	0.0098	0.0007
Ba	0.0031	0.0027	0.0025	0.0028	0.0020	0.0015	0.0019	0.0019	0.024	0.063
Mo	0.010	<0.002	<0.002	<0.002	<0.002	<0.002	<0.002	<0.002	<0.002	<0.008
Ag	29.9	269.0	53.7	15.8	74.9	113.8	27.9	99.3	13.4	3.9
Cu	0.028	0.11	0.24	0.038	0.058	0.065	0.11	0.033	0.0034	0.0076
Pb	9.36	12.81	0.33	0.57	4.49	8.66	0.53	4.19	1.78	0.048
Zn	1.91	4.68	6.22	4.38	1.83	4.10	4.60	4.70	0.93	0.068

注：数据测试由西北有色地质研究院完成；计量单位 Ag×10^{-6}，其他成分为%。

3.1.3.5 围岩蚀变

亚贵拉矿床围岩蚀变较复杂，大致分3种情况：一是层状铅锌矿体围岩蚀变弱，围岩蚀变主要发生在矿体底板围岩0.2～0.5m的范围内，且顶、底板围岩蚀变不对称。矿体底板远离矿体方向蚀变类型依次有矽卡岩化、绿帘石化、绿泥石化等。其中，钙铝榴石、透辉石等矽卡岩矿物颗粒细小，粒径0.05～1.5mm，多数在0.1～0.5mm之间，与岩浆热液接触交代成因的石榴石有显著的差别。二是矽卡岩型铅锌矿体围岩蚀变较为发育，顶、底板蚀变均较强烈，远离矿体方向蚀变类型依次有矽卡岩化、硅化、绢云母化、绿泥石化、碳酸盐化等。其中，钙铝榴石、透辉石等矽卡岩矿物颗粒粗大，粒径 0.2～3.2mm，多数在 0.5～2.5mm 之间，铅锌矿化强度与所处地段的矽卡岩化程度呈正相关关系。三是脉状铅锌矿体围岩蚀变较发育，蚀变类型主要为硅化、绢云母化及绿泥石化等。本区铅锌矿体的富矿体段围岩蚀变多表现为上述两种或三种蚀变类型的叠合，但层状铅锌矿体顶、底板围岩不对称蚀变现象依然清晰，集中表现为顶、底板蚀变类型组合不同，蚀变类型不对称。不对称围岩蚀变是热水喷流-沉积矿床热液活动的重要识别标志之一。

在早喜马拉雅期花岗岩/石英斑岩中强烈的钼矿化、矽卡岩化等明显叠加在早期矿化和蚀变之上。一般在铅锌矿体顶、底板均能见到，而远离岩体这些蚀变则逐渐减弱。显微镜下观察表明，石英斑岩中绢云母化普遍发育，具辉钼矿化的石英斑岩中绢云母化程度加剧，绢云母对长石的交代作用比较彻底，绢云母出现在长石表面，粒度较大，多呈细脉状，为热液充填成因的绢云母。

亚贵拉矿区岩体与碳酸盐岩接触带两侧经受了一定程度的接触交代作用和热液蚀变作用的改造，形成各类矽卡岩、热液蚀变岩。其中矽卡岩和碱质交代岩与矿化时空关系较为密切，在时间上其形成早于矿化作用或相继形成；在空间上与矿化和矿体伴生或大致重合。主要蚀变矽卡岩有透辉石矽卡岩、绿帘石矽卡岩、石榴石矽卡岩等。

此外，区内矿化及围岩蚀变与沿断层分布的石英斑岩脉有密切联系，在石英斑岩脉分布地段，铅锌矿化及围岩蚀变相对较强烈。

3.1.4　成矿阶段划分

根据矿石结构、构造和矿物特征及相互穿插关系分析，亚贵拉矿床的形成总体经历了两个主要成矿事件，即热水沉积成矿事件和岩浆热液叠加改造成矿事件。相应地可将成矿作用划分为热水沉积成矿期和岩浆热液叠加改造成矿期（表 3 - 6）。

表 3 - 6　成矿阶段划分及矿物生成顺序表

成矿期		热水沉积成矿期	岩浆热液改造成矿期		
成矿阶段			石英硫化物阶段	绿泥石硫化物阶段	碳酸盐硫化物阶段
主要矿物生成顺序	石项	━━━	━━━	━━	
	黄铁矿	━	━━		
	磁黄铁矿	━━━	━		
	闪锌矿	━━━	━━		
	黄铜矿	━━	━━		
	方铅矿	━━	━━━	━	
	毒砂	━			
	辉钼矿		━━━		
	透辉石	━━━	━		
	石榴石	━	━		
	绢云母			━━	
	绿泥石			━━	
	绿帘石			━━━	
	方解石				━━━

注：①线条的长度代表矿物形成时间的长短；②线条的宽度代表矿物的富集程度。

(1)热水沉积成矿期:为主成矿期,有大量硫化物出现,以灰色细粒闪锌矿、磁黄铁矿、石英组合为特征,矿石具有典型的层纹状构造。

(2)岩浆热液叠加改造成矿期:闪锌矿、方铅矿等硫化物主要呈细脉状沿早期阶段硫化物矿石内部裂隙充填。该期成矿作用又可分为 3 个成矿阶段:石英硫化物阶段、绿泥石硫化物阶段和碳酸盐硫化物阶段。

3.2　拉屋铜铅锌多金属矿床

拉屋铜铅锌多金属矿床行政区划属西藏拉萨市当雄县乌玛塘乡管辖,西距当雄县城约 50km,南距林周县城 130km。其大地构造位置处于昂张-拉屋断坳西段,色日绒-巴嘎断裂带北侧。区内燕山晚期岩浆活动强烈,断裂及褶皱构造发育,具有良好的成矿地质条件(图 3-20)。

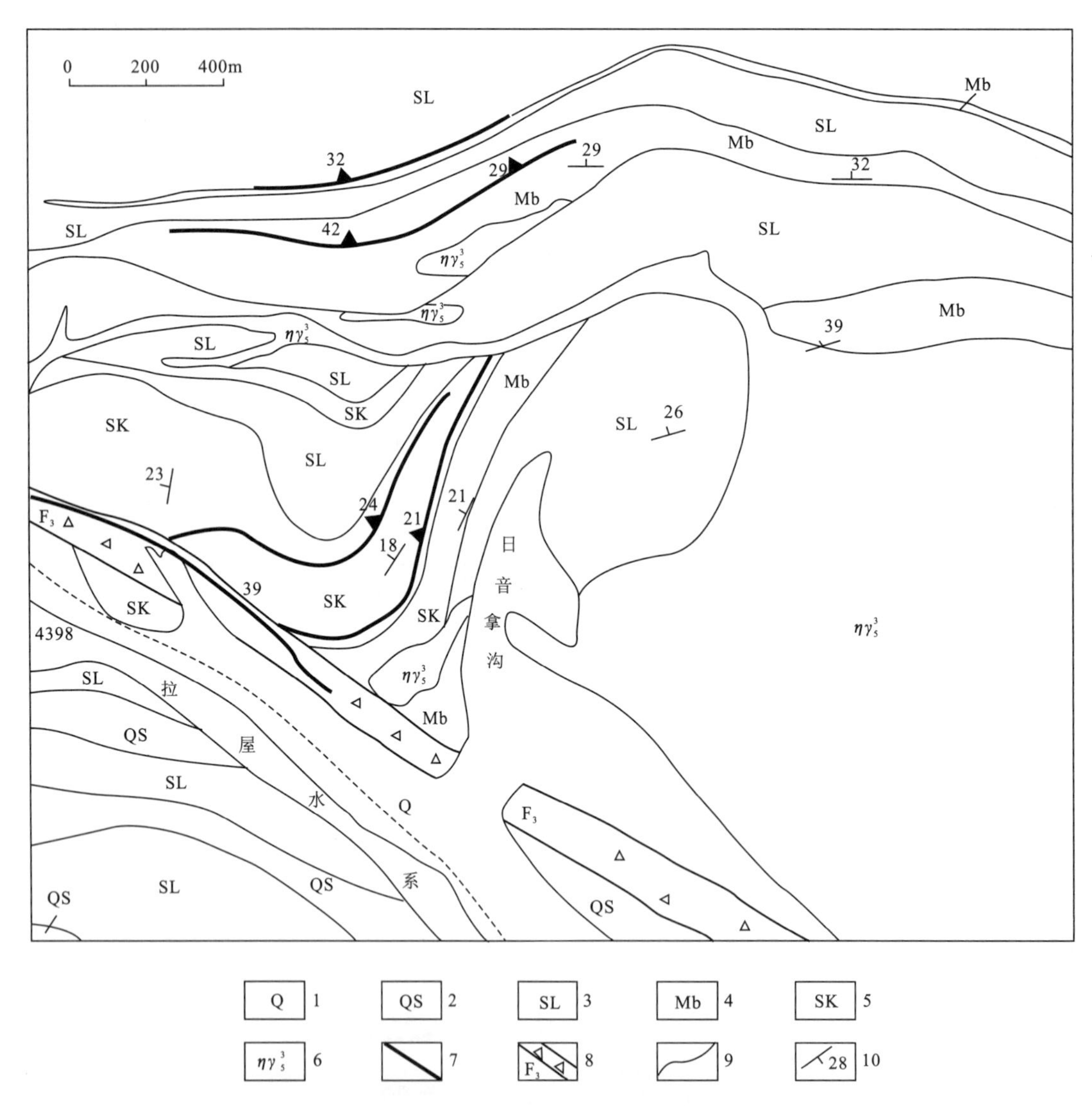

图 3-20　拉屋铅锌多金属矿区地质略图

1. 残坡积、冲积物;2. 石英砂岩;3. 板岩;4. 大理岩;5. 矽卡岩;6. 白云母花岗岩;7. 矿体;8. 断层破碎带;9. 地质界线;10. 产状

3.2.1 矿区地质概况

3.2.1.1 地层

矿区出露地层较为单一，仅有上石炭统—下二叠统来姑组第二、第三岩性段出露。岩性主要为石英砂岩、长石石英砂岩、砂质板岩、泥质板岩、层纹状硅质条带大理岩、大理岩等。

铅锌多金属矿体赋存于来姑组第二岩性段中，岩石类型有石榴石、透辉石化大理岩，透辉石石英大理岩，硅质条带状大理岩及矽卡岩。大理岩中见有方铅矿化、闪锌矿化、黄铁矿化。矽卡岩具有一定的分带性，由外到内依次为大理岩、石榴石矽卡岩、透辉石矽卡岩、绿帘石石榴石矽卡岩。铜锌多金属矿化主要产于矽卡岩带中。

石英砂岩：灰白色、灰褐色、暗紫红色等，具细粒状结构，粒径一般不大于 0.5mm，中厚层状构造。主要矿物为石英，次要矿物有黄铁矿、褐铁矿及少量的磁铁矿。

长石石英砂岩：灰褐、灰黄等色，具细—中粒粒状结构，层状构造。主要矿物成分为石英 40%～75%，斜长石 15%～30%，均呈不规则粒状，粒径小于 1.0mm，斜长石多为更长石。次要矿物有绿泥石、褐铁矿等，微量磁铁矿。

砂质板岩：区内呈薄层状产出。在矿区中部有一定范围的分布。岩石呈灰黑色、灰褐色，具残余砂质结构，板状构造。主要物质成分为砂质(石英)60%～80%，少量的杂质及碎屑物。虽然有石英重结晶，但仍保留有原来形状。局部具有绢云母化、褐铁矿化。

泥质板岩：与砂质板岩互层产出。岩石呈灰黑色，具残余泥质结构、泥晶结构，板状构造。绢云母化比较常见，但强度不同，局部绢云母含量可达 60%以上。岩石具绿泥石化、褐铁矿化等蚀变现象。

大理岩：主要分布于日音拿北，岩石类型有石榴石、透辉石化大理岩，透辉石石英大理岩。岩石呈灰褐色、灰黑色，具中—粗粒粒状变晶结构，块状、条带状构造。主要矿物成分为方解石 45%～95%，透辉石 30%～40%，石英 3%～16%，石榴石 0～5%，少量褐铁矿及硅灰石。方解石呈他形粒状，粒径 0.2～3mm，个别达 5mm。石英呈他形粒状，粒径 0.05～0.2mm，不均匀嵌布于方解石晶体中。局部见有方铅矿化、闪锌矿化、黄铁矿化。

矽卡岩：矿区广泛发育矽卡岩类，一部分成因与岩体侵入有关，一部分宏观产出与岩浆岩体无任何联系且不受岩性控制，非岩体接触带的交代成因。其矿物组成以细粒阳起石、绿帘石、透辉石、钙铁—钙铝榴石为主，伴有磁铁矿、黄铁矿等，发育良好的韵律纹、层纹、条纹等构造。根据野外产状特征及成因类型，本区矽卡岩可分为热水交代矽卡岩和接触交代矽卡岩两类。

热水交代矽卡岩：呈灰绿色、黄绿色、灰色、深灰色。岩石中发育典型的沉积构造，主要有水平韵律性层纹—条带构造，由不同的矿物及石英、方解石、磁铁矿或黄铁矿等组成的交替层纹(条带)所构成，单个层纹(条带)厚 0.5～2cm 不等，平行稳定延伸(图 3-21)；微斜层理构造，由黄铁矿与方解石细纹层所构成，与水平层纹交角为 15°～20°；粒序构造，见于变余纹层状泥质透辉石矽卡岩中，细粒小的石英、方解石纹层未发生变质，粗粒纹带变为透辉石(图 3-22)。

上述 3 种沉积构造可在同一标本尺度内同时出现，形成类似浊流沉积的构造，其中又以水平层纹(条带)最发育，斜层系和粒序层发育较差，呈夹层产出。因此，岩石总体应形成于较深水环境。斜层系(流水构造)和粗粒序层的出现可能与海底喷流过程中引起海底水体动荡和海底热密度流有关。岩石中石榴石、绿帘石等有熔蚀态特征，说明热水喷流过程中，至少部分矿物结晶较早，并随热水有过一定距离的迁移。拉屋矿区块状硫化物矿石中，也可见较多熔蚀态石榴石、石英等高温脉石矿物，它们可能在热水喷溢到水岩界面之前即晶出，反映海底热水可能是一种物源来自深部热的密度流，在喷流口附近最利于其形成。

接触交代矽卡岩：广泛发育于白云母花岗岩与含钙质岩石接触带内，其空间分布明显受接触带产状、钙质岩层层位及厚度控制。由于受交代作用影响，发生化学组分的迁移，形成石榴石矽卡岩、透辉石矽卡岩、绿(黝)帘石矽卡岩、绿泥石矽卡岩。矽卡岩的矿物成分的变化由岩体向外呈现出一定的规律性：即石榴石、透辉石含量逐渐减少，绿帘石化、绿泥石化逐渐增强。区内的铜锌多金属矿化就产于两类矽卡岩中。

图 3 - 21　拉屋矿区大理岩中发育的层状矽卡岩型铅锌矿及同生褶皱构造

图 3 - 22　泥质透辉石矽卡岩变余纹层构造，(LW - 17，10×4 倍)

3.2.1.2　构造

矿区构造主要有北西向的拉屋断裂和日音拿背斜，二者均为控矿构造。

拉屋断裂：呈北西-南东向展布，表现为破碎带，出露长 6.6km，断裂两端均延出矿区，断裂带宽20～100m，主断裂面总体向北东倾，产状为 5°～30°∠39°～68°，倾角沿走向有变化，东部较缓、西部较陡，西部倾角一般为 50°～68°。该断层是区内主要的控矿构造，据断层南盘含碳泥质板岩中的褶曲形态及断裂带中残留的构造片岩等特征判断，该断层早期具有由北向南逆冲性质；后期该断层沿逆冲面发生滑脱拆离，形成规模较大的构造碎裂岩带，显示正断层性质。在断裂带中有白云二长花岗岩脉、花岗闪长岩脉及石英脉分布。带内有一定的铜矿化，但矿化强度不强。伴随 F_3 断裂，形成了一系列近北西向或北东东向的次一级裂隙，宽从几厘米到几米不等，其内部分区段被矿体充填。

日音拿背斜：位于矿区东部，拉屋断裂带以北、日音拿沟西侧。背斜沿近东西向延伸，轴向为 290°，并向该方向倾伏，倾伏角 10°～15°。两翼岩层主要为板岩、大理岩和矽卡岩，两翼南北宽度约 600m。背斜北东翼较陡，产状 350°～10°∠18°～27°，南西翼相对较缓，产状为 200°～240°∠24°～40°，被拉屋断裂带所切割。燕山晚期白云母二长花岗岩沿背斜核部侵位，为矿床赋存的空间创造了有利的构造条件。该背斜是区内主要控矿构造，V 号层状矽卡岩型铜锌多金属矿体就赋存于背斜的轴部及转折端。

3.2.1.3　岩浆岩

矿区内岩浆活动强烈，发育有不同类型的岩浆岩与少量的辉长岩、闪长岩脉。主要为白云母二长花岗岩。以日音拿岩体为主，分布于矿区东部，呈不规则状，面积约 1.5km²。另有几个小岩体，呈岩株状、不规则状分布于矿区中东部及拉屋断裂带中。这些岩体与围岩呈侵入接触关系，在外接触带形成矽卡岩型矿化。

白云母二长花岗岩呈灰白色，细粒花岗结构，块状构造。主要矿物为斜长石 40%左右，微斜长石 25%左右，石英 30%左右，白云母 5%左右。斜长石呈半自形晶，板柱状，粒径 0.5～3.5mm，个别呈聚片双晶，多为更长石；微斜长石呈半自形晶，板柱状，粒径 0.4～3.8mm；石英呈不规则粒状分布；白云母呈片状。副矿物有磁铁矿等。

区内岩脉不发育，仅有少量的辉长岩脉、闪长岩脉及石英脉。

辉长岩脉：仅在拉屋北部、断裂带北侧出露，规模较小，呈薄透镜体状，延伸方向垂直断裂带，长仅

120m。岩石呈灰黑色，辉长结构，块状构造。主要矿物成分为斜长石 45%～60%，单斜辉石 15%～40%；次要矿物为角闪石 10%，少量石英。副矿物有磷灰石、磁铁矿等。局部见有黝帘石化和纤闪石化。

闪长岩脉：出露规模也较小，在日音拿沟及拉屋北侧，呈薄透镜体状产出。其延伸方向亦垂直于断裂带，长 100m 左右。岩石呈黄褐色，具半自形、他形粒状结构，块状构造。主要矿物成分为斜长石 60%～75%，角闪石 25%～40%，斜长石与角闪石均呈不规则粒状；次要矿物有石英。副矿物为磷灰石、磁铁矿等。

石英脉：在区内零星分布，且规模小，多呈脉状，部分沿断裂带贯入，延伸仅几十米，常具黄铁矿化、褐铁矿化等。根据石英脉的产出位置及矿化的关系，划分出矿化早期石英脉和矿化期石英脉，矿化早期石英脉一般分布在拉屋断裂带及其附近，和断裂带产状基本一致，石英脉长度一般十几米至几十米，厚 2～4m，白色透明，具碎裂状构造。矿化期石英脉，分布在拉屋断裂带之中，产状和断裂带一致，长一般几米至几十米，厚 0.52～2m，，灰黄色、黄褐色，透明度差，具碎裂状构造，石英脉中常见黄铜矿化、孔雀石化、方铅矿化、黄铁矿化、褐铁矿化等。

3.2.1.4 变质作用

矿区在漫长的地质演化历史中，遭受过不同类型变质作用，主要为区域变质作用和接触变质作用。

(1)区域变质作用：由于区域构造运动的影响，使岩石经受了强烈的改组和改造。在矿区的各类岩石中多表现为重结晶作用，形成的矿物主要为绿泥石、绢云母等，如泥质板岩多见有石英、绢云母化、绿泥石化等。

(2)接触变质作用：矿区主要表现为侵入体与围岩之间发生的接触变质作用，形成大理岩、矽卡岩等。

接触变质作用与矽卡岩型矿化关系密切，动力变质作用形成的碎裂岩、构造角砾岩等，为成矿提供赋存空间。

3.2.2 矿体特征

经矿区地质草测，地表槽探工程揭露、坑探及钻探工程对矿体的深部验证，在拉屋断裂带及矿区东部的矽卡岩带中共圈定矿体 5 个，其中，Ⅲ号铜矿体分布于拉屋断裂带中，Ⅴ号铜锌矿体分布于日音拿背斜轴部的矽卡岩之中，Ⅵ、Ⅸ、Ⅹ号铅锌矿体分布于Ⅴ号矿体以北的矽卡岩或矽卡岩化大理岩中。

Ⅲ号铜矿体：产于拉屋断裂带内，严格受断裂控制。矿体围岩为碎裂石英砂岩、砂质板岩，围岩蚀变有绿泥石化、绿帘石化、硅化、绢云母化、碳酸盐化。矿体呈似层状，产状与断裂带一致，倾向 20°～40°，倾角 39°～78°。矿体沿走向延伸和倾向延深均较稳定，局部有分支、复合及膨大缩小的现象。控制矿体长 4900m，单工程控制矿体厚 3.64～16.94m，平均厚度 7.82m，平均品位 Cu 1.03%。铜矿化总体呈现东、西两端矿化强度高，中段矿化弱的特点；地表矿化强度高，向深部矿化有减弱的趋势。矿体西段单工程平均品位 Cu 1.97%～3.02%，中段 Cu 0.31%～1.69%，东段 Cu 0.66%～1.32%。在矿体东段共生 Zn 矿化，单工程平均品位达 0.87%～4.08%，平均 2.41%。

矿石呈灰—灰白色，具粒状结构，浸染状、网脉状、碎裂状构造。黄铜矿呈他形粒状、浸染状、细脉状。矿石矿物为黄铜矿、闪锌矿、黄铁矿。氧化矿石矿物多见孔雀石、蓝铜矿、褐铁矿等。脉石矿物主要为石英，少量绿泥石、绿帘石等。

Ⅴ号铜锌矿体：赋存于矿区东部矽卡岩带中，受日音拿背斜轴部的层间构造控制，矿体围岩主要为矽卡岩、大理岩。围岩蚀变有硅化、矽卡岩化、绿帘石化、绿泥石化。根据探矿工程控制情况，矿体在 24 勘探线以西为一层矿，向东至日音拿西侧山坡上分为两层矿，根据野外实地观察及矿体产状推断，日音拿西侧山坡上的上层矿和 24 勘探线所控制的主矿体应为同一层位（Ⅴ-1 矿体），而下层矿体（Ⅴ-2 矿体）向西延至 24 勘探线后可能和主矿体复合。已控制该矿体长 1000m 左右，宽 400～600m，Ⅴ-1 矿体单工程控制厚度 5.58～34.16m，平均厚度 11.67m，CK1 采坑处为矿体膨大部位，矿体厚度达 34.16m，向两侧逐渐变薄。Ⅴ-2 矿体单工程控制厚度 5.70～9.66m，平均厚度 8.05m，在 24 勘探线处倾向 290°∠10°～20°，在日音拿西侧山坡上矿体产状为 320°～353°∠17°～22°。矿体向南延至拉屋断裂带处被拉屋断裂带所切割，Ⅴ-1 矿体单工程平均品位 Zn 1.90%～24.85%，伴生 Cu 0.09%～1.02%；矿体平均品位 Zn 10.45%。Ⅴ-2 矿体单工程平均品位 Zn 4.75%～7.80%，伴生 Cu 0.16%～0.52%。矿体平均品位 Zn 5.42%，Cu 0.4%。Ⅴ号矿体平均品位 Zn 9.55%。

Ⅴ号矿体铜锌矿化具有明显的热水沉积特征，在 PD4452 坑道中，纹层状磁黄铁矿、闪锌矿非常发育，顺层矿化发育，延伸稳定(图 3-23、图 3-24)，矿层上部为厚约 20cm 的硅质岩，二者呈渐变过渡特征，显示了热水沉积成矿特征。矿体上盘或附近可见粗粒闪锌矿、磁黄铁矿脉穿插于层状矿体中，反映了后期热液叠加改造的特征(图 3-25、图 3-26)。

图 3-23 拉屋 PD4452 内的层状磁黄铁矿矿层

图 3-24 拉屋 PD4452 内的层状闪锌矿矿层

图 3-25 拉屋 PD4452 内切层状矿化的石英脉

图 3-26 拉屋 PD4452 内的热液叠加矿化

矿石呈灰绿色、灰褐色、黄褐色等，具中—粗粒粒状变晶结构，块状、条带状、斑杂状、碎裂构造。闪锌矿粒度较大，多为自形、半自形晶，与黄铜矿共生；黄铜矿呈团块状、星散状，具他形粒状结构，近地表氧化为孔雀石。矿石多为原生硫化矿石，矿化较好部位为块状构造，边部矿化较差为条带状构造。矿石矿物为闪锌矿、方铅矿、黄铜矿、蓝铜矿、孔雀石、黄铁矿等，脉石矿物钙铁榴石、透辉石、纤闪石、方解石、石英。

Ⅵ号铅锌矿体：产于中部矽卡岩中，矿体围岩主要为大理岩、矽卡岩，围岩蚀变有硅化、矽卡岩化、绿帘石化、绿泥石化、绢云母化。矿体呈层状或似层状，近东西向展布，倾向北，倾角 34°左右，控制矿体长 1800m，单工程控制矿体厚度 3.00～20.02m，平均厚度 8.76m。单工程平均品位 Zn 0.71%～13.11%，

Pb 0.24%～1.65%，Ag(2.27～142.08)×10^{-6}。矿体平均品位 Pb 0.42%，Zn 3.60%。

矿石呈灰色、褐黄色。具细一中粒变晶结构，条带状、浸染状构造。方铅矿与闪锌矿共生，方铅矿粒度较细，多为自形、半自形晶，比闪锌矿晶形完整。矿石矿物为闪锌矿、方铅矿；脉石矿物为钙铁榴石、方解石、石英。

Ⅸ号矿体：产于北部矽卡岩中，矿体围岩主要为矽卡岩、大理岩。围岩蚀变有矽卡岩化、硅化、碳酸盐化、绢云母化。矿体呈似层状，近东西向展布，倾向北，倾角 29°～42°，控制矿体长 1100m，单工程控制矿体厚度 7.70～30.27m，平均厚度 14.59m，单工程平均品位 Zn 0.25%～5.93%，Pb 0.22%～1.95%，伴生 Ag(3.39～30.49)×10^{-6}，矿体平均 Pb 0.62%，Zn 3.43%。

矿石呈灰黑色、灰褐色，具细粒变晶结构，条带状、浸染状构造。方铅矿与闪锌矿共生，呈细粒状、自形、半自形晶。矿石矿物为方铅矿、闪锌矿、黄铁矿，脉石矿物为钙铁榴石、方解石、石英。

Ⅹ号矿体：产于矿区北部的大理岩之中，矿体围岩为矽卡岩化大理岩，围岩蚀变有黄铁矿化、绿泥石化、绢云母化、绿帘石化，矿体呈似层状或透镜状，近东西向展布，倾向北，倾角 32°左右。控制矿体长 700m，单工程控制矿体厚度 10.23～17.88m，平均厚度 14.01m，单工程平均品位 Zn 4.61%～4.73%，Pb 0.29%～5.65%，伴生 Ag(13.67～88.74)×10^{-6}。矿体平均 Pb 3.70%，Zn 4.69%。

矿石呈褐黄色，具细—中粒粒状结构、碎裂结构，条带状、星散状构造。方铅矿与闪锌矿共生，呈细粒状自形—半自形晶。矿石矿物为方铅矿、闪锌矿、黄铁矿，脉石矿物为石榴石、透辉石、方解石、绢云母等。

3.2.3　矿石特征

3.2.3.1　矿石类型

矿石自然类型分为热液脉型铜矿石和矽卡岩型铜铅锌多金属矿石两大类，其中热液充填型铜矿石分布在Ⅲ号铜矿体中，按矿化岩石类型可进一步细分为黄铜矿化碎裂石英砂岩型、黄铜矿化石英脉型和蓝铜矿化碎裂碳质绢云板岩型 3 种。矽卡岩型铜铅锌矿石分布于Ⅴ、Ⅵ、Ⅸ、Ⅹ号矿体之中，矽卡岩型铜铅锌多金属矿石又可进一步划分为透辉石矽卡岩、石榴石矽卡岩、绿帘石矽卡岩、矽卡岩化大理岩 4 种类型，其中以石榴石矽卡岩矿化最好，次为透辉石矽卡岩，绿帘石矽卡岩矿化相对较弱。

3.2.3.2　矿物成分

热液充填型铜矿石呈灰色，具自形—半自形粒状结构，星散浸染状、团粒状、网脉状及碎裂状构造。矿石矿物成分主要为黄铜矿、黄铁矿、闪锌矿，脉石矿物主要为石英，其次有少量绿泥石、绿帘石等。近地表氧化作用较强烈，孔雀石、蓝铜矿、褐铁矿等次生矿物发育。矽卡岩型铜铅锌矿石呈灰绿、灰褐、黄褐等色，具中—粗粒、自形—半自形晶粒结构，块状、条带状、斑杂状及碎裂构造。矿石矿物主要为黄铜矿、闪锌矿、方铅矿、黄铁矿、黝铜矿、金银矿、自然铋、铜蓝、铅矾等，脉石矿物主要为石英、绢云母、绿泥石、白云石、方解石等。

金属矿物中闪锌矿粒度较大，多为自形、半自形晶，与黄铜矿共生；黄铜矿呈他形粒状结构，以团粒状、星散浸染状嵌布于矽卡岩中，近地表因氧化次生为孔雀石。矿石自然类型为原生硫化矿石，矿化较好部位呈致密块状构造，边部矿化较弱部位以浸染状、团粒状构造为主。矿体围岩主要为矽卡岩、大理岩。

闪锌矿：是矿床不同矿石类型中分布最普遍、含量最高的矿物。显微镜下呈褐色，主要为铁闪锌矿，也是最主要的含锌矿物，其主要分布于块状矿石中，一般与方铅矿、黄铜矿共生，被方铅矿交代呈孤岛状，有的被方铅矿包裹；多数情况下闪锌矿和黄铜矿呈他形产出。

方铅矿：是矿床内共生的主要有用矿物之一，在不同的矿石结构构造中，方铅矿矿物含量变化较大，在块状矿石，其含量一般在 50%以上，有时可达 80%～90%，方铅矿常与闪锌矿、黄铜矿共生，可见方铅矿交代黄铜矿、闪锌矿的现象，金银矿、黝铜矿与方铅矿关系密切，在方铅矿中见有零星分布的金银矿、黝铜矿。

磁黄铁矿:矿区内磁黄铁矿比较复杂,至少有两个世代。不显晕圈结构的磁黄铁矿和具有晕圈结构的磁黄铁矿与黄铁矿、闪锌矿、方铅矿紧密共生(图 3-27、图 3-28)。矿石中磁黄铁矿具有同心圈层状胶状结构,据周建平等(1999)研究认为这种同心圈层状的磁黄铁矿实际上是一种海底喷流沉积成因的多金属硫化物的集合体,呈胶体吸附态从热泉口或喷气孔喷出海底,并被迅速冷却沉积下来,且在后期地质作用中因受黄铁矿的缓冲保护而未遭到明显的变质作用,其中,磁黄铁矿同心圈层是由于通道口附近遭受热液喷流作用引起的水质搅动影响的结果。

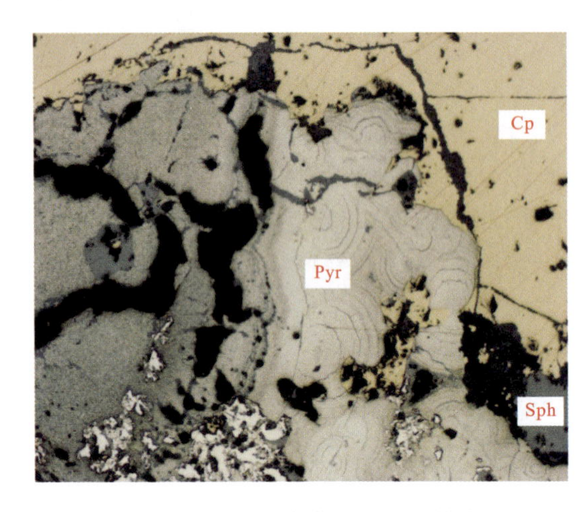

图 3-27 具晕圈结构的胶状磁黄铁矿
(d=1.6mm,单偏光)
Pyr. 磁黄铁矿;Cp. 黄铜矿;Sph. 闪锌矿

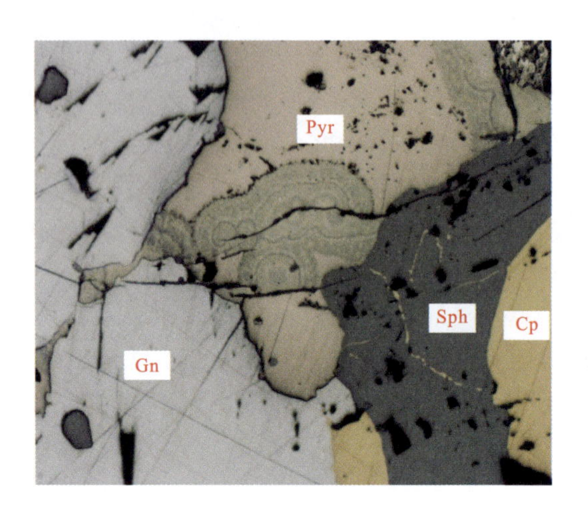

图 3-28 方铅矿交代磁黄铁矿,磁黄铁矿交代胶状磁黄铁矿(d=1.6mm,单偏光)
Gn. 方铅矿;Pyr. 磁黄铁矿;Sph. 闪锌矿;Cp. 黄铜矿

黄铁矿:是含量较少的硫化物矿物之一,在块状矿石中,黄铁矿主要呈自形、半自形分布于石英、方铅矿中,或被方铅矿、石英交代呈骸晶、残晶结构。在条带状矿石中呈细脉状分布于脉石矿物中。黄铁矿在各类型矿石中含量不高。

黄铜矿:主要有两个世代,即在闪锌矿中呈乳滴状出溶物的黄铜矿与他形单体的黄铜矿为不同的世代。在块状矿石中黄铜矿主要与闪锌矿、黄铁矿共生,在闪锌矿中呈固溶体分离结构或沿闪锌矿裂隙交代。

自然铋:本研究在样品 LW4460-4 号样品中发现了自然铋,显微镜下为淡玫瑰色,他形粒状结构。电子探针分析 3 个点,Bi 含量高达 98.81%~99.56%(表 3-7)。常发育于方铅矿内部,少量产于黄铜矿、磁黄铁矿的边部,与黄铜矿、磁黄铁矿、方铅矿关系不明显。考虑到其大多与方铅矿同时出现,推测为成矿晚期的产物。

表 3-7 拉屋铅锌多金属矿床自然铋电子探针分析结果表

样品编号	As	Fe	S	Zn	Sb	Pb	Ag
LW4460-4	0.0242	0.6063	0.0000	0.0445	0.1852	0.0000	0.0121
LW4460-4	0.0488	0.1538	0.0000	0.0000	0.2414	0.0000	0.0000
LW4460-4	0.0000	0.2289	0.0000	0.0000	0.1760	0.0000	0.0361
样品编号	Au	Cu	Co	Ni	Bi	Mn	Sn
LW4460-4	0.0000	0.2149	0.0682	0.0000	98.8085	0.0361	0.0000
LW4460-4	0.0000	0.0000	0.0000	0.0000	99.5560	0.0000	0.0000
LW4460-4	0.1488	0.2839	0.0885	0.2093	98.8190	0.0095	0.0000

注:单位 Au($\times10^{-6}$),其他为$\times10^{-9}$;测试工作由国家地质实验测试中心完成。

银矿物：是本矿床中最具有价值的伴生矿石矿物之一。矿石中含银矿物种类繁多，较为复杂，显微镜下主要发现有两种：金银矿、翠银矿。这些含银矿物主要分布于方铅矿中，粒度较小，含量较低。

黝铜矿：常与方铅矿共生，产于多金属块状矿石中，粒度小，含量低。

3.2.3.3 矿石结构、构造

本矿床成矿作用具多期次、多次叠加特点，因而矿石的结构、构造类型比较复杂。矿石结构主要有结晶结构、交代结构和固溶体分离结构3类。

结晶结构包括自形—半自形晶结构、他形晶结构和海绵陨铁结构。他形晶结构是矿石中最常见的结构，大部分矿物在矿石中呈半自形和他形。闪锌矿、磁黄铁矿、黄铜矿等多具有这种结构，磁黄铁矿与闪锌矿他形共生(图3-29)，方铅矿他形充填于矽卡岩中(图3-30)等；海绵陨铁结构多为他形黄铜矿充填于粒状石榴石、透辉石之间。

图3-29 他形粒状磁黄铁矿与他形粒状闪锌矿共生(单偏光)

Pyr. 磁黄铁矿；Sph. 闪锌矿；Cp. 黄铜矿

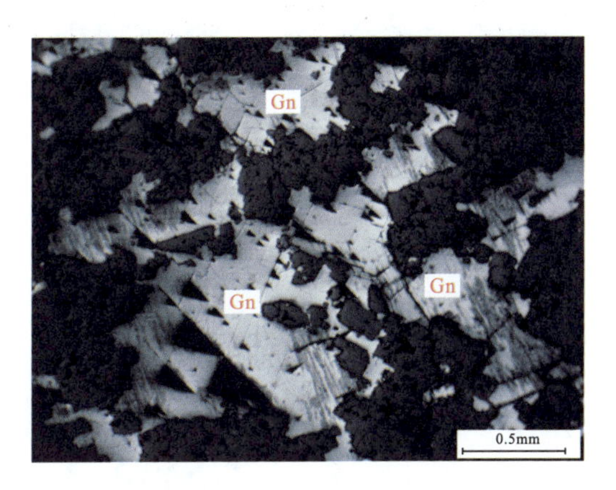

图3-30 矽卡岩中的他形粒状结构方铅矿，具明显的黑色三角孔(单偏光)

Gn. 方铅矿

交代结构是矿石中晚晶出的矿物交代早晶出的矿物或晚期的矿物交代早期的矿物形成的一种结构，是矿石中常见的结构之一，主要包括溶蚀结构、交代充填结构、交代骸晶结构及交代网脉状结构等。

溶蚀结构：后生成的矿物沿早生成的矿物之边缘、解理、裂隙等部位进行交代，晶体边缘多呈锯齿状、港湾状和星状等。如黄铜矿交代磁黄铁矿、闪锌矿呈港湾状(图3-31)、闪锌矿呈尖楔状交代磁黄铁矿(图3-32)。

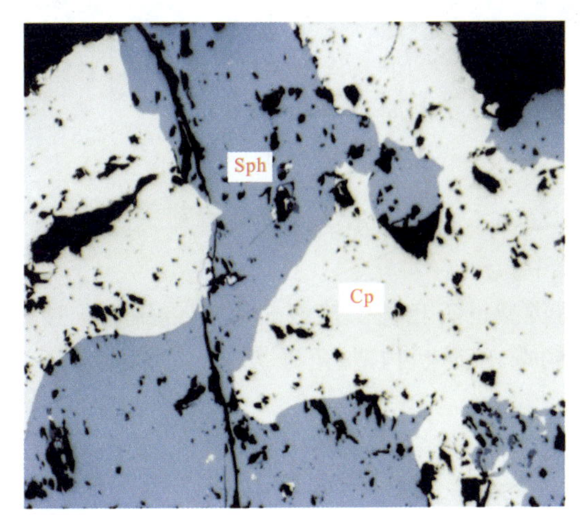

图3-31 黄铜矿交代闪锌矿(d=1.6mm，单偏光)

Sph. 闪锌矿；Cp. 黄铜矿

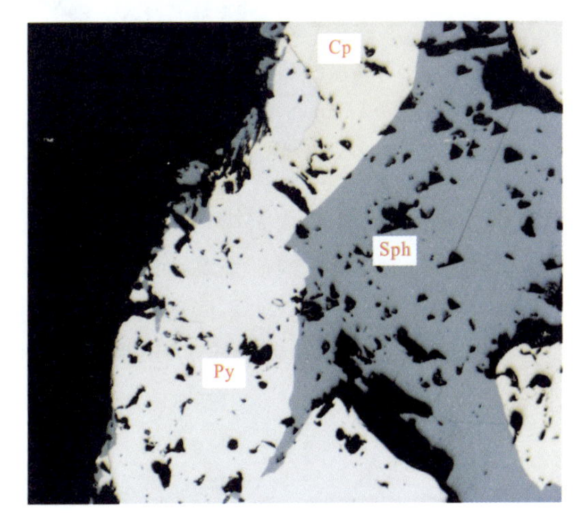

图3-32 闪锌矿交代磁黄铁矿(d=1.6mm，单偏光)

Cp. 黄铜矿；Sph. 闪锌矿；Py. 黄铁矿

交代充填结构：晚晶出的矿物沿早晶出的矿物裂隙及晶粒间充填、交代。矿石中见黄铜矿沿闪锌矿裂隙充填(图 3-33)，黄铜矿、黄铁矿沿石英裂隙充填(图 3-34)。

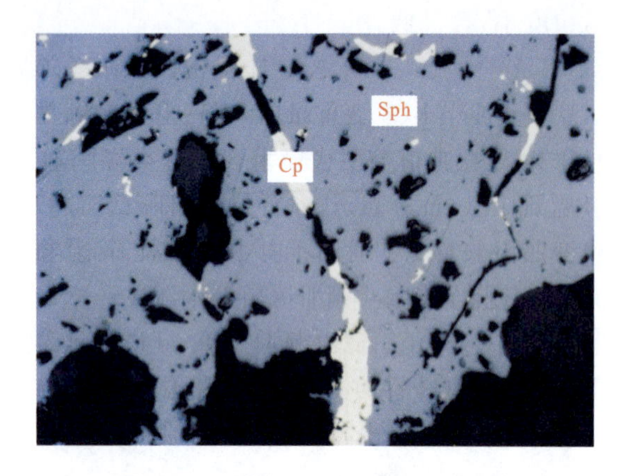

图 3-33　黄铜矿沿闪锌矿裂隙充填
（d=0.8mm，单偏光）
Cp. 黄铜矿；Sph. 闪锌矿

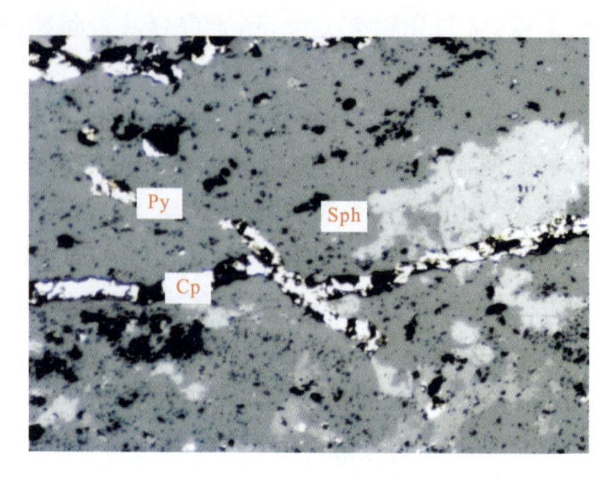

图 3-34　黄铜矿、黄铁矿沿石英裂隙充填
（d=1.6mm，单偏光）
Cp. 黄铜矿；Sph. 闪锌矿；Py. 黄铁矿

交代骸晶结构：具有完整晶形的早结晶矿物被晚结晶矿物从核心向边缘交代，如磁黄铁矿从黄铁矿的中心或边缘溶蚀黄铁矿呈骸晶状(图 3-35)。

交代网脉状结构：闪锌矿交代黄铁矿呈格状结构(图 3-36)。

图 3-35　黄铁矿骸晶被磁黄铁矿交代
（d=1.6mm，单偏光）
Py. 黄铁矿

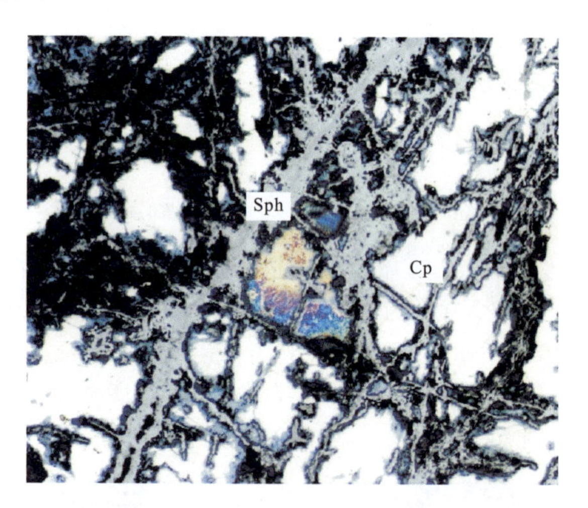

图 3-36　闪锌矿交代黄铁矿呈网脉状结构
（d=1.6mm，单偏光）
Cp. 黄铜矿；Sph. 闪锌矿

固溶体分离结构(乳滴状结构)：客矿物在主矿物中呈细小至极细小的乳滴状颗粒，乳滴由圆形、椭圆形至拉长的纺锤形，如黄铜矿呈乳滴状分布于闪锌矿中。

矿石的构造类型比较复杂，不同的矿体其矿石构造类型也不相同。热液充填型矿石构造主要有浸染状构造、网脉状构造；矽卡岩型矿石构造主要有块状构造、细脉状构造、角砾状构造、团块状构造、条带状构造、斑杂状构造等。

3.2.3.4　围岩蚀变

拉屋矿区主要有两种矿床类型，即热液充填-交代型和矽卡岩型，矿体类型不同其围岩蚀变也略有差异。Ⅲ号矿体为热液充填型铜矿体，围岩蚀变主要有硅化、绢云母化、绿泥石化、绿帘石化及碳酸盐化等，近地表氧化作用较强烈，见有孔雀石化、蓝铜矿化、褐铁矿化。Ⅴ号铜锌矿体，Ⅵ号铅锌矿体，Ⅸ号、Ⅹ号矿体皆为矽卡岩型，矿体围岩蚀变以硅化、矽卡岩化、绿泥石化及绿帘石化为主，在近地表出见有孔雀石化。因成矿作用类型的不同，其表现的围岩蚀变特征也有较大差异。

热水沉积作用：发育矿下层控型蚀变，即含矿层下部岩石出现明显的褪色或"自化"。显微镜下可见岩石中普遍为绢云母化，石英有重结晶或增多，并见少量石英细脉穿切以及层状矽卡岩，该类蚀变沿矿下层广泛而稳定分布，属热对流造成的一种大型似层状层控型硅化-绢云母化蚀变，即海底热水在早期形成的岩层中循环对流，并进行物质萃取过程形成的蚀变。

接触交代作用：广泛发育于白云母花岗岩与含钙质岩石接触带内，其空间分布明显受接触带产状、钙质岩层层位及厚度控制。由于受交代作用影响，发生化学组分的迁移，形成石榴石矽卡岩、透辉石矽卡岩、绿(黝)帘石矽卡岩、绿泥石矽卡岩。矽卡岩的矿物成分的变化由岩体向外呈现出一定的规律性：即石榴石、透辉石含量逐渐减少，(黝)绿帘石化、绿泥石化逐渐增强。

接触热变质作用：主要为大理岩化，广泛发育于外接触带。围岩中灰岩受热力影响发生不同程度的重结晶作用，形成大理岩。

热液蚀变作用：为最末期的蚀变作用，蚀变强度大，分布范围较广，局部可穿过接触带延伸到围岩中，在构造发育地段尤为明显。主要有绿泥石化、硅化和碳酸盐化等。

3.2.4　成矿阶段划分

根据矿床特征、矿石组构、矿石类型、矿石物质组成、围岩蚀变以及矿物的共生和穿插关系，可将拉屋铅锌多金属矿床的成矿作用过程分为海西期热水沉积成矿期、燕山晚期岩浆接触交代成矿期（矽卡岩期）以及表生期3个期次。各成矿期次及成矿阶段，矿物生成顺序见表3-8。

表3-8　成矿阶段划分及矿物生成顺序表

成矿期		热水沉积期	矽卡岩期			表生期
成矿阶段			矽卡岩阶段	退化矽卡岩阶段	石英硫化物阶段	表生氧化阶段
主要矿物生成顺序	方解石	—				
	透辉石	—	—	—		
	石榴石	—	—			
	透闪石	—	—			
	辉石		—			
	石英	—	—	—	—	
	绿帘石			—		
	绿泥石			—	—	
	黄铁矿	—		—	—	
	黄铜矿			—	—	
	闪锌矿	—		—	—	
	方铅矿	—			—	
	磁黄铁矿	—	—	—	—	
	金银矿				—	
	蓝铜矿				—	
	铜蓝					—
	孔雀石					—
	褐铁矿					—

注：①线条的长度代表矿物形成时间的长短；②线条的宽度代表矿物的富集程度。

海西期热水沉积成矿作用：矿区发育有一套喷流系统成因的热水沉积岩和喷流岩层，铅锌多金属矿体产出受特定的热水沉积岩、喷流岩层位控制。Ⅴ-1、Ⅴ-2铅锌多金属矿体围岩中均发现有热水沉积岩，主要由硅质岩、硅质条带和硅质结核灰岩、纹带状灰岩、铁白云石岩等组成(图3-37、图3-38)。此外，矽卡岩中可能存在有由透辉石、钙质斜长石等矿物组成的热水交代成因的沉积型矽卡岩石。矿体呈层状分布，产状与围岩基本一致，层控矿床特征十分非常明显，反映矿化产出部位与地层、岩性有着密切的成因联系。崔玉斌等(2011)以层状矽卡岩中的磁黄铁矿为研究对象，测定Re-Os同位素年龄，获得等时线年龄数据为(309±31)Ma，证明拉屋矿床早期成矿作用形成于晚石炭世海西期。

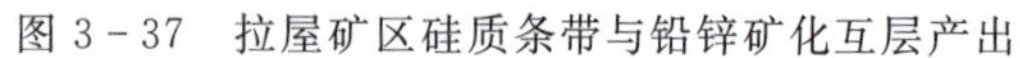

图3-37　拉屋矿区硅质条带与铅锌矿化互层产出

图3-38　拉屋矿区纹层灰岩(ZK4201孔南)

燕山晚期岩浆接触交代成矿期：根据矿体的分布及其与日音拿白云二长花岗岩的关系，以及同位素、稀土元素、化学成分、流体包裹体特征等都说明铜铅锌多金属矿化与白云二长花岗岩有密切的成因联系。杜欣等(2004)测定白云母二长花岗岩K-Ar全岩年龄为(109±1.3)Ma，为燕山晚期成矿。此期，形成各种钙、铝、铁的硅酸盐矿物，可进一步划分为矽卡岩阶段、退化矽卡岩阶段和石英硫化物阶段。

矽卡岩阶段：该阶段主要形成透辉石、石榴石、透闪石、辉石等矿物。该阶段一般不形成工业矿体。

退化矽卡岩阶段：主要以黝帘石、绿帘石、石英及少量白云母、绿泥石的生成为代表，形成绿帘石矽卡岩。

石英硫化物阶段：早期以石英、绿泥石等非金属矿物和磁黄铁矿、闪锌矿、黄铜矿等金属硫化物大量出现为特征，此阶段形成的矿物常交代早期矿物形成交代结构，是本矿床中铜、锌的最主要成矿时期。晚期硫化物阶段除交代早期形成的硅酸盐矿物如绿泥石和绢云母等外，石英的数量继续增加，开始出现大量方解石，金属矿物以大量生成方铅矿和少量晚期闪锌矿为主要特征。

表生期：主要出现在地表，早期形成的黄铜矿、黄铁矿、斑铜矿等经表生作用而氧化为孔雀石、蓝铜矿、褐铁矿等较为稳定的矿物，主要出现在矿床的近地表氧化带，分布不均匀，含量较少。

3.3　蒙亚啊铅锌矿床

蒙亚啊铅锌矿大地构造位置处于亚贵拉-龙玛拉断坳带中部，行政区划隶属西藏自治区嘉黎县绒多乡管辖。矿区晚古生代地层出露较齐全，断裂构造发育，成矿地质条件较为有利(图3-39)。

3.3.1　矿区地质概况

矿区出露地层主要为上石炭统—下二叠统来姑组(C_2P_1l)、中二叠统洛巴堆组(P_2l)及上二叠统列龙沟组(P_3l)和第四系。

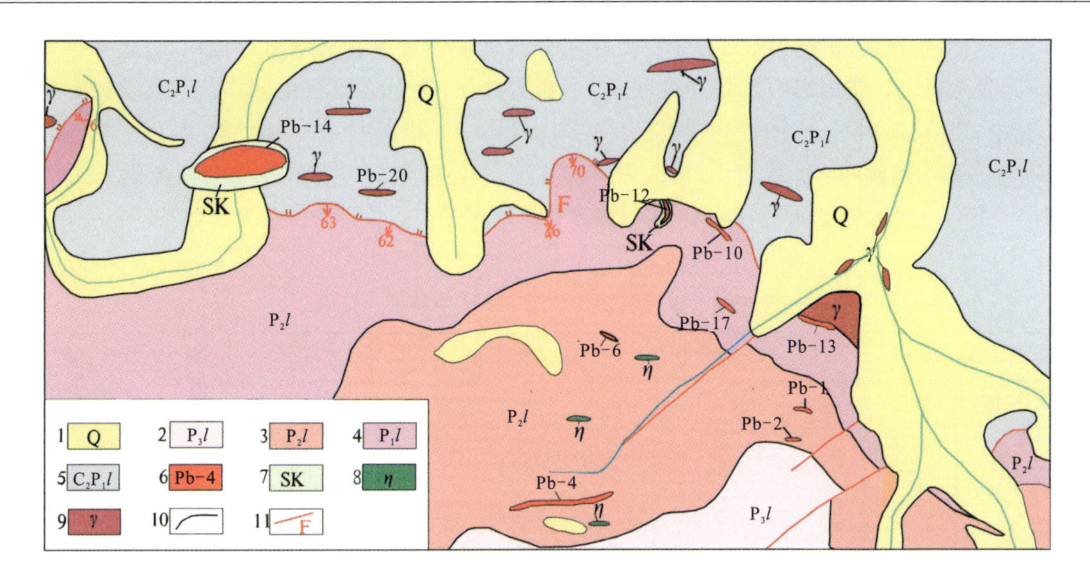

图 3-39 蒙亚啊铅锌矿床矿区地质简图(据程顺波等,2008,修改)

1.第四系;2.列龙沟组(P_3l)砂岩夹灰岩;3.洛巴堆组(P_2l)凝灰岩;4.洛巴堆组(P_2l)灰岩;5.来姑组(C_2P_1l)细碎屑岩夹灰岩;6.矿体及编号;7.矽卡岩;8.辉绿岩脉;9.花岗斑岩;10.地质界线;11.断层

上石炭统—下二叠统来姑组(C_2P_1l):分布于矿区北部,自下而上划分为3个岩性段。矿区仅出露第二岩性段($C_2P_1l^2$)和第三岩性段($C_2P_1l^3$)部分地层。第二岩性段以灰色砂岩为主,夹板岩、砾岩、凝灰岩和灰岩;第三岩性段以灰黑色碳质板岩为主,中间夹持砂岩、灰岩、凝灰岩及大理岩透镜体,含丰富的海相生物化石。

中二叠统洛巴堆组(P_2l):分布于矿区中部,主要岩性有灰岩和凝灰岩,凝灰岩分布于该组的中上部,整合覆盖于灰岩之上。灰岩主要为厚层状灰岩、含燧石条带灰岩及结核灰岩,含丰富的化石;凝灰岩主要为岩屑及晶屑凝灰岩。地层出露厚度大于1000m,与下二叠统来姑组为整合接触关系。

上二叠统列龙沟组(P_3l):分布于矿区南部,岩性组合复杂,为一套滨浅海相沉积建造,主要岩性为杂色砂岩、粉砂岩组合,局部夹有砾岩、泥灰岩和灰岩等,与上覆的中二叠统洛巴堆组呈不整合接触。

第四系(Q):多分布于沟谷和高山缓坡地带,多为冲洪积物、残坡积物及冰碛物等。

矿区构造较为简单,主要表现褶皱构造和断裂构造两种形式。矿区褶皱构造主要为郎牙格宽缓向斜,轴向呈近东西向横贯矿区,宽3~5km。核部地层为列龙沟组,两翼地层分别为来姑组和洛巴堆组,蒙亚啊铅锌矿床位于该向斜北翼。

矿区断裂具有多期次活动性特点,以近东西向断裂为主,与北东向、北西向和南北向断裂共同组成南北向应力作用下的构造体系。其中,东西向断裂构造较为发育,是矿区重要的导矿和容矿构造;北东向断裂主要分布于矿区东南部,属成矿后的破矿构造;南北向断裂构造主要发育于矿区中部和西部,与区内成矿较为密切,其中,Pb-12矿体赋存于该组断裂带内。

矿区岩浆岩不甚发育,多以岩脉的形式顺层侵入,主要岩石类型有花岗斑岩、辉绿岩和辉绿玢岩,侵入体规模较小。其中,辉绿岩和辉绿玢岩多以岩脉形式分布于矿区中部和东部,近东西向成群成带分布。花岗斑岩分布于矿区中部和北部,多以岩脉形式顺层产于来姑组、洛巴堆组及两者接触界线附近,局部呈小岩株状侵位于洛巴堆组中。

3.3.2 矿体特征

蒙亚啊矿床铅锌矿体主要赋存于上石炭统—下二叠统来姑组、中二叠统洛巴堆组内的层间构造带内以及来姑组与洛巴堆组界面附近,含矿岩石主要为硅化、透辉石化、绿帘石化、绿泥石化大理岩。

矿区初步圈定铅锌矿(化)体20余个。根据矿(化)体的空间展布及矿化蚀变特征,可划分铅锌矿(化)

带2条(以下简称Ⅰ号和Ⅱ号矿化带)。Ⅰ号铅锌矿化带分布于洛巴堆组和来姑组界面内,呈近东西向带状展布,东部向南发生折转。带内岩石矿化蚀变发育,主要为硅化,次为绿泥石化、绿帘石化、黄铁矿化及碳酸盐化等。其中,Pb-12、Pb-13、Pb-14、Pb-20矿体及Pb-10、Pb-11矿化体均赋存在该矿化带内。Ⅱ号矿化带分布于也娘沟两侧的洛巴堆组中,带内岩石矿化蚀变较弱,主要发育硅化和黄铁矿化。其中,Pb-1、Pb-2、Pb-4、Pb-6号铅锌矿体及Pb-17号铅锌矿化体均产于该矿化带内。主要矿体特征见表3-9。

表3-9　蒙亚啊铅锌矿床主要矿体特征一览表

矿体编号	矿体规模(m)		矿体产状			矿体形态	矿体平均品位(%)		赋矿层位	围岩蚀变
	长度	厚度	走向	倾向	倾角(°)		Pb	Zn		
Pb-14	470	15.12	E-W	SE	5～30	似层状	7.8	3.44	C_2P_1l	硅化、绿泥石化、碳酸盐化
Pb-12	135	0.1～6.0	S-N	W	30	脉状	20.73	4.20	P_2l～C_2P_1l	矽卡岩化、硅化
Pb-13	250	<2	SE-NW	SW	20～67	脉状	6.90	1.55	P_2l	矽卡岩化、硅化
Pb-4	450	4.4	E-W	S	30～70	脉状	18.89	1.54	P_2l	硅化

Pb-14矿体分布于矿区西北部,呈似层状赋存于来姑组碳酸盐岩与细碎屑岩岩性界面。近东西向展布,倾向南东,倾角5°～30°,矿体埋藏较浅(图3-40)。矿体顶板围岩为碳质板岩,底板围岩大理岩,含矿岩石主要为硅化、透辉石化、绿帘石化大理岩,带内围岩蚀变和矿化不均匀,局部矿体夹有含未蚀变的灰岩透镜体。控制矿体长度大于400m,最宽可达300m,平均厚度15.12m,矿石最高品位:Pb 44.00%,Zn 28.00%,该矿体估算资源量约占蒙亚啊铅锌矿的80%。

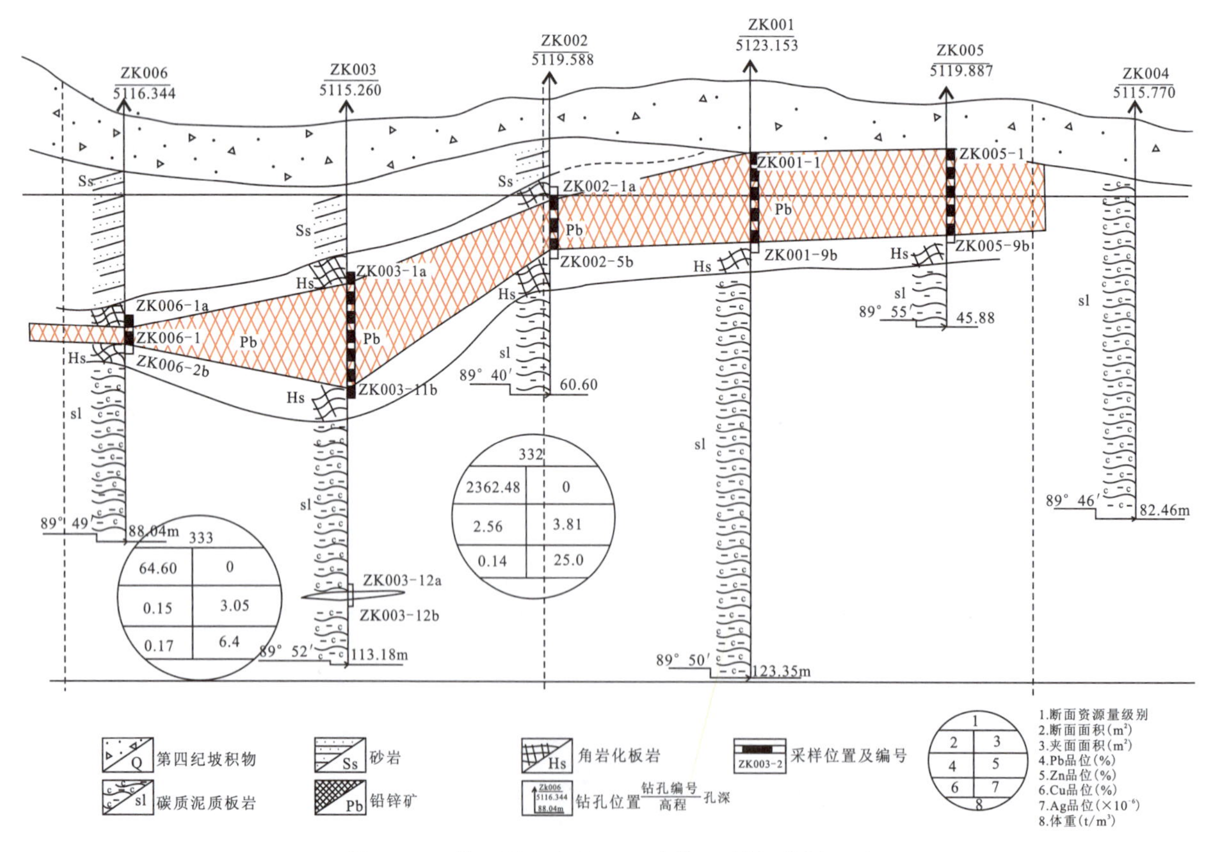

图3-40　蒙亚啊矿区Pb-14矿体00勘探线剖面图

Pb－12矿体赋存于切割来姑组和洛巴堆组的南北向断裂破碎带内，矿体走向近南北向，倾向西，倾角近30°，局部可变化较大。该矿体在地表为原生硫化矿体，呈脉状沿构造带断续分布，主矿体地表追溯长135m，矿体厚度0.1～6m。沿矿体走向矿石Pb品位变化不大，平均品位为20.73%；Zn品位变化明显，平均品位4.20%。经2010年、2011年的勘查控制，铅锌资源量已达到大型矿床规模。

Pb－13矿体赋存于花岗斑岩与洛巴堆组灰岩的外接触带，矿体呈脉状不连续分布。矿体走向为北西向，倾向南西，倾角变化较大(20°～67°)。控制矿体长约250m，平均厚度小于2m。矿石品位：Pb一般为2.59%～12.70%，平均品位为6.90%；Zn一般为1.01%～5.84%，平均品位为1.55%。

Pb－4矿体为区内的氧化矿体，呈似层状顺层产于洛巴堆组凝灰岩中，赋矿岩石主要为硅化凝灰岩。矿体走向近东西向，倾向南，倾角变化较大。矿体长约450m，呈西段厚、东段薄的楔形体，平均厚度约4.4m。该矿体品位变化较大，平均品位：Pb 18.89%，Zn 1.54%。

3.3.3　矿石特征

3.3.3.1　矿物成分

蒙亚啊铅锌矿床矿石矿物主要有磁黄铁矿、方铅矿、黄铁矿、闪锌矿和黄铜矿，次生矿物为褐铁矿、孔雀石及蓝铜矿等。脉石矿物主要为石英、方解石、绿帘石、绿泥石、白云母，及少量钙铝榴石、透辉石、透闪石等。

黄铁矿(Py)：手标本呈淡黄色，粒度细小，以星散浸染状或团粒状集合体的形式分布于矿石中。显微镜下呈黄白色，自形—半自形细粒结构，常被磁黄铁矿包裹，形成包含结构和溶蚀结构，是早期硫化物阶段的产物(图3－41A、B)。

闪锌矿(Sph)：手标本呈深褐色或黑褐色，以不规则颗粒状、团块状或细脉状分布于铅锌矿石中。镜下呈深灰色，粒度较大，常沿裂隙交代、穿插磁黄铁矿，形成溶蚀结构和交代残余结构(图3－41C、D)。

黄铜矿(Cp)：手标本呈铜黄色，细脉状、浸染状或团粒状产出。显微镜下呈铜黄色，他形粒状结构。可大致分为两个世代：第一世代的黄铜矿常以乳滴状分布于闪锌矿中，形成固溶体分离结构(图3－41E)；第二世代的黄铜矿交代早期形成的闪锌矿、磁黄铁矿，形成交代残余结构(图3－41F)。

磁黄铁矿(Pyr)：手标本上呈古铜黄色，粒度较大，多与闪锌矿共存。显微镜下为玫瑰棕色，他形粒状结构。常包含并交代较自形黄铁矿(图3－41A、B)。

方铅矿(Gn)：手标本上呈铅灰色，以细粒状集合体产出。偏光镜下反射率高，反射色为白色，呈他形粒状结构，以具黑色三角孔为其显著特征，常交代早期形成的磁黄铁矿、黄铜矿和闪锌矿，形成溶蚀结构，受后期构造作用影响，局部可见揉皱结构。

石榴石(Gr)：含量稀少，手标本上难以观察，显现镜下偶尔可见，呈细粒自形—半自形结构，正高突起，多被石英、方解石、绢云母等脉石矿物包裹和交代。

透辉石(Di)：含量很少，手标本上基本不见。偏光镜下无色，正高突起，发育柱状解理，二级干涉色鲜明，粒间多被方解石矿物充填。

透闪石(Tl)：手标本上呈浅绿色，以柱状集合体的形式分布于蚀变大理岩中。偏光镜下具粉红—浅黄绿色等多色性，二级干涉色鲜明。

阳起石(Act)：手标本上呈淡黄绿色放射状结合体，分布于蚀变大理岩中，偏光镜下呈纤维状集合体，具浅绿—浅黄绿色多色性，正中—高突起，常被晚期方解石所交代，二级干涉色鲜明。

绿帘石(Ep)：手标本上呈绿色柱状分布于蚀变大理岩中，偏光镜下呈长柱状自形结构，淡黄绿—淡黄色，正高突起，二级干涉色鲜明。

白云母(Mu)：分布不均，无序散布、穿插于石英、方解石粒间。偏光镜下无色透明，中细粒自形鳞片状或不规则，二级干涉色鲜明。

绿泥石(Chl)：含量较少，且分布不均，多呈隐晶质集合体稀疏散布，分布不均匀。偏光镜下呈浅绿—淡黄色，低突起，干涉色以一级灰为主。

石英(Qz)：矿石中主要的脉石矿物之一，呈中—细粒不规则分布，偏光镜下无色透明，以无序充填于绿帘石之间，干涉色一级灰白色。

方解石(Cal)：矿石中主要的脉石矿物之一，广泛分布于硅化-矽卡岩化大理岩中，含量不均，粒度粗细不一。偏光镜下无色透明，解理发育，闪突起明显，并具高级白干涉色。

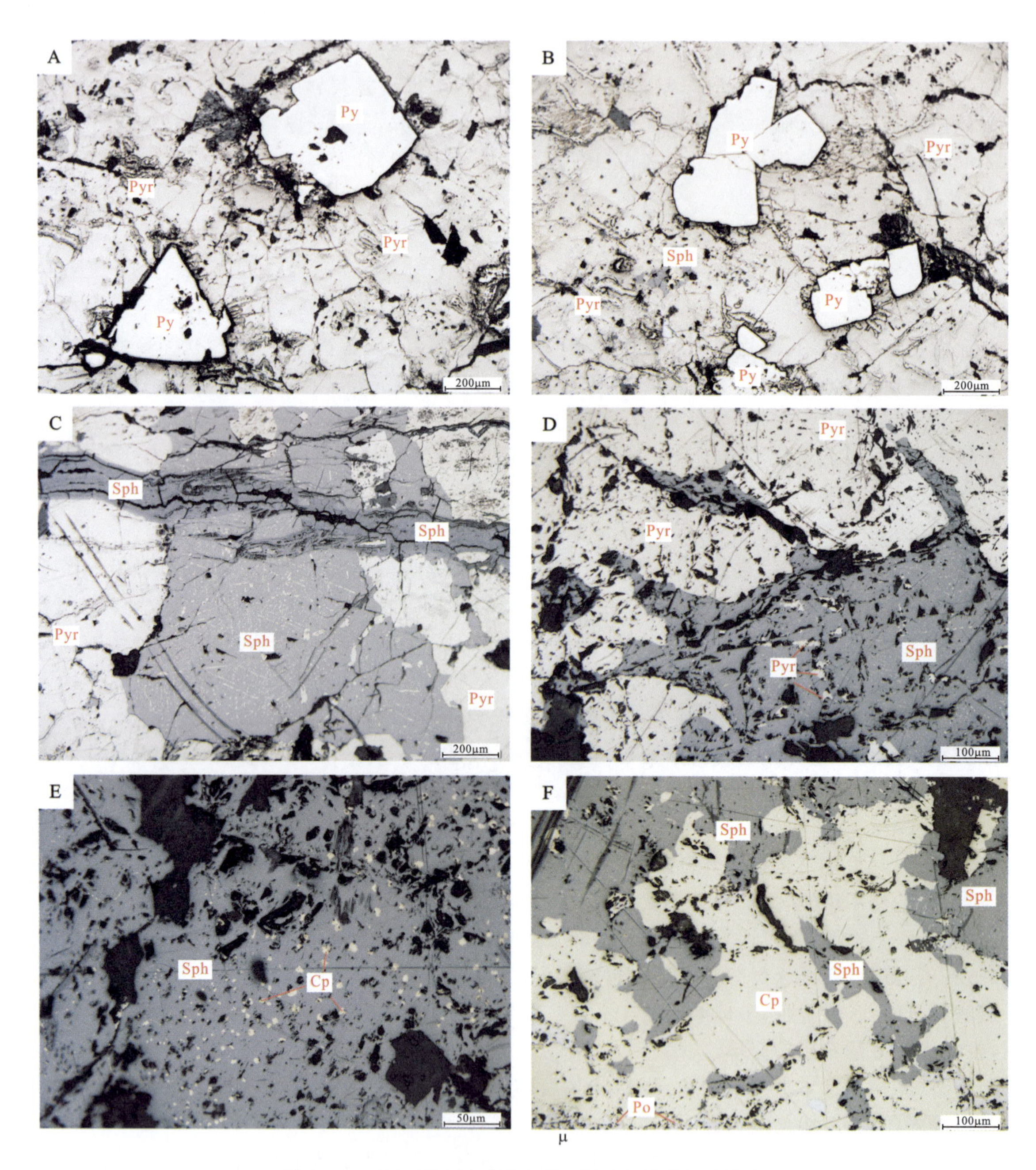

图 3-41　蒙亚啊铅锌矿床主要金属矿物及其结构特征

A、B. 自形—半自形黄铁矿被磁黄铁矿所包含并交代，形成包含结构和溶蚀结构(—)；C. 深灰色闪锌矿沿裂隙对磁黄铁矿进行交代(—)；D. 深灰色闪锌矿沿裂隙交代磁黄铁矿，形成溶蚀结构，闪锌矿中可见少量破布状磁黄铁矿交代残余体(—)；E. 闪锌矿中，黄铜矿以乳滴状形式产出，形成固溶体分离结构(—)；F. 黄铜矿交代闪锌矿，形成交代残余结构(—)；

Py. 黄铁矿；Pyr. 磁黄铁矿；Sph. 闪锌矿；Cp. 黄铜矿；(—)平行偏光

3.3.3.2　结构、构造

矿石结构主要有结晶结构和交代结构，结晶结构包括他形晶结构、自形—半自形晶结构及固溶体分离结构，交代结构包括溶蚀结构、交代残余结构、骸晶结构、包含结构和反应边结构。矿石构造主要为块状构造、条带状构造、浸染状构造、脉状—网脉状构造、团块状构造等(图 3-42)。

图 3-42　蒙亚啊铅锌矿床典型矿石构造特征

A. 块状闪锌矿矿石；B. 浸染状闪锌矿、方铅矿矿石，以闪锌矿为主；C、D. 条带状闪锌矿矿石，闪锌矿呈条带状产于矽卡岩中；E. 闪锌矿呈网脉状产出于矽卡岩中；F. 闪锌矿、方铅矿呈团块状产出于矽卡岩中

3.3.3.3 围岩蚀变

蒙亚啊铅锌矿床围岩蚀变发育，主要为硅化、类矽卡岩化、方解石化等。其中，以类矽卡岩化、硅化与成矿关系最为密切。

类矽卡岩化：矿区内最重要的围岩蚀变类型，类矽卡岩同时也是矿体主要的赋矿围岩之一。以Pb-14矿体围岩类矽卡岩化最为发育和典型，与矿化关系最为密切。类矽卡岩矿物包括透闪石、阳起石、绿帘石、绿泥石和极少量石榴石、透辉石，是中低温热液与灰岩(围岩)发生水岩作用的产物。

硅化：矿体围岩中均不同程度发育硅化蚀变现象，以Pb-14、Pb-4和Pb-13矿体硅化最为发育。其中，Pb-14矿体硅化多伴随类矽卡岩化产生；Pb-13矿体硅化主要发育在花岗斑岩与洛巴堆组灰岩的外接触带；Pb-4矿体硅化发育于灰岩中的层间界面，蚀变常超出矿化范围。

矿化蚀变分带特征：从横向看，自围岩到矿体，矿化蚀变具有明显的分带性，围岩蚀变由弱硅化、弱绿帘石化→强硅化、绿帘石化、透辉石化→浸染状、条带状矿体→致密块状矿体。垂向上看，自采坑台阶底部矿体较为连续，主要发育致密块状磁黄铁矿-闪锌矿矿石，台阶越高，矿体越不连续，蚀变岩增多，块状矿石有向脉状、网脉状、浸染状矿石渐变的趋势，矿石矿物中方铅矿、黄铜矿含量逐渐增高。

3.3.4 成矿阶段划分

根据矿床地质特征、矿石物质组成和矿石组构等，蒙亚啊铅锌矿床成矿过程大致分为热液成矿期和表生改造期两个期次。其中，热液成矿期又可进一步划分为硅酸岩阶段(类矽卡岩化阶段)、石英-硫化物阶段和碳酸盐化阶段。

3.3.4.1 热液成矿期

1)硅酸岩阶段(类矽卡岩化阶段)

根据蒙亚啊铅锌矿床矿物共生组合和矿物生成顺序可将该矿床硅酸岩阶段(类矽卡岩化阶段)早期主要形成石榴石、透辉石等无水硅酸盐矿物。石榴石呈自形晶，含量较少；透辉石自形程度较差，含量相对较多。后期主要形成石英、阳起石、白云母，及少量透闪石、绿泥石、绿帘石等含水硅酸盐类矿物。一般地，阳起石呈放射状集合体产出(图3-43A)，多色性明显，常与透闪石形成类质同象系列(图3-43B)；绿帘石自形程度较高，多为自形粒状或短柱状，白云母呈片状集合体(图3-43C、D、E、F)。

2)石英-硫化物阶段

热液成矿期的主成矿阶段，以磁黄铁矿、闪锌矿、黄铁矿、黄铜矿和方铅矿的大量析出为特征，伴随着石英、方解石、绿泥石、绢云母等脉石矿物的形成。根据矿相学研究，可将石英-硫化物阶段进一步划分为两个次一级阶段，即早期石英-硫化物阶段：主要形成黄铁矿、磁黄铁矿和少量黄铜矿；晚期石英-硫化物阶段：主要形成大量闪锌矿、方铅矿，少量黄铜矿和磁黄铁矿。

3)碳酸盐化阶段

其阶段主要形成大量方解石和少量黄铁矿。

3.3.4.2 表生改造期

主要出现在地表剥蚀和风化带内，表现为早期形成的黄铁矿、黄铜矿等经氧化作用变成褐铁矿、孔雀石、蓝铜矿及黏土矿物等地表较为稳定的矿物。矿物生成顺序见表3-10。

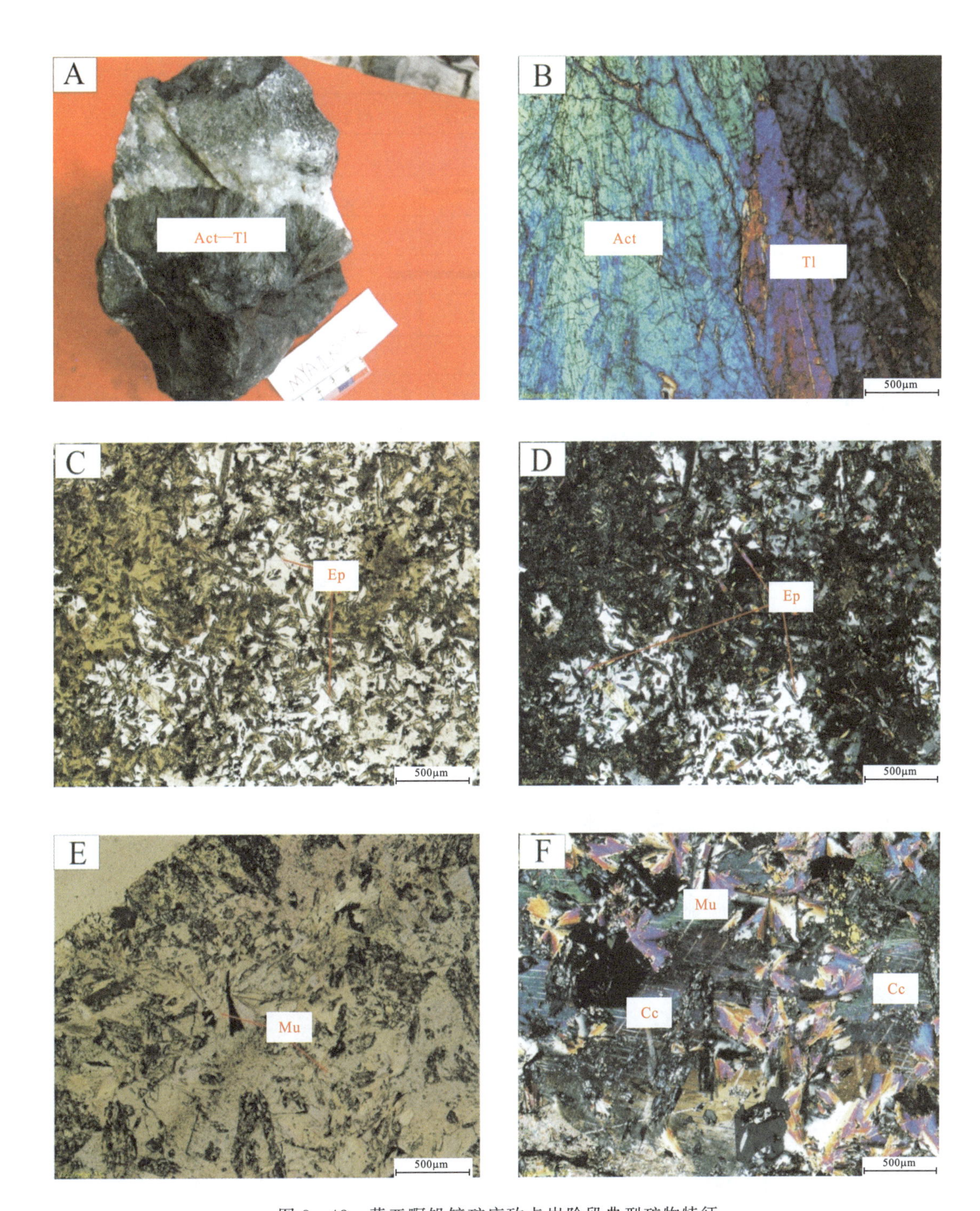

图 3-43 蒙亚啊铅锌矿床矽卡岩阶段典型矿物特征

A. 阳起石、透闪石矽卡岩；B. 阳起石与透闪石形成类质同象系列(+)；C、D. 自形的柱状绿帘石及其干涉色，单偏光下无色或淡黄绿色，正交镜下干涉色较鲜艳，C(−)、D(+)；E、F. 矽卡岩期氧化物阶段形成的放射状白云母集合体，单偏光下无色，正交偏光镜下干涉色较高，E(−)，F(+)。Ep. 绿帘石；Mu. 白云母；Act. 阳起石；Tl. 透闪石；Cc. 辉铜矿。(−). 平行偏光；(+). 正交偏光

表 3-10 蒙亚啊矿床矿物生成顺序表

成矿期		热液成矿期			表生期
成矿阶段		硅酸盐阶段	石英-硫化物阶段	碳酸盐阶段	氧化作用阶段
主要矿物生成顺序	石榴石				
	石英				
	透辉石				
	黄铁矿				
	绿帘石				
	白云母				
	闪锌矿				
	方铅矿				
	黄铜矿				
	方解石				
	白云石				
	铜蓝				
	孔雀石				
	铅矾				

注：①线条的长度代表矿物形成时间的长短；②线条的宽度代表矿物的富集程度。

3.4 新嘎果铅锌多金属矿床

新嘎果铅锌多金属矿床大地构造位置处于扎雪-金达断隆西段，扎雪-门巴断裂带南侧。地理坐标为东经 90°54′30″—90°58′30″，北纬 29°51′30″—29°54′45″，行政区划隶属西藏拉萨市林周县管辖。

3.4.1 矿区地质概况

3.4.1.1 地层

矿区地层主要出露下白垩统塔克拉组（K_1t）、上白垩统设兴组（K_2sh）和第四系全新统（Qh）（图 3-44）。

下白垩统塔克拉组（K_1t）：主要出露于矿区南部和东北部，分布面积约占矿区的 1/4，为一套滨浅海相碎屑岩建造。矿区南部地层呈东西向展布，发育轴向呈东西向的褶皱构造，矿区东北部由于受构造影响，地层表现出杂乱无序的混杂构造特征。塔克拉组岩性组合下部为一套灰色岩屑长石石英砂岩，局部夹石英砂岩和灰岩透镜体；中上部为石英砂岩、粉砂岩、生物碎屑灰岩、细晶灰岩等，总体显示一套滨浅海相沉积组合，受构造、岩浆岩作用影响，地层中上部灰岩发育硅化、矽卡岩化及碳酸盐化等。

上白垩统设兴组（K_2sh）：分布于矿区西南部和北部，为一套潮汐砂泥岩相-红层砂泥岩相沉积组合。岩性主要为紫红色、灰绿色泥岩，紫红色粉砂岩，粉砂质泥岩，黄灰色细砂岩等，整合于塔克拉组地层之上。除了颜色标志外，岩石中小型微斜层理发育。该套岩石中矿化蚀变不发育，局部仅具弱绿泥石化。

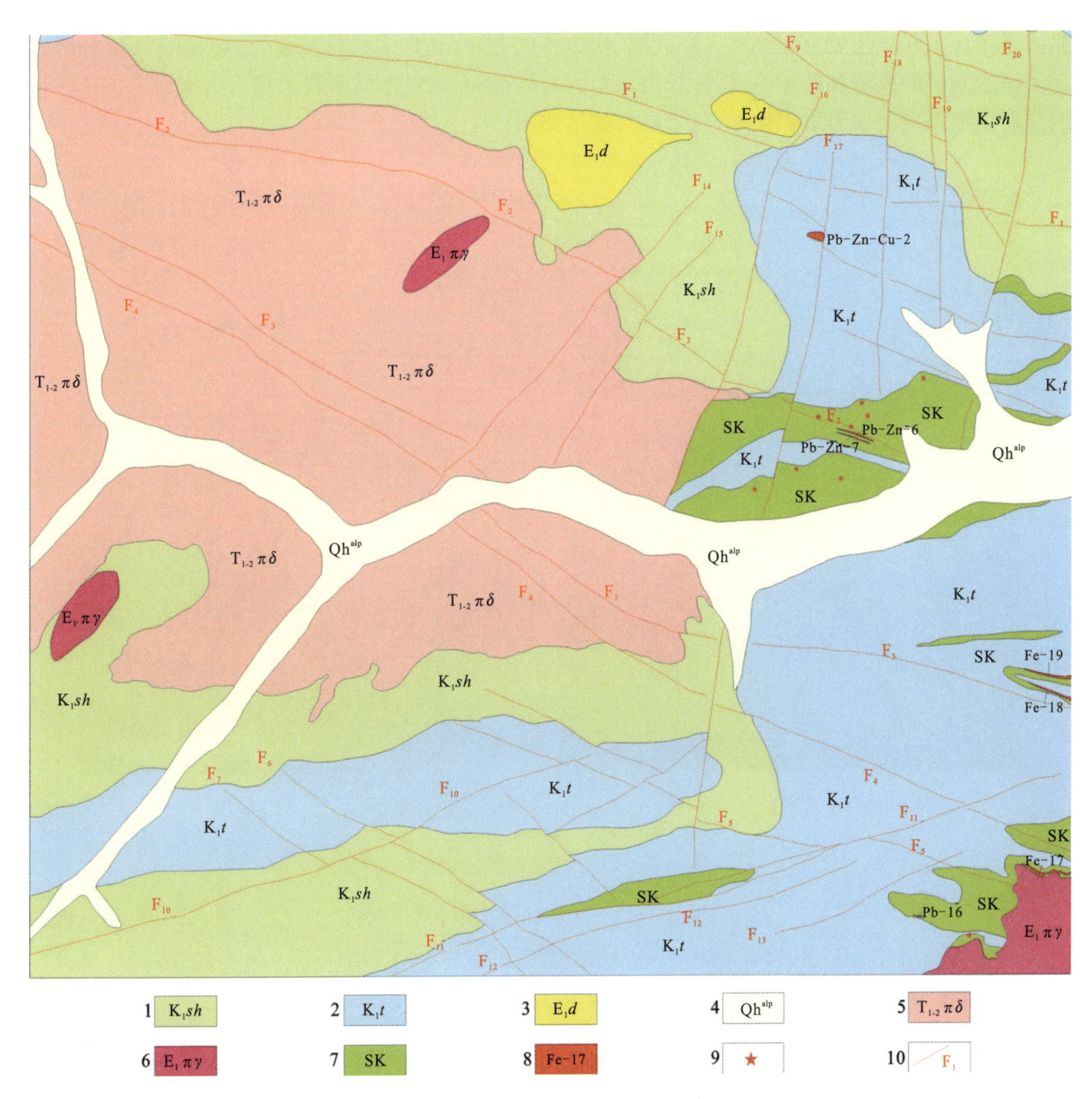

图 3-44 新嘎果矿区地质图(据西藏区区域地质调查队修编)

1.上白垩统设兴组;2.下白垩统塔克拉组;3.古新统典中组火山岩;4.第四系;5.闪长岩;6.黑云母花岗岩;7.矽卡岩;8.矿体及编号;9.矿点;10.断层及编号

第四系全新统(Qh):第四系主要分布于矿区中部的东西向的新嘎果主沟和其两侧的北西向、北东向的次级支沟中,其分布主要受水系格局控制呈狭窄条带状展布。岩性主要为第四纪冲洪积和第四纪残坡积。

3.4.1.2 构造

受古近纪碰撞造山作用以及中新世东西向伸展作用的影响,矿区断裂构造非常发育。根据走向可大致分为北西西向和北东东向逆冲断裂及近南北向张扭性断裂 3 组,系南北向构造应力作用下的断裂组合。其中,北西西向逆冲断裂是区内重要的控矿构造,该组断裂系区域南北向应力作用的产物,一般,断裂规模较大,走向延伸稳定。总体走向北西西向,北东东向陡倾,较其他两组断层形成时代相对较早,与成矿关系密切。断裂带中常发育铅锌矿化(图 3-45)。北东东向逆冲断层主要分布于矿区南部,断层总体走向为北东东向,向北西西陡倾。该组断层较北西西向断层形成晚,多错断北西西向断裂构造。

该组断裂表现为一系列的挤压破碎带和紧密排列的破劈理，断层下盘地层发育牵引褶皱等。北东向和南北向张扭性正断层主要分布于矿区东北部，密集排列分布，其形成时代较晚，为碰撞后伸展阶段的产物。受该组断层的改造和破坏作用，矿区内早期的北西西向、北东东向断层表现为沿走向不连续。该组断裂切断早期形成的矽卡岩矿化带，对成矿具破坏作用。

图 3-45　F_2 断层破碎带内的铅锌矿化

3.4.1.3　岩浆岩

区内岩浆活动较为强烈，岩浆岩发育，侵入岩、喷出岩均有分布。侵入岩主要为闪长玢岩、黑云母花岗岩、花岗岩脉和二长岩，喷出岩主要为分布于矿区北部的林子宗群火山岩。

闪长玢岩：分布于矿区西部，岩石新鲜面呈灰白色，风化面呈灰黄—灰黑色，中细粒半自形粒晶结构、块状构造，矿物组成主要有斜长石、钾长石、角闪石、石英及黑云母，受后期蚀变影响，角闪石和黑云母多发生绿泥石化。

黑云母花岗岩：呈肉红—灰白色，粒状结构，块状构造，矿物组成主要为钾长石、斜长石、石英和黑云母，岩石受蚀变作用影响，斜长石和钾长石多发生泥化。主要分布于矿区西部和东南角，其中，矿区西部的花岗斑岩侵位于闪长岩体中，地表出露较少。矿区东南部的花岗斑岩侵位于下白垩统塔克那组中，地表出露规模相对较大，其主体部分位于矿区外，岩体外接触带矽卡岩发育。

花岗岩脉：主要出露于矿区西北部，脉状产出，规模很小。岩石呈肉红色半自形粒状结构，斑状构造。斑晶主要为钾长石和黑云母，基质主要石英。受蚀变作用影响，钾长石多发生泥化。

二长岩：主要见于矿区东北部采矿平硐内，地表未见露头，为一浅表层侵入体。岩石呈乳白色，变余半自形柱粒状结构，块状构造。主要矿物组成为斜长石和钾长石，石英含量极少，岩体受蚀变影响强烈，斜长石、钾长石大多有泥化现象。此外，长石颗粒之间可见明显碳酸盐化。

除二长岩外，矿区闪长岩、黑云母花岗岩和花岗岩脉具有明显的侵入穿插关系，闪长岩形成最早，黑云母花岗岩次之，野外可见黑云母花岗岩沿闪长岩节理侵位，内含闪长岩俘虏体；花岗岩脉侵位最晚，可见其穿插闪长岩和黑云母花岗岩(图 3-46)。

喷出岩分布于矿区北部，不整合叠置于上白垩统设兴组之上，区内呈残留顶盖，出露面积小。主要岩性为灰色英安岩、英安质岩屑凝灰熔岩，底部见砾岩，反映出爆发-溢流相火山岩特征。

图 3-46　黑云母花岗岩沿闪长岩节理侵位及闪长岩捕虏体

3.4.2　矿体特征

矿区已发现铅锌矿体和矿化点20余个，均赋存于塔克拉组中，含矿岩石为硅化-矽卡岩化大理岩和矽卡岩。目前主要开采的矿体为Ⅱ、Ⅵ、Ⅶ号矿体。

Ⅱ号铅锌矿体：分布于矿区西北部的4678m高地正东方向330m处，受北西向断裂控制，为一热液充填型铅锌矿体。经地表槽探工程和ZK601、ZK602、ZK603、PD1、PD2、PD3、PD4、PD5、PD6等工程系统控制，发现Ⅱ号矿体实际是由系列呈雁行斜列的小矿体组成的矿体群(图3-47)，单个矿体规模不大，从海拔标高4500m到4050m均有分布，并严格受塔克拉组灰岩夹层控制，呈似层状、囊状、鸡窝状产出。矿化以条带状闪锌矿-方铅矿化为主，近南北向的F_{17}明显切割矿体，为成矿后期断裂，对矿体起破坏作用。在钻孔ZK603中发现黑云母花岗岩与灰岩接触部位有较强的Pb、Zn矿化，表明黑云母花岗岩与成矿关系密切。Ⅱ号矿体群Pb平均品位3.82%，最高可达20.9%；Zn平均品位7.02%，最高可达38.4%。

Ⅵ、Ⅶ号矿体：分布于矿区南部新嘎果村西650～730m处。矿体赋存于白垩统塔克拉组(K_1t)上段中厚层灰岩中，严格受灰岩层位控制。两个矿体均呈层状产出，走向北西西，倾向北北东，倾角较缓，与岩层产状基本一致(图3-48)。经TC10、TC11和PD3控制，Ⅵ号矿体控制长40m，平均厚度3m，矿体平均品位：Pb 9.29%，Zn 6.73%。Ⅶ号矿体控制长45m，平均厚度1.5m，矿体平均品位：Pb 9.97%，Zn 9.33%。此外，矿区内还有较多铅锌多金属矿化点和磁铁矿矿化体赋存于塔克拉组中，受灰岩和北西向断裂带控制(图3-49)。

3.4.3　矿石特征

3.4.3.1　矿物成分

矿石矿物主要为磁铁矿、闪锌矿、方铅矿、黄铁矿、镜铁矿、白铁矿、黄铜矿和少量磁黄铁矿(图3-50)。次生矿物为少量的孔雀石、蓝铜矿和褐铁矿等。脉石矿物主要为钙铝榴石、透辉石、绿帘石、石英、方解石、白云母等(图3-51)。

磁铁矿(Mt)：肉眼观察呈灰黑色，粒度较小，常形成致密块状、浸染状磁铁矿石，也见呈稀疏浸染状分布于矽卡岩矿物中。显微镜下呈灰色、棕灰色，以十二面体和八面体的自形—半自形晶者居多，常嵌布在石英中。其中八面体磁铁矿内部环带明显，少数磁铁矿颗粒中有假象赤铁矿。

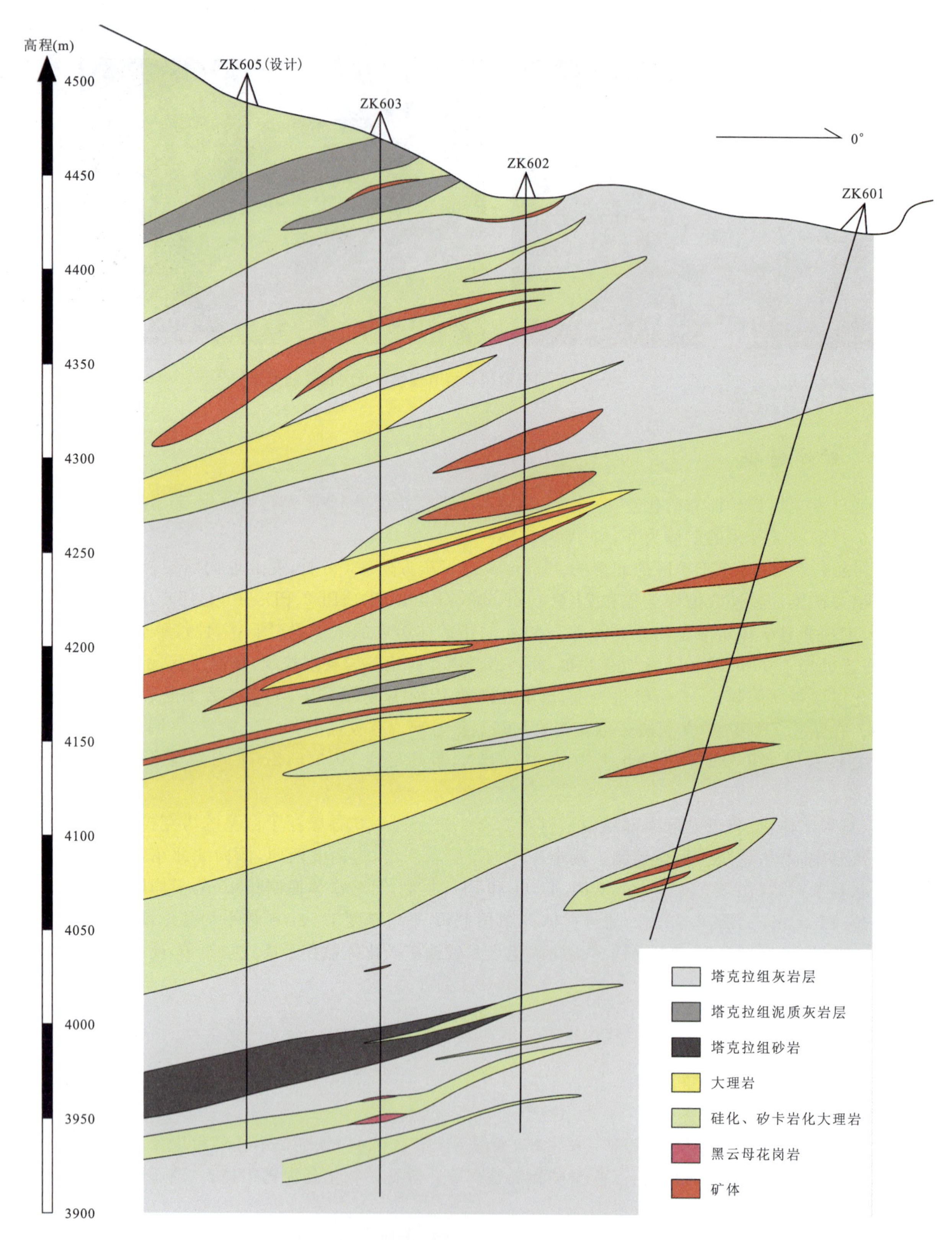

图 3-47　新嘎果矿区Ⅱ号矿体群勘探线剖面图(引自强瑞公司钻孔资料)

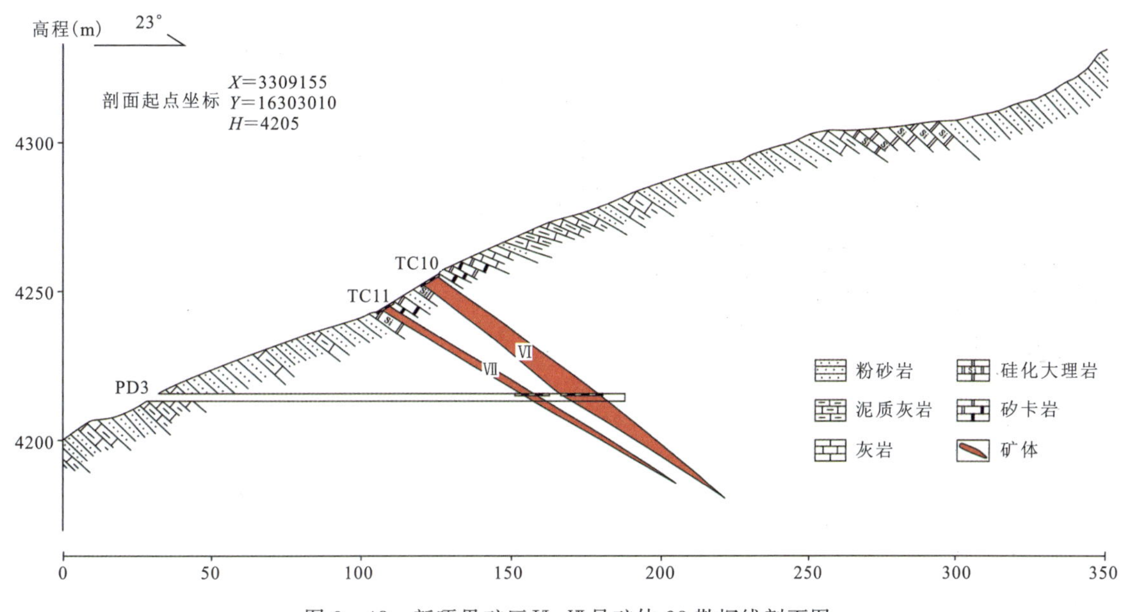

图 3-48 新嘎果矿区Ⅵ、Ⅶ号矿体 28 勘探线剖面图

图 3-49 矿区顺层产出的磁铁矿化体和受北西向断裂控制的铅锌多金属矿化体露头

A. 矿区北中部磁铁矿、镜铁矿矿化体露头，矿化体严格受塔克拉组灰岩层控制；

B. 矿区北部 Pb-Zn-Cu 矿化体露头，矿化体严格受北西向 F_2 断裂控制

镜铁矿(Ht)：肉眼观察呈宽板状、鳞片状，多以集合体形式存在，与磁铁矿共生于磁铁矿型矿石中。反光镜下为灰白色，多呈片状镶嵌在磁铁矿和脉石矿物中。

黄铁矿(Py)：手标本呈淡黄色或黄白色，磁铁矿矿石和闪锌矿矿石中，粒度较小。反光镜下黄白色，可分为两个世代：早期黄铁矿表面较为光滑，以自形—半自形粒状集合体的形式分布于磁铁矿颗粒之间，与磁铁矿近于同时生成；晚期黄铁矿表面多麻点，分布于闪锌矿矿石中，常被闪锌矿所交代，形成溶蚀结构，为早期硫化物阶段的产物。

毒砂(Apy)：手标本为乳白色，多与闪锌矿共存。单偏光镜下为亮白色，自形—半自形粒状结构，具淡蓝色多色性，正交偏光下具有蓝绿—玫瑰色干涉色。通常具菱形粒状自形—半自形结构，常被晚期生成的黄铁矿、闪锌矿、黄铜矿、方铅矿所交代，形成溶蚀结构、交代残余结构和骸晶结构。

白铁矿(Mrc)：手标本为乳白色，多与闪锌矿共存。单偏光镜下为浅黄白色，具绿色多色性，正交偏光下具蓝绿色干涉色。通常表面多麻点，半自形粒状结构，常被晚期闪锌矿、黄铜矿所交代，形成交代残余结构、包含结构。

图 3-50 新嘎果铁铜铅锌金属矿床主要金属矿物和结构特征

A. 粒状自形—半自形磁铁矿，早期半自形黄铁矿分布于磁铁矿颗粒间，磁铁矿内部环带明显(一)；B. 半自形—他形磁铁矿中少量赤铁矿假象(一)；C. 鳞片状镜铁矿(一)；D. 镜铁矿集合体(一)；E. 晚期半自形—他形黄铁矿，表面多麻点(一)；F. 晚期闪锌矿交代黄铁矿，形成溶蚀结构(一)；G. 半自形毒砂(一)；H. 蓝绿—玫瑰色干涉色(+)。Mt. 磁铁矿；Ig. 镜铁矿；Py. 黄铁矿；Sph. 闪锌矿；Ars. 毒砂；(+)正交偏光；(一)平行偏光

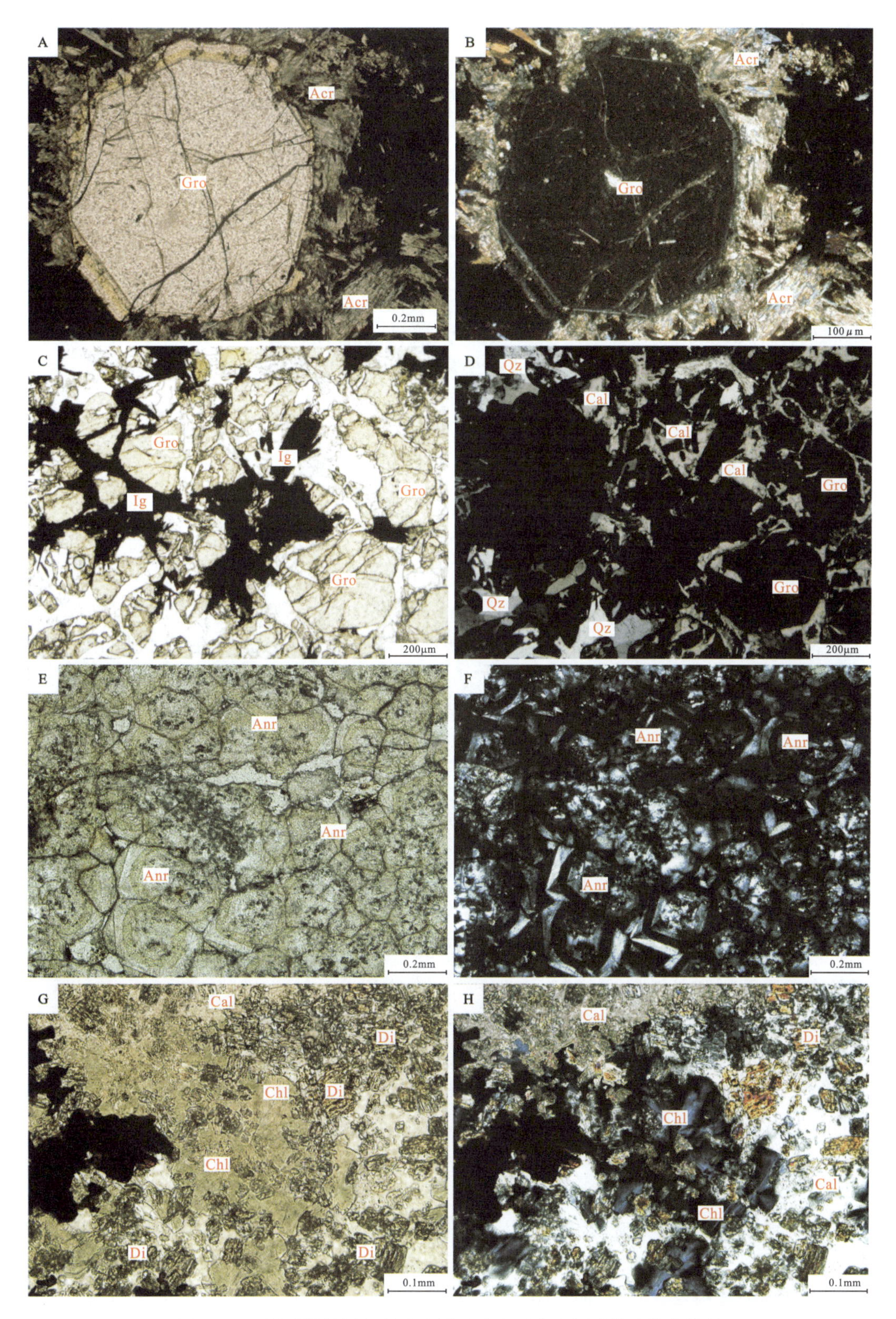

图 3-51 新嘎果铁铜铅锌多金属矿床主要非金属矿物和结构特征

A. 粒状自形钙铝榴石，边部发育阳起石(－)；B. 粒状自形钙铝榴石，边部发育阳起石(＋)；C、D. 粒状钙铝榴石裂隙发育，裂隙及粒间为镜铁矿、石英和方解石所充填，C(－)，D(＋)；E、F. 粒状自形—半自形钙铁榴石，环带及环带双晶发育，E(＋)，F(－)；G、H. 中细粒透辉石，正高突起，节理发育二级干涉色显著，粒间被绿泥石、方解石所充填，少量边部发育碳酸盐化，G(－)，H(＋)。Gro. 钙铝榴石；Ig. 镜铁矿；Act. 阳起石；Anr. 钙铁榴石；Cal. 方解石；Di. 透辉石；Qz. 石英；Chl. 绿泥石；(＋)正交偏光；(－)平行偏光方铅矿：方铅矿是本矿床不同矿石类型中分布最普遍、含量最高的矿物。块状矿石中方铅矿含量一般在50%以上，方铅矿常见与闪锌矿、黄铜矿共生，可见方铅矿交代黄铜矿、闪锌矿的现象。金银矿、黝铜矿与方铅矿关系密切，在方铅矿中见有零星分布的金银矿、黝铜矿。

闪锌矿(Sph)：肉眼观察呈深褐色或棕褐色，不规则颗粒状产于矽卡岩中。反光镜下主要为颜色较深的灰色，他形，颗粒较大，常交代早期形成的毒砂、黄铁矿和白铁矿，也可见闪锌矿中黄铜矿以乳滴状固溶体分离结构产出。

黄铜矿(Cp)：肉眼观察呈铜黄色，常呈不规则粒状或粒状集合体分布于硅化-矽卡岩化大理岩和矽卡岩中，反光镜下呈铜黄—淡黄色，他形，通常包含交代早期形成的毒砂、白铁矿和闪锌矿，形成骸晶结构、包含结构、交代残余结构等。

方铅矿(Gn)：肉眼观察呈铅灰色，半自形颗粒状或粒状集合体产出。反光镜下反射率较高，反射色为白色，他形粒状居多，具特征的黑色三角孔，常与黄铜矿共生，形成共边结构交代早期形成的毒砂、闪锌矿，形成交代残余结构。

磁黄铁矿(Pyr)：含量极少，手标本上不见，反光镜下为玫瑰棕色，他形颗粒状分布于黄铜矿中，推测与黄铜矿近于同时生成，或略早于黄铜矿。

钙铝榴石(Gro)：分布较为普遍，中粗粒不等粒自形—他形粒状，常局部集中呈不规则团斑状，粒间主要被石英、方解石及镜铁矿充填。单偏光镜下无色—浅褐色，正极高突起，正交偏光下显均质性，其边部多为阳起石，裂隙发育，常含脉状石英及碳酸盐集合体和镜铁矿穿插。

钙铁榴石(Anr)：分布不均，常呈中细粒自形或不规则粒状集合体出现，粒间主要被碳酸盐或石英充填，单偏光镜下正极高突起，环带清楚，粒间可见少量方解石，正交偏光下环带双晶明显。

透辉石(Di)：含量较少，以中—细粒不规则粒状无序散布充填于矽卡岩之中，单偏光镜下无色，正高突起，发育的柱状解理，二级干涉色鲜明，粒间被方解石、绿泥石所填充。

阳起石(Act)：手标本上为黄绿色放射状结合体，分布于石榴石矽卡岩中，单偏光镜下为纤维状集合体，具有浅绿—浅黄绿色多色性，正中—高突起，二级干涉色鲜明。

黝帘石(Zo)：手标本上浅绿色柱状无序散布于矽卡岩中，单偏光镜下无色，正高突起，粒间多被石英、方解石所充填，具一级灰到灰蓝的异常干涉色。

绿帘石(Ep)：含量极少，手标本上很难与黝帘石区别，单偏光镜下主要发育于黝帘石中，具淡黄绿—淡黄多色性，正高突起，二级干涉色鲜明。

绿泥石(Chl)：分布不均，隐晶质集合体。主要充填于碳酸盐等矿物，呈稀疏散布，分布无规律。单偏光镜下具有浅绿至淡黄多色性，低突起。

石英(Qz)：中—微粒不等粒不规则粒状，以无序充填于钙铝榴石、黝帘石之间，分布普遍但不均匀，单偏光镜下无色透明，干涉色一级灰白色，波状消光显著。

方解石(Cal)：分布较普遍，含量不均匀。粒度粗细不一，呈不规则粒状充填于钙铝榴石、透辉石和黝帘石粒间。切片无色透明，解理发育，闪突起明显，并具高级白干涉色。

3.4.3.2 结构、构造

矿石结构主要有结晶结构、交代结构和固溶体分离结构。其中，结晶结构包括自形—半自形晶结构、他形晶结构；交代结构包括溶蚀结构、包含结构、交代残余结构和骸晶结构。

自形—半自形晶结构：结晶较早的钙铝榴石、钙铁榴石、部分透辉石、部分黝帘石、黄铁矿以及晚期阶段形成的方解石等，常常具有这种结构。如钙铝榴石、钙铁榴石多呈近正八边形的粒状，透辉石呈短柱状，黝帘石呈长柱状，磁铁矿呈十二面体和八面体，黄铁矿呈近正方体，毒砂呈菱形等。

他形晶结构：闪锌矿、黄铜矿、方铅矿等多具有这种结构，这些硫化物多以他形充填于矽卡岩中。

共边结构：黄铜矿与方铅矿近于同时生成，两者之间形成平整的公共边。

溶蚀结构：晚期生成的黄铁矿交代毒砂，形成溶蚀边。

包含结构:多为黄铜矿包裹并交代白铁矿。

交代残余结构:闪锌矿交代毒砂、白铁矿,黄铜矿、方铅矿交代闪锌矿,被交代的矿物多呈孤岛状、破布状、港湾状出现。

骸晶结构:多为闪锌矿、黄铜矿交代毒砂,毒砂以骸晶形式存在。

固溶体分离结构:他形闪锌矿中发育乳滴状黄铜矿固溶体,形成固溶体分离结构。

矿石构造主要有浸染状构造、块状构造、条带状构造及脉状构造。

块状构造:矿石中磁铁矿、镜铁矿整体含量大于75%,矿石整体呈致密块状。

浸染状构造:矿石中闪锌矿、黄铜矿、方铅矿呈浸染状分布于矽卡岩中。

条带状构造:主要表现为闪锌矿条带、闪锌矿-黄铜矿-方铅矿条带与脉石矿物条带相间分布。

脉状构造:主要以闪锌矿呈网脉状产出于矽卡岩和硅化-矽卡岩化大理岩中为典型代表。

3.4.3.3 围岩蚀变

接触热变质作用:广泛发育于外接触带,围岩中灰岩受热力影响发生不同程度的重结晶作用,主要为大理岩化,形成大理岩。

接触交代作用:广泛发育于黑云母花岗岩与含钙质岩石接触带内,其空间分布明显受接触带产状、钙质岩层层位及厚度控制。由于受交代作用影响,发生化学组分的迁移,形成石榴石矽卡岩、透辉石矽卡岩、黝(绿)帘石矽卡岩、绿泥石矽卡岩。矽卡岩的矿物成分的变化由岩体向外呈现出一定的规律性:石榴石从钙铝榴石过渡为钙铁榴石,透辉石含量减少,黝(绿)帘石、绿泥石化增强。

热液蚀变作用:为末期的蚀变作用,蚀变强度大,分布范围较广,北西向断层构造发育地段,可穿过接触带延伸到围岩中。主要有绿泥石化、硅化和碳酸盐化等。

自岩体向外,矿化蚀变具一定的分带性,蚀变由矽卡岩化→大理岩化;矿化由磁铁矿化→黄铜矿化、闪锌矿、方铅矿矿化;矿石结构由致密块状→浸染状、条带状。

3.4.4 成矿阶段划分

根据矿床地质特征、矿石组构、矿石类型、矿石物质组成、围岩蚀变以及矿物的共生和穿插关系,可将新嘎果矿床的成矿作用过程分为矽卡岩期和表生期两个成矿期次。

3.4.4.1 矽卡岩期

该期次形成各种钙、铝、铁的硅酸盐矿物。根据矿物共生组合及矿物生成的先后顺序,又将本期划分为干矽卡岩阶段、湿矽卡岩阶段、石英-硫化物阶段。

(1)干矽卡岩阶段:主要产出石榴石、透辉石等岛状和链状无水硅酸盐矿物。其中石榴石含量较高且自形程度好,而透辉石含量则相对较少,自形程度相对较差,多呈不规则粒状。

(2)湿矽卡岩阶段:主要以阳起石、绿帘石、黝帘石生成为代表,形成黝(绿)帘石矽卡岩。金属矿物主要为磁铁矿和镜铁矿,含少量黄铁矿,是新嘎果矿床铁矿石形成的主要阶段。

(3)石英-硫化物期:早期以石英、绿泥石等非金属矿物,及毒砂、黄铁矿、白铁矿、闪锌矿、黄铜矿、方铅矿等金属硫化物大量出现为特征,此阶段形成的矿物常交代早期矿物形成交代结构,是本矿床中铜铅锌的最主要成矿时期。晚期硫化物阶段,除交代早期形成的硅酸盐矿物如绿泥石和绢云母等外,石英的数量继续增加,开始出现大量方解石,金属矿物以方铅矿、黄铜矿主要特征。

3.4.4.2 表生期

该期主要出现在地表,早期形成的黄铜矿、黄铁矿等经表生作用而氧化为孔雀石、蓝铜矿、褐铁矿等较为稳定的矿物,主要出现在矿床的近地表氧化带,分布不均匀,含量较少(图3-52)。

图 3-52　新嘎果铁铜铅锌多金属矿床表生期氧化矿石特征

3.5　昂张铅锌矿床

矿区分布于嘉黎县阿扎镇程雄陀—昂张一带。地理坐标为东经 92°53′33″—92°58′45″，北纬 30°39′09″—30°41′02″，矿区面积 20km^2。矿区北距那曲—嘉黎公路 4km，交通尚属方便。其大地构造位置处于念青唐古拉成矿区的昂张-拉屋断坳东段，纳木错-嘉黎断裂带南侧。矿区地层为上石炭统—下二叠统来姑组，北侧为桑巴燕山晚期黑云母花岗岩，构造以褶皱及断裂为主，成矿地质条件较为有利(图 3-53)。

3.5.1　矿区地质概况

矿区地层简单，仅出露上石炭统—下二叠统来姑组，主要岩性为灰黑色粉砂质泥板岩、灰色白云岩、灰黑色微晶灰岩及灰白色大理岩。根据岩性组合特征，矿区地层可划分为 3 个岩性段。

第一岩性段($C_2P_1l^1$)：分布于矿区南部，呈带状近东西向展布，主要岩性上部为灰色泥板岩与灰岩互层，下部为灰白色大理岩，厚度大于 840m，与下伏第二岩性段呈断层接触。

第二岩性段($C_2P_1l^2$)：分布于矿区中部，呈带状近东西向展布，为一套灰黑色砂质板岩、微晶灰岩不等厚互层，厚度为 760m，为矿区重要的含矿层位，矿区所发现的各矿体均赋存于该套地层中，与上覆第三岩性段整合接触。

第三岩性段($C_2P_1l^3$)：分布于矿区北部及西南部，为一套灰褐—紫红色砂质板岩夹砂岩。

矿区含矿岩系为灰色砂质板岩、白云岩及灰黑色微晶白云质灰岩建造，产状为 5°～12°∠56°～72°，为第二岩性段的主体地层。主要岩性有砂质板岩、白云岩及白云质泥晶灰岩等。砂质板岩与白云岩及白云质泥晶灰岩呈不等厚互层，一般单层厚 15～30m 不等。矿体分布于砂质板岩与白云岩、白云质泥晶灰岩岩性界面，含矿岩石为灰色白云岩及白云质泥晶灰岩。一般矿体顶板围岩为白云岩，底板围岩为砂质板岩，矿体与围岩呈渐变过渡关系。含矿岩系矿化蚀变较弱，主要表现为深色岩石的褪色，近矿围岩具绢云母化、绿泥石化及碳酸盐化。

矿区构造主要表现为褶皱及断裂。受南北向应力作用，第二岩性段内发育一复式背斜，该复式背斜的南、北两侧各呈一背形构造，中部为一向形构造相接，南侧的背形构造被近东西向断层破坏，矿区出露不完整。该复式背斜是矿区内重要的控矿构造。褶皱轴向呈近东西向，核部由灰黑色粉砂质泥板岩组成，两翼为粉砂质泥板岩与白云岩、白云质泥晶灰岩不等厚互层。区内Ⅰ、Ⅱ铅锌矿体赋存于复式背斜北翼的粉砂质泥板岩与碳酸盐岩岩性过渡带内。

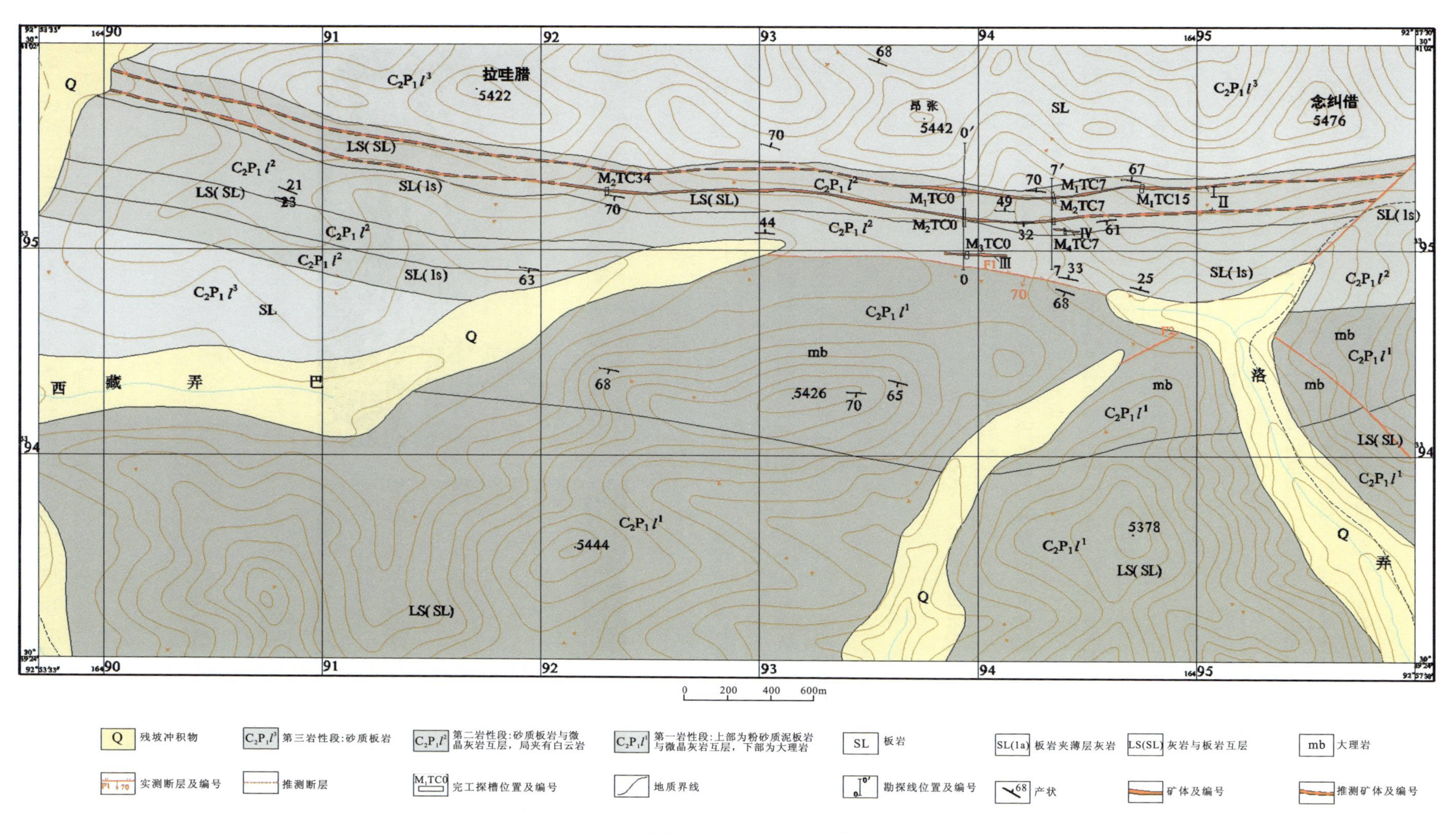

图 3-53　嘉黎县昂张铅锌矿区地形地质图

3.5.2　矿体特征

矿区预查发现铅锌矿体4条，其中，Ⅰ铅锌矿体赋存于北侧背形构造的北翼，呈层状赋存于灰色细晶白云岩及白云质泥晶灰岩中，与围岩呈整合接触关系，产状为356°～8∠68°～72°。矿体顶板围岩为灰黑色白云质泥晶灰岩，底板围岩为灰色粉砂质泥板岩，围岩蚀变不发育。矿体追溯长度大于4000m，地表有M1TC0、M1TC7、M1TC15探槽工程稀疏控制，控制长度800m，单工程矿体厚度6.62～9.37m，平均厚度7.8m；单工程平均品位：Pb 1.79%～2.06%，Zn 1.71%～2.05%，矿体平均品位Pb 1.95%，Zn 1.89%；Ⅱ铅锌矿体分布于北侧背形构造的南翼，呈层状，产状为180°～186°∠67°～70°，矿体围岩同Ⅰ矿体。矿体追溯长度大于5000m，地表有M2TC0、M2TC7、M2TC34等探槽工程稀疏揭露，控制长度400m，单工程矿体厚度5.05～8.63m，平均厚度7.13m，单工程平均品位：Pb 3.95%～8.6%，Zn 3.03%～6.63%，矿体平均品位：Pb 6.76%、Zn 5.59%；Ⅲ铅锌矿体分布于中部向形南翼，呈层状，产状为355°～4°∠43°～52°，地表有M3TC0予以揭露，矿体追溯长560m，厚度2.47m，矿体平均品位：Pb 1.24%、Zn 1.7%。矿体顶板围岩为灰黑色微晶白云质灰岩，底板围岩为灰色粉砂质泥板岩；Ⅳ铅矿体赋存于昂张背斜南翼东西向次级断层破碎带内，呈透镜状，产状为164°∠65°，地表有M4TC7予以揭露，矿体长80m，厚度3.93m，平均品位：Pb 51%，Ag 96.82×10^{-6}，矿体顶板围岩为灰色细粒石英砂岩，底板围岩为灰黑色碳质板岩。

3.5.3　矿石特征

矿石呈深灰色，半自形—他形粒状结构，纹层状、条带状、星散浸染状构造。铅锌矿体由两部分组成，上部由灰色白云质泥晶灰岩型铅锌矿石组成，中下部为灰色白云岩型铅锌矿石组成。矿石矿物主要为闪锌矿、方铅矿、黄铁矿、白铁矿等。根据矿石类型的不同，脉石矿物可分两类，白云质灰岩型矿石主要为方解石、白云石，其次有少量石英、泥质物，白云岩型矿石主要为白云石，其次有少量石英、方解石。围岩蚀变有绢云母化、碳酸盐化等(图3-54、图3-55)。

图3-54　昂张铅锌矿石中的纹层状构造

图3-55　昂张铅锌矿石中的条带状构造

3.5.4　地球化学异常特征

3.5.4.1　土壤地球化学异常

通过开展1∶1万土壤测量，圈定以Pb、Zn为主的综合异常1个，异常面积2km²，主要由Pb、Zn、Au、As、Sb、Mo等元素组成。其中Zn元素异常呈不规则带状，近东西向展布，面积1.8km²，最高强度6672×10^{-6}，平均强度1236.5×10^{-6}；Pb元素异常呈不规则状，与Zn元素异常套合较好，最高强度

2989×10^{-6}，平均强度 695×10^{-6}。自 32 线以西 Zn 元素异常分为两个异常浓集中心带，均呈带状近东西向展布，浓集中心带长 2000～2500m，宽 200～300m。该异常规模大、强度高，与所发现的Ⅰ、Ⅱ矿体套合较好。

3.5.4.2 元素组合特征

根据土壤测试数据，对矿床异常元素进行 R 型聚类分析，在信度 95%的水平上，区内元素可分为 3 组不同的元素组合(图 3-55)：一是 Zn、Ag、Pb、As 组合，表现的是成矿元素及指示元素组合，其中，元素 Zn、Ag 密切相关，这一特征与一般铅锌矿床 Pb、Ag 密切相关的特征不一致；二是 Mn、Sb 组合，图中显示该组合与前者组合不具相关性，与一般中低温热液 As、Sb 关系密切相违背；三是 W、Mo 组合，该组合与前两组组合呈弱的负相关关系。根据异常元素组合特征分析，昂张铅锌矿床成矿流体具有盆地热卤水性质，矿床成因可能为昂张-拉屋断坳中的热卤水运移到断坳边坡的碳酸盐岩中沉淀下来，形成 MVT 矿床。

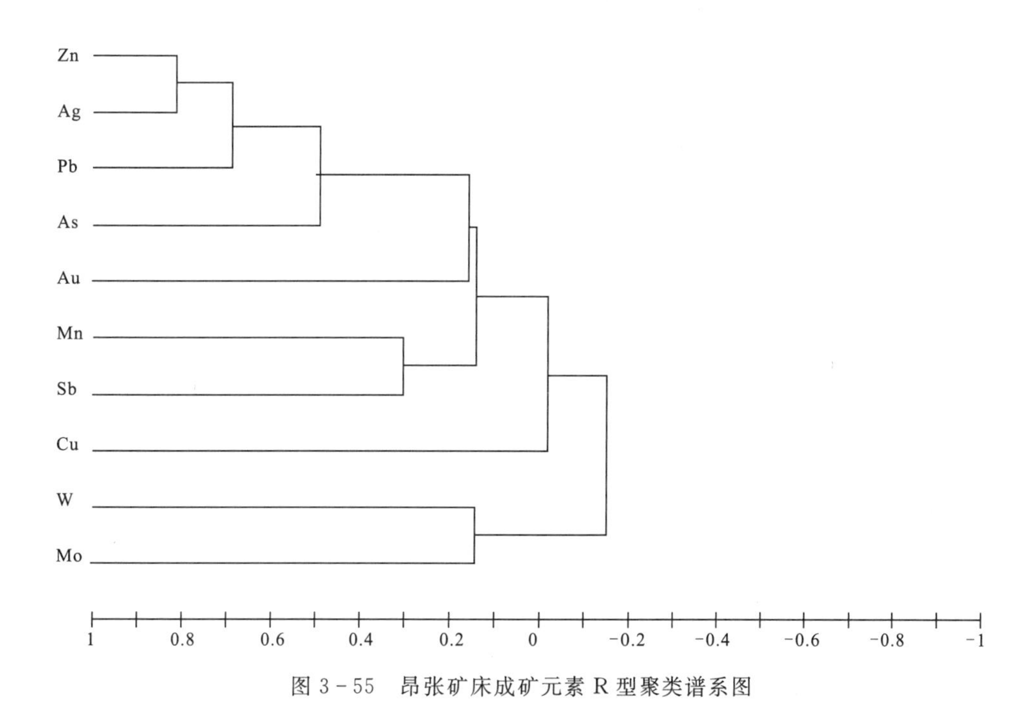

图 3-55 昂张矿床成矿元素 R 型聚类谱系图

4 矿床地球化学

本研究采集测试了亚贵拉、拉屋、蒙亚啊、新嘎果等铅锌矿床的矿石、围岩，及与成矿关系密切的岩石主成矿元素、微量元素、稀土元素和同位素、流体包裹体数据，借以探讨研究区典型矿床的地球化学特征和矿床成因类型。

4.1 矿石的元素地球化学

前已赘述，亚贵拉、拉屋、蒙亚啊、新嘎果等铅锌多金属矿床代表了研究区内多金属矿的主要成矿类型。根据宏观矿体特征，结合岩(矿)相学研究，亚贵拉和拉屋两个多金属矿床成因相对复杂，二者经历了多期、多阶段成矿作用的叠合，是多种有利成矿要素耦合所形成的超大型矿床，而蒙亚啊、新嘎果、昂张等矿床成矿过程则相对简单。无论何种成矿类型其成矿元素均以 Pb、Zn、Ag 为主，共(伴)生 Cu、Au、Cd、Bi、S 等多种元素，并可以综合回收利用。

4.1.1 成矿元素地球化学特征

亚贵拉、拉屋、蒙亚啊、新嘎果、昂张矿床主成矿元素 Pb、Zn、Ag 在矿体中的含量及特征值见表 4-1。

表 4-1 主要矿床成矿元素含量及特征值表

编号	矿床名称	矿体编号	成矿元素含量				Pb/Zn
			Cu(%)	Pb(%)	Zn(%)	Ag($\times10^{-6}$)	
1	亚贵拉矿床	M1		2.6	2.56	79.94	1.02
		M4		2.46	2.39	70.51	1.03
		M6		6.65	2.16	118.44	3.08
2	拉屋矿床	Ⅲ	1.03		2.41		
		Ⅴ	0.4		9.55		
		Ⅵ		0.42	3.6	34	0.12
		Ⅸ		0.62	3.43	21	0.18
		Ⅹ		3.7	4.69	61	0.79
3	蒙亚啊矿床	Pb-14		7.8	3.44		2.67
		Pb-12		20.73	4.2		4.94
		Pb-13		6.9	1.55		4.45
4	新嘎果	Ⅱ		3.82	7.02		0.54
		Ⅵ		9.29	6.73		1.38
		Ⅶ		9.97	9.33		1.07
5	昂张矿床	Ⅰ		1.95	1.89	5.74	1.03
		Ⅱ		6.76	5.59	10.47	1.21
		Ⅳ		51		96.82	

(1)亚贵拉矿床各主矿体 Zn 元素含量大致相当，在 2.16％～2.56％之间变化，平均含量 2.37％，相对含量差别 16％，主成矿元素 Zn 含量变化小。根据宏观矿体特征，M1、M4 铅锌矿体受后期岩浆热液改造程度低，M6 铅锌矿体受后期岩浆热液改造程度高，后者 Pb/Zn 值为前者 Pb/Zn 值的 3 倍，而 Ag 含量提高了约 60％。主成矿元素特征表明亚贵拉矿床热水沉积成矿期以 Zn 为主，局部有 Cu，岩浆热液叠加改造期成矿元素以 Pb、Ag 为主，局部叠加 Mo，这与区域同期次岩浆作用形成的矿床主成矿元素一致。这一观点从矿床有益组分 Pb、Zn、Ag 相关性分析中也得到印证(表 4－2)，矿床中 Pb、Zn 元素相关性差，Zn、Ag 不具相关性，而 Pb、Ag 元素相关性较强，表明 Pb、Zn、Ag 主成矿元素由不同成矿期次形成。

表 4－2　亚贵拉矿床 Pb、Zn、Ag 相关系数表

矿体编号	元素＼元素	Pb	Zn	Ag
M1 矿体	Pb	1		
	Zn	0.249	1	
	Ag	0.497	0.090	1
M4 矿体	Pb	1		
	Zn	－0.043	1	
	Ag	0.947	0.002	1
M6 矿体	Pb	1		
	Zn	0.157	1	
	Ag	0.714	-0.063	1

(2)拉屋矿床主矿体中成矿元素 Zn 含量在 3.43％～5.42％之间变化，平均含量 4.29％，相对含量差别 46％，Pb 元素含量在 0.42％～3.7％之间变化，平均 1.58％，相对含量差别达 214％。Cu 元素仅在Ⅲ、Ⅴ号矿体中分布，其中，Ⅲ号铜矿体为热液充填-交代型矿体，铜平均品位达 1.03％。根据宏观矿体特征和主成矿元素分布特征，表明早期成矿元素以 Zn 为主，局部有 Cu，与亚贵拉早期成矿特征基本一致。晚期成矿作用叠加的是 Cu、Pb、Ag 等元素，且晚期成矿作用具一定的分带特征，靠近岩体叠加的是 Cu、Zn 元素，远离岩体叠加的是 Pb、Ag 元素。这与亚贵拉有所不同，可能反映了大地构造背景和岩浆作用的差异。

(3)蒙亚啊、新嘎果矿床主成矿元素以 Pb、Zn 为主，且矿体品位较高。蒙亚啊矿床 Pb/Zn 值为 2.67～4.94，Pb 明显较 Zn 富集。而新嘎果矿床除Ⅱ号矿体 Zn 明显富集外，其他各矿体 Pb、Zn 含量相当。总体而言，新嘎果矿床矿体规模小而富为其显著特点。

(4)昂张矿床层状矿体主成矿元素以 Pb、Zn 为主，矿床 Pb/Zn 值 1.03～1.21，铅锌含量相当，矿体品位相对较低，脉状矿体主成矿元素以 Pb、Ag 为主，矿体呈小而富的特点，成矿元素分布特征反映了矿床成矿作用的多期次特征。

4.1.2　微量元素地球化学特征

通过亚贵拉和拉屋矿石的微量元素分析(表 4－3)，亚贵拉矿床的铅锌矿石中除 Pb、Zn、Ag、Cu、Fe、Mn 元素含量较高外，其他微量元素虽然含量较低，但与其他矿床比较，仍呈现 As、Sb、Ba、Ti 等元素相对富集，而 Nb、Sr、Zr 强烈亏损的特点。矿石中主要有益组分元素为 Pb、Zn、Ag，伴生有益元素主要为 Cu，有害元素 Fe、Mn、P。但是，Cu 元素分布不均匀、变化大，一般地，喷流口附近 Cu 可达工业品位，其他大部区段含量小于0.06%，不能满足综合利用要求。而Fe、Mn虽是区内矿石中主要的杂质元素，但含量较高，分布均匀，可考虑综合利用。P含量甚微，对矿石质量影响不大。据物相分析，矿石中Pb、Zn主要以硫化物的形式产出；Ag主要以自然银的形式赋存于方铅矿中。

表4-3　亚贵拉矿床铅锌矿石光谱分析结果

元素	Cu	Cr	Ni	Co	V	As	Sb	Bi
含量(%)	0.15	0.002	0.004	0.0015	0.004	0.1	0.005	0.001
元素	Cd	Ag	B	Pb	Zn	Mo	Sn	La
含量(%)	0.04	0.01	0.003	7	10	0.003	0.002	0.005
元素	Y	Yb	Sc	Zr	Li	Be	Nb	Ga
含量(%)	0.01	0.001	0.0002	0.01	0.002	0.0005	0.001	0.0015
元素	Ge	In	Ba	Sr	Mn	Ti	P	Na
含量(%)	0.002	0.001	0.03	0.03	1.5	0.2	0.5	1.5
元素(氧化物)	Al_2O_3	Fe_2O_3	Ca	Mg	Si	/	/	/
含量(%)	10	8	10	2	>10	/	/	/

根据矿石中主要有用组分的差异，拉屋矿床矿石类型可分为铜矿石、铜锌矿石和铅锌矿石3类。其中，铜矿石分布于Ⅲ号矿体中，铜锌矿石分布于Ⅴ号矿体中，铅锌矿石分布于Ⅵ、Ⅸ、Ⅹ号矿体之中，3种矿石均具有工业意义。根据不同类型矿石中有用组分分析(表4-4)，结合矿体特征，矿石中主要有用组分Cu、Pb、Zn在不同类型矿石中分布及含量有所不同，Cu主要分布在热液脉型铜矿石和矽卡岩型铜锌矿石中，Cu含量高达3.98%～6.86%，伴生Zn，Pb含量相对较低。矽卡岩型锌矿石中，Zn含量为4.55%～26.7%，伴生Cu、Pb，Pb最高含量可达4325×10^{-6}；块状锌矿石中，Zn含量可达36.6%，Cu、Pb含量较低。此外，分析数据显示矽卡岩型锌矿石中Cd含量明显较高，达$(711\sim2664)\times10^{-6}$，与Zn含量呈正相关关系；Bi在含Pb高的矿石中也显示出高含量分布，最高可达2289×10^{-6}；两者均已达到伴生品位，能综合回收利用。

表4-4　拉屋铅锌多金属矿床主要矿石类型有用组分分析结果($\times10^{-6}$)

样品编号	矿石类型	Cu	Zn	Pb	Cd	Bi	数据来源
LKD-1	矽卡岩型铜矿石	68 600	9400	838	71.6	990	杜欣等(2004)
LX-9	矽卡岩型铜矿石	39 800	6400	11.7	62.5	77.8	
LX-10	块状锌矿石	355	366 000	11.8	3011	6.09	
LC-3	矽卡岩型锌矿石	5800	267 000	126	2640	1.95	
LWZK003-04	矽卡岩型锌矿石	5239	191 443	568	2664	464	本研究
LWZK003-03	矽卡岩型锌矿石	1510	45 510	96	711	36.5	
LW4452-6	矽卡岩型锌矿石	4774	155 452	4325	2071	2289	

注：数据测试由国土资源部中南矿产资源监督检测中心完成。

4.1.3 稀土元素地球化学特征

通过对亚贵拉、拉屋、蒙亚啊矿床矿石的稀土元素分析(表4-5),其中,亚贵拉矿床矿石的稀土元素组成差异明显,稀土元素含量差别较大,稀土总量∑REE在(16.47~156.46)$\times10^{-6}$之间变化,平均51.58$\times10^{-6}$;LREE为(13.41~137.55)$\times10^{-6}$,平均为43.65$\times10^{-6}$。HREE为(3.06~18.91)$\times10^{-6}$,平均为7.92$\times10^{-6}$。矿床M1、M4铅锌矿体稀土元素总量低,轻重稀土元素分异明显,轻稀土元素总量大于重稀土元素总量,具有不同程度的Ce负异常,这与海底热水与正常海水混合的Ce负异常特征相吻合,反映了亚贵拉矿床的热水喷流成因。而M6矿体稀土元素总量较高,与M1、M4矿体有明显的差异,大致相当于M1、M4矿体稀土元素平均含量与矿区黑云母花岗岩稀土元素总量之和,推测M6矿体可能是在热水沉积基础上受到岩浆热液改造的结果,其稀土元素配分曲线的差异也反映了上述特点(图4-1a);拉屋矿床主要矿石稀土元素组成与亚贵拉相似,但主要矿石的稀土元素总量较亚贵拉矿石高,稀土元素配分曲线总体向右倾斜,具轻稀土富集,轻重稀土分馏明显的特征(图4-1b)。其中,$(La/Yb)_N$值分别为10.40、6.53、14.26,稀土元素总量在(70.60~223.10)$\times10^{-6}$之间变化,呈现Eu的中等亏损,LREE/HREE值为2.85~5.03(表4-6),与秦岭热水沉积矿床(LREE/HREE=1.76~10.04)相近。其中,采集的3件层状铅锌矿石样品δEu为0.56~0.64,显示负Eu异常,表明喷流沉积形成于海底还原环境,另一件明显受后期岩浆叠加改造的铅锌矿石δEu为0.97,Eu基本没有亏损,推测应属不同成矿期次叠加改造的影响。

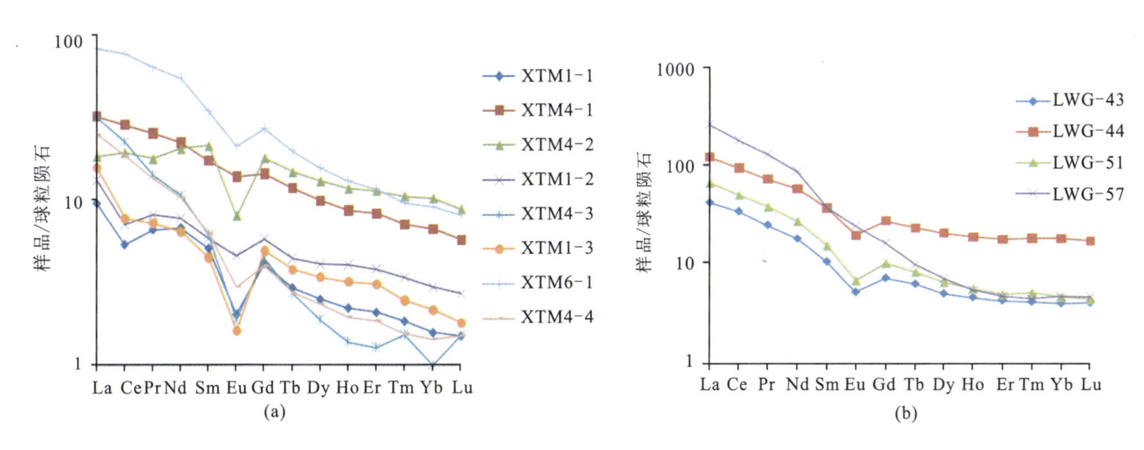

图4-1 亚贵拉、拉屋矿床矿石中稀土元素配分曲线图

a.亚贵拉矿石稀土元素配分曲线;b.拉屋矿石稀土元素配分曲线

蒙亚啊矿床矿石中不同硫化物中稀土元素总量(∑REE)变化范围很大,其中,样品MYK3 ∑REE达38.06,其余样品∑REE均小于10。轻、重稀土元素比值(LREE/HREE)在3.19~12.13之间,$(La/Yb)_N$变化于2.3~130.9之间(表4-7),球粒陨石标准化后的稀土元素配分曲线呈现出向右缓倾斜的轻稀土富集型曲线(图4-2)。硫化物样品δCe变化于0.87~1.14之间,铈元素不具明显异常;δEu为0.22~1.44,铕异常较为明显。根据样品铕异常特征不同,可将所测试硫化物样品分成3组:第1组样品具较为微弱的负铕异常,δEu为0.56~0.76,测试样品为磁黄铁矿(图4-2b);第2组样品具有弱的正铕异常,δEu为1.09~1.44,测试样品为1件黄铜矿和1件闪锌矿(图4-2c);第3组样品具明显的负铕异常,δEu为0.22~0.33,样品为2件闪锌矿和1件方铅矿(图4-2d)。

硫化物单矿物稀土元素特征在一定程度上反映成矿时流体的物理化学特征,且对矿床流体来源具有示踪作用。铕存在Eu^{2+}和Eu^{3+}两种状态,在还原条件下呈Eu^{2+}状态,与其他三价稀土元素发生分离,形成流体的铕异常。流体铕正异常指示其具有相对较高的温度和相对还原的性质(丁振举等,2003);在中等温度和中等还原条件下,溶液中Eu^{2+}和Eu^{3+}均占有相当的比例(Sverjensky,1984),此时沉淀形成的矿物中可出现微弱的铕正异常、无异常或铕负异常。

表 4-5 亚贵拉矿区矿石稀土元素含量($\times 10^{-6}$)

样品编号	La	Ce	Pr	Nd	Sm	Eu	Gd	Tb	Dy	Ho	Er	Tm	Yb	Lu	Y	∑REE	LREE	HREE	LREE/HREE	δEu
XTM1-1	2.98	4.37	0.81	4.10	1.00	0.15	1.07	0.14	0.81	0.16	0.44	0.06	0.33	0.05	7.94	16.47	13.41	3.06	4.38	0.14
XTM4-1	9.93	23.10	3.09	13.40	3.38	1.02	3.73	0.56	3.19	0.62	1.74	0.23	1.39	0.19	19.80	65.57	53.92	11.65	4.63	0.29
XTM4-2	5.71	15.70	2.17	12.30	4.17	0.59	4.66	0.7	4.17	0.84	2.38	0.34	2.13	0.29	21.40	56.15	40.64	15.51	2.62	0.13
XTM1-2	4.10	5.75	1.00	4.70	1.14	0.34	1.51	0.21	1.31	0.29	0.8	0.11	0.62	0.09	15.00	21.97	17.03	4.94	3.45	0.26
XTM4-3	9.80	18.40	1.74	6.45	1.21	0.14	1.15	0.13	0.61	0.1	0.27	0.05	0.21	0.05	2.95	40.21	37.74	2.47	15.28	0.12
XTM1-3	4.86	6.30	0.89	3.88	0.88	0.12	1.28	0.18	1.1	0.23	0.65	0.08	0.45	0.06	7.94	20.96	16.93	4.03	4.20	0.11
XTM6-1	25.70	62.50	7.83	33.20	6.76	1.56	7.05	0.94	5.05	0.94	2.44	0.31	1.91	0.27	27.00	156.46	137.55	18.91	7.27	0.23
XTM4-4	7.72	15.00	1.64	6.20	1.23	0.22	1.04	0.13	0.75	0.14	0.39	0.05	0.30	0.05	3.45	34.81	32.01	2.80	11.43	0.19
标准化数据	0.31	0.808	0.122	0.60	0.195	0.074	0.259	0.047	0.322	0.072	0.21	0.032	0.209	0.032	-	-	-	-	-	-

注：数据测试由国土资源部中南矿产资源监督检测中心完成。

表 4-6 拉屋矿区矿石稀土元素含量($\times 10^{-6}$)

样品编号	La	Ce	Pr	Nd	Sm	Eu	Gd	Tb	Dy	Ho	Er	Tm	Yb	Lu	Y	∑REE	LREE	HREE	LREE/HREE	δEu
LWG-43	13.02	27.52	3.01	10.72	2.02	0.37	1.82	0.29	1.57	0.32	0.87	0.13	0.81	0.13	8.02	70.62	56.66	13.96	4.06	0.62
LWG-44	37.45	75.94	8.82	34.49	7.10	1.41	7.01	1.08	6.52	1.33	3.68	0.58	3.71	0.56	33.40	223.10	165.21	57.89	2.85	0.64
LWG-51	20.51	40.14	4.60	16.05	2.91	0.48	2.56	0.38	2.02	0.39	0.99	0.16	0.93	0.14	9.26	101.50	84.69	16.81	5.03	0.56
LWG-57	81.52	146.8	15.94	53.05	7.26	1.78	4.15	0.46	2.25	0.38	0.97	0.14	0.95	0.15	6.37	332.20	306.34	25.86	19.36	0.97
标准化数据	0.31	0.808	0.122	0.60	0.195	0.074	0.259	0.047	0.322	0.072	0.21	0.032	0.209	0.032	-	-	-	-	-	-

注：数据测试由国土资源部中南矿产资源监督检测中心完成。

根据野外地质特征和岩矿鉴定，所测试样品的生成顺序为磁黄铁矿早于黄铜矿，黄铜矿与闪锌矿、方铅矿近于同时形成。2件磁黄铁矿稀土元素表现出弱的铕负异常，黄铜矿和其中的1件闪锌矿具微弱的正铕异常，可能是矿物沉淀时热液为弱还原条件，溶液中 Eu^{2+} 和 Eu^{3+} 均有一定比例造成的。闪锌矿和方铅矿具明显的铕负异常，表明此时成矿物理化学条件为强还原环境。成矿流体从较早阶段的弱还原条件逐渐向强还原成矿环境演化。

表4-7　蒙亚啊矿石硫化物稀土元素含量及特征值参数表（$\times10^{-6}$）

样品编号	MYK1	MYK14	MYK14	MYK14	MYK3	MYK2	MYK2
样品名称	磁黄铁矿	磁黄铁矿	黄铜矿	闪锌矿	闪锌矿	闪锌矿	方铅矿
La	0.241	0.161	0.182	0.717	8.520	0.140	1.460
Ce	0.522	0.278	0.386	1.500	15.300	0.284	2.900
Pr	0.045	0.027	0.048	0.158	2.070	0.027	0.331
Nd	0.226	0.129	0.160	0.629	7.490	0.132	1.210
Sm	0.038	0.015	0.017	0.110	1.300	0.029	0.175
Eu	0.008	0.002	0.006	0.009	0.136	0.013	0.014
Gd	0.024	0.005	0.016	0.103	1.180	0.025	0.209
Tb	0.007	0.005	0.004	0.016	0.173	0.009	0.024
Dy	0.046	0.022	0.026	0.077	0.917	0.052	0.168
Ho	0.007	0.003	0.006	0.017	0.165	0.011	0.024
Er	0.044	0.022	0.023	0.042	0.434	0.046	0.058
Tm	0.012	0.004	0.010	0.008	0.043	0.010	0.008
Yb	0.073	0.045	0.044	0.041	0.284	0.039	0.008
Lu	0.007	0.008	0.005	0.007	0.043	0.004	0.003
Y	0.336	0.182	0.244	0.502	4.540	0.450	0.890
$\sum$REE	1.300	0.730	0.930	3.430	38.060	0.820	6.590
LREE	1.080	0.610	0.800	3.120	34.820	0.630	6.090
HREE	0.220	0.110	0.130	0.310	3.240	0.200	0.500
LREE/HREE	4.910	5.370	5.960	10.040	10.750	3.190	12.130
$(La/Yb)_N$	2.370	2.570	2.970	12.540	21.520	2.570	130.910
δEu	0.760	0.560	1.090	0.250	0.330	1.440	0.220
δCe	1.140	0.940	0.990	1.050	0.870	1.060	0.980

注：数据引自念青唐古拉地区成矿地质条件研究与找矿靶区优选报告（中国地质科学院矿产资源研究所、河南省地质调查院，2012）。

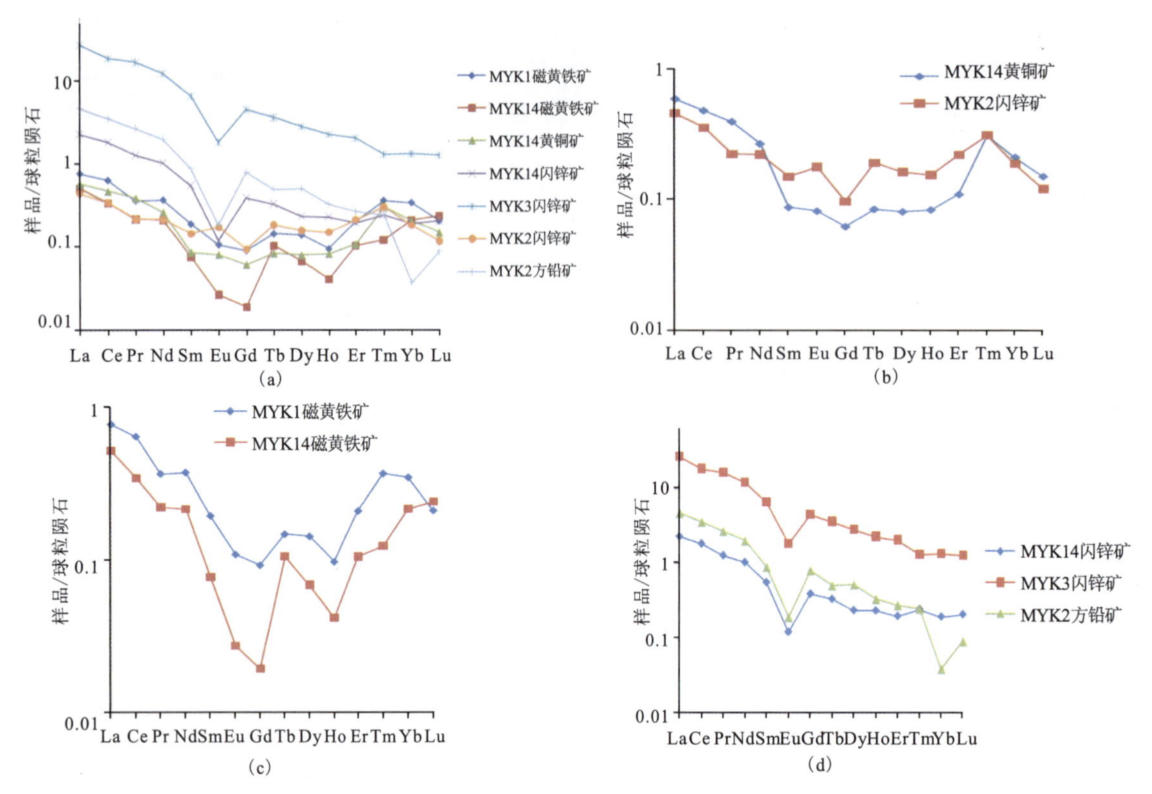

图 4-2　蒙亚啊矿石硫化物稀土元素配分模式图

a. 矿石矿物中稀土元素配分曲线；b. 矿石矿物具弱负铕异常稀土元素配分曲线；

c. 矿石矿物具正铕异常稀土元素配分曲线；d. 矿石矿物具负铕异常稀土元素配分曲线

4.1.4　同位素地球化学特征

自然界中元素的主要同位素和次要同位素之间的量的差异，随物质的性质、来源、形成时的物理化学条件等因素的不同而有明显的变化。因此，通过对自然界物质的稳定同位素的组成测定，分析它们的组成特征及时空变化，探讨和分析成岩成矿过程中物质来源、物理化学条件、作用机制和演化历史，从而获取成岩成矿作用过程中岩石和矿床形成条件、物质来源和成因机制的直接信息。本研究对区内亚贵拉、拉屋、蒙亚啊、新嘎果等典型矿床开展了硫、铅、氢氧同位素方面的研究，借以探讨成矿流体及成矿物质来源。

4.1.4.1　亚贵拉矿床

1)硫同位素

硫是绝大多数矿床中最重要的成矿元素之一，因而判断硫的来源就可以为解决矿床的成因问题提供重要的依据。根据含硫矿物的硫同位素组成判断硫的来源时，应当注意从成矿溶液中沉淀的各种硫化物的同位素组成与成矿溶液的原始硫同位素组成并不一致，它们不仅取决于成矿溶液的原始同位素组成，而且还取决于这些矿物沉淀时的物理化学条件，因而对矿床的硫成因的判断必须依据硫化物沉淀期间热液的总硫同位素组成($\delta^{34}S_{\Sigma S}$)。

本研究硫同位素测试样品分别采集于M6、M4、M1铅锌矿体，分析结果见表4-8。主要矿体的$\delta^{34}S$值为+1.7‰～+6.7‰，除一个样品(YGK-6-1)$\delta^{34}S$<3‰外，其余样品均在3‰～7‰之间，平均值为5.36‰(n=9)，极差3.09‰。硫同位素直方图具有变化范围窄、正向偏离陨石值、离散度小、均一化程度高、数据点分布集中的特点(图4-3)。硫同位素组成与深部岩浆作用有关的硫同位素组成(5‰)相

一致，反映了深部岩浆硫源的同位素组成特点。各硫化物 $\delta^{34}S$ 值依磁黄铁矿＞方铅矿（在同一个样品中更为明显），表明成矿过程中硫同位素分馏基本达到平衡，即硫化物形成时与成矿流体基本上达到了硫同位素平衡。矿床硫化物生成顺序从手标本上矿物之间的穿插关系，结合岩矿鉴定，可以得出矿物生成顺序从早到晚依次为磁黄铁矿-方铅矿、闪锌矿-黄铁矿，这与矿区富集重硫的顺序相同。故所测的磁黄铁矿、方铅矿是在平衡共生条件下形成，应为同一矿化期的产物。根据亚贵拉矿区主要矿化阶段出现大量的磁黄铁矿，显示当时 f_{S_2} 较高，f_{O_2} 和 pH 值较低，因此，矿物的 $\delta^{34}S$ 与成矿热液 $\delta^{34}S_{\Sigma S}$ 值接近，这种低的 $\delta^{34}S_{\Sigma S}$ 值具有深源硫特点。

表 4-8　亚贵拉矿床硫同位素分析结果表

序号	样品编号	样品名称	测试矿物	$\delta^{34}S$(‰)
1	YGK-5	致密块状磁黄铁矿矿石	磁黄铁矿	5.83
2	YGK-6-1	方铅矿矿石	方铅矿	1.70
3	YGK-6-2	方铅矿矿石	磁黄铁矿	6.59
4	YGK-9-1	方铅矿矿石	方铅矿	3.61
5	YGK-13-1	磁黄铁矿-方铅矿矿石	方铅矿	4.81
6	YGK-13-2	磁黄铁矿-方铅矿矿石	磁黄铁矿	6.41
7	YGK-17-1	方铅矿矿石	方铅矿	4.34
8	YGK-17-2	方铅矿矿石	磁黄铁矿	6.70
9	YGK-18-1	方铅矿矿石	方铅矿	4.09
10	YGK-18-2	方铅矿矿石	磁黄铁矿	5.85

注：数据测试由国土资源部中南矿产资源监督检测中心完成。

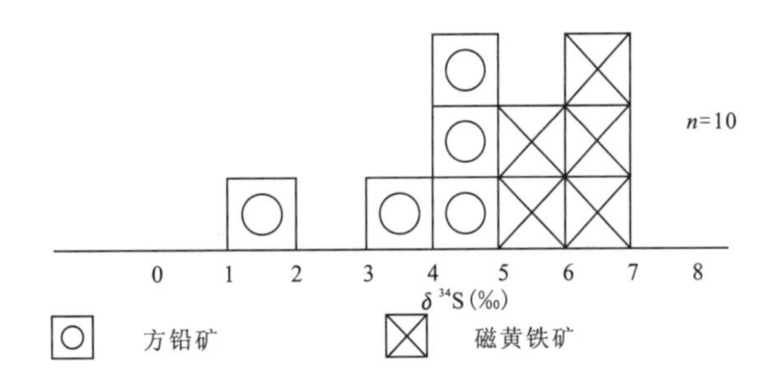

图 4-3　亚贵拉矿床硫同位素直方图

2）铅同位素

根据亚贵拉矿床铅同位素组成（表 4-9），$^{206}Pb/^{204}Pb$ 值介于 18.582～18.663 变化，平均值为 18.606；$^{207}Pb/^{204}Pb$ 值变化范围为 15.673～15.738，平均值为 15.699；$^{208}Pb/^{204}Pb$ 值介于 39.006～39.254 之间，平均值为 39.094。矿石中铅的各同位素比值十分稳定，变化较小，显示正常铅的特征。

一般认为，铅同位素 μ 值能反映铅的来源，具较高的 μ 值的铅（μ>9.58）或位于零等时线右侧的放射成因铅，通常被认为是源自 U、Th 相对富集的上部地壳物质（吴开兴等，2002；Zartman et al.，1981）。亚贵拉矿石铅同位素 μ 值相对集中（9.59～9.71），均高于 9.58，显示上地壳铅源的岩石学特征。在 Zartman et al.（1981）给出的 $^{207}Pb/^{204}Pb$-$^{206}Pb/^{204}Pb$ 构造环境演化图解中，矿石样品中有 4 个数据点投影在上地壳演化曲线之外，其余 2 个样品位于上地壳和造山带演化曲线之间，且明显靠近上地壳演化线的位置，表明本区矿石铅主要来自于地壳基底物质（图 4-4）。

表 4-9　亚贵拉矿床铅同位素组成及特征值表

样品编号	样品名称	$^{206}Pb/^{204}Pb$	$^{207}Pb/^{204}Pb$	$^{208}Pb/^{204}Pb$	$^{206}Pb/^{207}Pb$	t(Ma)	μ	ω	Th/U	$\Delta\alpha$	$\Delta\beta$	$\Delta\gamma$	数据来源
ZK601/ PbS1	方铅矿	18.601	15.704	39.128	1.1845	158.0	9.65	39.26	3.94	83.90	24.79	51.18	本研究
PD303/ PbTS1	方铅矿	18.595	15.674	39.041	1.1864	125.0	9.59	38.65	3.90	80.98	22.69	47.39	
PD303/ PbTS2	方铅矿	18.589	15.702	39.078	1.1839	164.0	9.65	39.11	3.92	83.67	24.68	50.10	
PD302/ PbTS1	方铅矿	18.663	15.738	39.254	1.1859	156.0	9.71	39.75	3.96	87.30	27.00	54.45	
PD4/ PbTS1	黄铁矿	18.582	15.673	39.006	1.1856	133.0	9.59	38.57	3.89	80.86	22.66	46.80	
YGL-6-C	磁黄铁矿	18.6041	15.7004	39.0546	1.1849	152.0	9.64	38.91	3.91	83.55	24.52	48.91	
YGL-3-MF	方铅矿	18.6402	15.7166	39.1443	1.1860	146.0	9.67	39.23	3.93	85.19	25.56	51.06	
YGL-4-MC	磁黄铁矿	18.6111	15.7024	39.0629	1.1852	149.0	9.64	38.92	3.91	83.76	24.64	49.02	
YGL-5-MF	方铅矿	18.6197	15.7069	39.1046	1.1854	148.3	9.65	39.09	3.92	84.21	24.93	50.11	
YGL-8-MF	方铅矿	18.5808	15.6958	39.0203	1.1838	162.5	9.63	38.86	3.91	83.06	24.27	48.47	
YGL-P1-B7F	方铅矿	18.6371	15.7164	39.1345	1.1858	147.6	9.67	39.2	3.92	85.17	25.55	50.88	
YGL-P3-B3H	黄铁矿	18.6392	15.7151	39.1372	1.1861	144.5	9.67	39.19	3.92	85.05	25.45	50.82	
YGL-P3-B3F	方铅矿	18.6408	15.7166	39.1406	1.1861	145.2	9.67	39.21	3.92	85.2	25.55	50.94	
PD401-10C	磁黄铁矿	18.6113	15.7042	39.0868	1.1851	151.0	9.65	39.04	3.92	83.93	24.77	49.75	
PD401-10F	方铅矿	18.6116	15.7054	39.0841	1.1850	152.3	9.65	39.04	3.92	84.05	24.85	49.74	
PD401-11C	磁黄铁矿	18.6123	15.7051	39.0871	1.1851	151.4	9.65	39.04	3.92	84.02	24.83	49.78	
PD401-16F	方铅矿	18.5840	15.6956	39.0264	1.1840	160.0	9.63	38.86	3.91	83.05	24.25	48.53	
PD401-16S	闪锌矿	18.5996	15.7018	39.0575	1.1846	156.5	9.64	38.96	3.91	83.68	24.64	49.21	

注:测试单位为国土资源部中南矿产资源监督检测中心同位素地球化学研究室测试。

朱炳泉等(1998)在广泛搜集研究世界不同时代和不同成因的铅同位素资料基础上，根据构造环境与成因的不同，提出了将铅的3种同位素表示成同时代地幔的相对偏差 $\Delta\alpha$、$\Delta\beta$、$\Delta\gamma$，利用 $\Delta\beta-\Delta\gamma$ 成因分类图解探讨铅源方法。通过计算获得亚贵拉矿石铅与同时代地幔的相对偏差 $\Delta\alpha$、$\Delta\beta$、$\Delta\gamma$，将其投影到铅同位素的 $\Delta\beta-\Delta\gamma$ 成因分类图解上(图4-5)，所有测试样品均投影到上地壳来源铅的范围内，这一特征与Zartman铅构造模式中样品的分布特征基本一致，表明亚贵拉铅锌矿床矿石铅主要来自于含大量U、Th的上地壳。

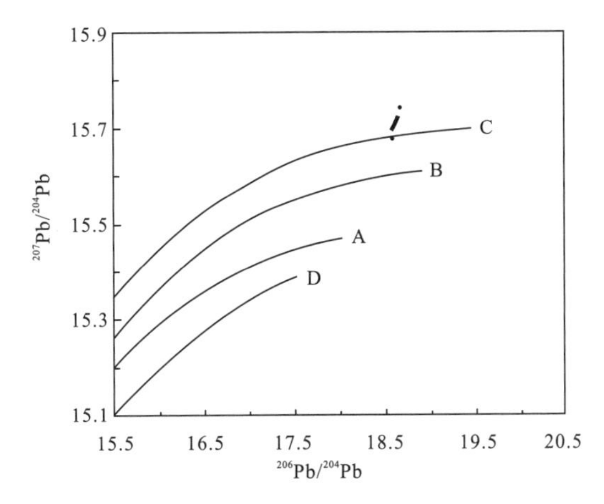

图4-4 $^{207}Pb/^{204}Pb-^{206}Pb/^{204}Pb$ 构造环境图解

(底图据 Zartman et al.,1981)

A.地幔;B.造山带;C.上地壳;D.下地壳

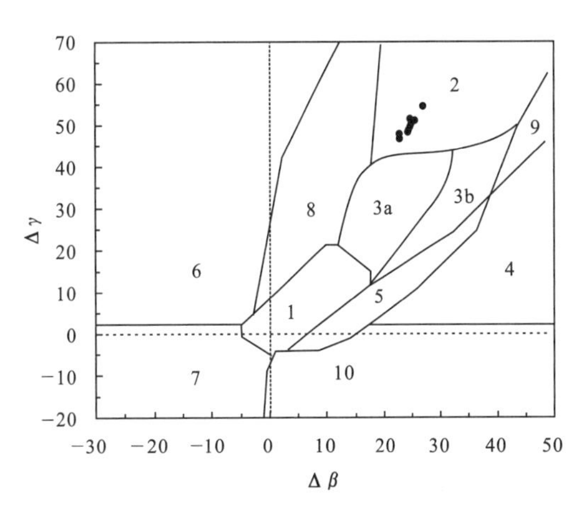

图4-5 铅同位素 $\Delta\gamma-\Delta\beta$ 成因分类图解

(底图据朱炳泉等,1998)

1.地幔源铅;2.上地壳铅;3.上地壳与地幔混合的俯冲带铅(3a.岩浆作用,3b.沉积作用);4.化学沉积型铅;5.海底热水作用铅;6.中深变质作用铅;7.深变质下地壳铅;8.造山带铅;9.古老页岩上地壳铅;10.退变质铅

3)硅同位素

硅同位素地球化学特征是判断硅质岩成因的一种有效手段。由于硅同位素的动力学分馏，不同成因的硅质岩硅同位素组成明显不同。海相碳酸盐地层中正常沉积的硅质岩 $\delta^{30}Si$ 普遍偏高(0.3‰～2.5‰)，大部分位于0.6‰之上；而在热水环境中沉积形成的硅质岩 $\delta^{30}Si$ 值较低，如云南腾冲温泉12件硅华的 $\delta^{30}Si$ 值为-0.8‰～-0.2‰，平均-0.3‰；玛里亚那海槽23件现代海底黑烟囱硅质物的 $\delta^{30}Si$=-3.1‰～-0.4‰，平均-1.6‰。亚贵拉矿区采集的两件硅质岩 $\delta^{30}Si$ 值为-0.3‰和0.1‰，平均为-0.1‰。$\delta^{30}Si$ 值与海相碳酸盐地层中正常沉积的硅质岩的 $\delta^{30}Si$ 值明显不同，而与热水沉积形成的硅质岩的 $\delta^{30}Si$ 值相近，说明亚贵拉矿区硅质岩由热水沉积作用形成。研究表明，硅质岩的 $\delta^{30}Si$ 值可以反映其沉积环境。深海环境沉积硅质岩 $\delta^{30}Si$ 值为-0.6‰～0.8‰(平均0.16‰)，半深海环境沉积硅质岩 $\delta^{30}Si$ 值为0.1‰～0.6‰(平均0.4‰)，浅海环境沉积的为-0.35‰～3.4‰(平均1.3‰)。从深海—半深海—滨浅海，$\delta^{30}Si$(‰)平均值从0.16‰→0.4‰→1.3‰逐渐增大。亚贵拉矿区层状硅质岩 $\delta^{30}Si$ 变化范围-0.3‰～+0.1‰，平均值-0.1‰，接近于深海沉积环境 $\delta^{30}Si$ 平均值。硅质岩硅同位素地球化学分析表明矿区层状硅质岩的成因应为深海环境下的热水沉积。

4)氢氧同位素

通过测试成矿期石英、方解石包裹体的氢氧同位素组成(表4-10)，包裹体 δD_{H_2O} 为-51.2‰～-68.7‰，$\delta^{18}O_{SMOW}$ 为-9.37‰～13.08‰。从氢氧同位素组成判别图解(图4-6)，亚贵拉铅锌矿床的氢氧同位素有2个数据点落在变质水区，十分靠近岩浆水和原生水，表明了测试样品属于岩浆热液改造期的产物。

表 4-10　亚贵拉矿床氢氧同位素分析结果表

样品编号	样品名称	$\delta^{18}O_{SMOW}$(‰)	δD_{SMOW}(‰)
YGK-4	方解石	-9.37	-68.7
YGK-8	石英	13.08	-51.2
YGK-29	石英	11.23	-55.4

注:数据由国土资源部中南矿产资源监督检测中心同位素地球化学研究室测试。

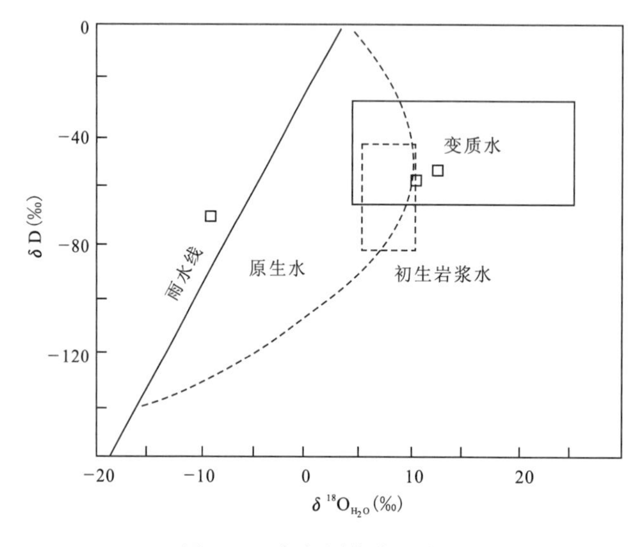

图 4-6　氢氧同位素组成图

根据矿床地质特征,结合硫、铅、氢、氧同位素及流体包裹体测试成果分析,亚贵拉热水沉积期成矿流体可能是来姑期火山间期深部岩浆分异的流体和盆地卤水的混合溶液。其中,盆地卤水可能是地层原生水与经过水-岩作用改造过的海水所形成的混合流体。叠生改造期成矿流体可能是岩浆水和变质水的混合流体。

4.1.4.2　拉屋矿床

1)硫同位素

关于矿床中硫来源的讨论,必须依据硫化物沉淀期间热液的总硫同位素组成。矿床 $\delta^{34}S$ 的变化范围-2.92‰~+10.11‰,各硫化物 $\delta^{34}S$ 依黄铁矿>方铅矿>黄铜矿>闪锌矿>磁黄铁矿顺序变化,这与硫同位素在成矿过程中分馏的基本规律不相符(黄铁矿>闪锌矿>磁黄铁矿>黄铜矿>方铅矿),说明本区硫同位素分馏并未达到平衡(表 4-11)。在硫同位素直方图上表现为两个明显不同的峰,分别与矿区Ⅴ号、Ⅲ号矿体相对应(图 4-7),表明矿床的两次成矿作用。其中,Ⅴ号矿体 $\delta^{34}S$ 值均在-2.92‰~-0.42‰之间,平均值为-1.68‰($n=8$),极差为 2.50‰,$\delta^{34}S$ 值均小于 0,具富集轻硫特征,且变化范围窄、离散度较小、数据点分布集中,表明Ⅴ号矿体硫来源单一,显示硫源可能为火山喷气的 H_2S 气体源,侧面证实Ⅴ号矿体为海底喷流沉积成因。

Ⅲ号矿体 $\delta^{34}S$ 值为 1.65‰~10.11‰,除样品 TC17Y03 中黄铁矿的 $\delta^{34}S$ 值>10‰外,其余样品 $\delta^{34}S$ 均在 1.65‰~3.48‰之间,均值为 2.86‰($n=3$),正向偏离陨石值,数据点分布集中,具有岩浆硫的特征。矿体中黄铁矿 $\delta^{34}S$ 明显高于矿体中黄铜矿、方铅矿的 $\delta^{34}S$‰值,显示出明显的分异特征,表明两者硫来源不同。通常 $\delta^{34}S$ 为较大正值的矿石硫普遍认为是从海水硫酸盐还原而来。矿区黄铁矿以较大正值出现,表明其硫源部分来自地层。

表 4-11 拉屋矿床硫同位素组成表

序号	样品编号	测试矿物	$\delta^{34}S$(‰)	矿体编号	序号	样品编号	测试矿物	$\delta^{34}S$(‰)	矿体编号
1	LW-1	磁黄铁矿	-2.92	V	7	SKY09	黄铜矿	-0.67	V
2	LW-3-1	磁黄铁矿	-2.02	V	8	SKY10	闪锌矿	-0.42	V
3	LW-3-2	黄铜矿	-1.89	V	9	TC17Y03	黄铁矿	10.11	Ⅲ
4	LW-14	闪锌矿	-2.51	V	10	TC17Y04-1	黄铜矿	1.65	Ⅲ
5	LW-16	磁黄铁矿	-2.34	V	11	TC17Y04-2	方铅矿	3.45	Ⅲ
6	SKY09	闪锌矿	-0.67	V	12	TC17Y06	方铅矿	3.48	Ⅲ

注：数据测试由国土资源部武汉矿产资源检测中心完成。

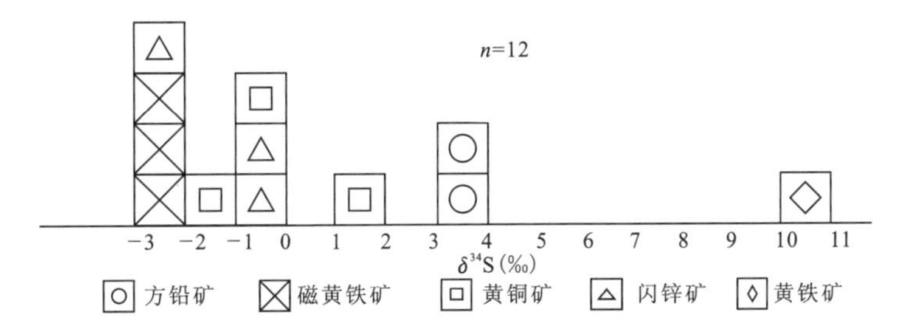

图 4-7 拉屋矿区矿石硫化物 S 同位素直方图

2)铅同位素

根据拉屋矿床硫化物中 Pb 同位素组成(表 4-12)，黄铜矿$^{206}Pb/^{204}Pb$ 为 18.561～19.535，$^{207}Pb/^{204}Pb$ 为 15.689～15.798，$^{208}Pb/^{204}Pb$ 为 39.021～39.997；闪锌矿$^{206}Pb/^{204}Pb$ 为 18.465～18.725，$^{207}Pb/^{204}Pb$ 为 15.520～15.758，$^{208}Pb/^{204}Pb$ 为 38.673～39.346；方铅矿$^{206}Pb/^{204}Pb$ 为 18.607～18.695，$^{207}Pb/^{204}Pb$ 为 15.681～15.742，$^{208}Pb/^{204}Pb$ 为 39.030～39.288；磁黄铁矿只有 1 件样品，$^{206}Pb/^{204}Pb$、$^{207}Pb/^{204}Pb$ 和$^{208}Pb/^{204}Pb$ 分别为 18.854、15.737、39.384。各类样品的 Pb 同位素组成变化范围大，如果按 H-H 单阶段演化模式进行计算，模式年龄变化范围非常大，1 件样品模式年龄甚至出现了负值。根据 Faure (1986)给出的 Pb 同位素判别准则，这些样品中的 Pb 并非为正常 Pb，用 H-H 单阶段演化模式所计算的模式年龄和 μ 值不具地质意义。

表 4-12 拉屋矿区矿石硫化物铅同位素组成及相关参数表

样品编号	测试矿物	$^{206}Pb/^{204}Pb$	$^{207}Pb/^{204}Pb$	$^{208}Pb/^{204}Pb$	H-H 模式年龄	μ
LW4452-2	黄铜矿	19.535	15.798	39.997	-402.6	9.75
LW4410-5-2	黄铜矿	18.561	15.689	39.021	168.4	9.62
LW4452-2	闪锌矿	18.676	15.733	39.234	140.2	9.7
LW4452-4	闪锌矿	18.725	15.758	39.346	136.0	9.74
STS-6	闪锌矿	18.465	15.520	38.673	106	9.45
LW4410-5-1	磁黄铁矿	18.854	15.737	39.384	17.3	9.69
PD1/TS1	铁锰质大理岩	18.440	15.684	39.139	249	9.63
LW4452-8	方铅矿	18.695	15.742	39.288	137.7	9.71
M1TC1/TS1	方铅矿	18.640	15.699	39.106	124	9.63
M6TC1/TPb1	方铅矿	18.647	15.710	39.143	133	9.66
1-1′/TPb1	方铅矿	18.607	15.681	39.030	125	9.60

注：数据测试由国土资源部武汉矿产资源检测中心完成。

在 Zartman et al.(1981)提出的铅同位素构造图解上,8 个数据点投影在上地壳演化曲线附近,且大多落入了 Gariépy et al.(1985)所圈定的念青唐古拉群基底片麻岩(Basement)范围内(图 4-8),表明矿石中 Pb 主要来自于代表上地壳念青唐古拉群基底片麻岩,另外 2 个数据点位于造山带演化曲线和地幔演化曲线之间,靠近或落入印度洋 MORB 的范围(Sun et al., 1980),反映了成矿过程中可能还有少量幔源铅的参与。

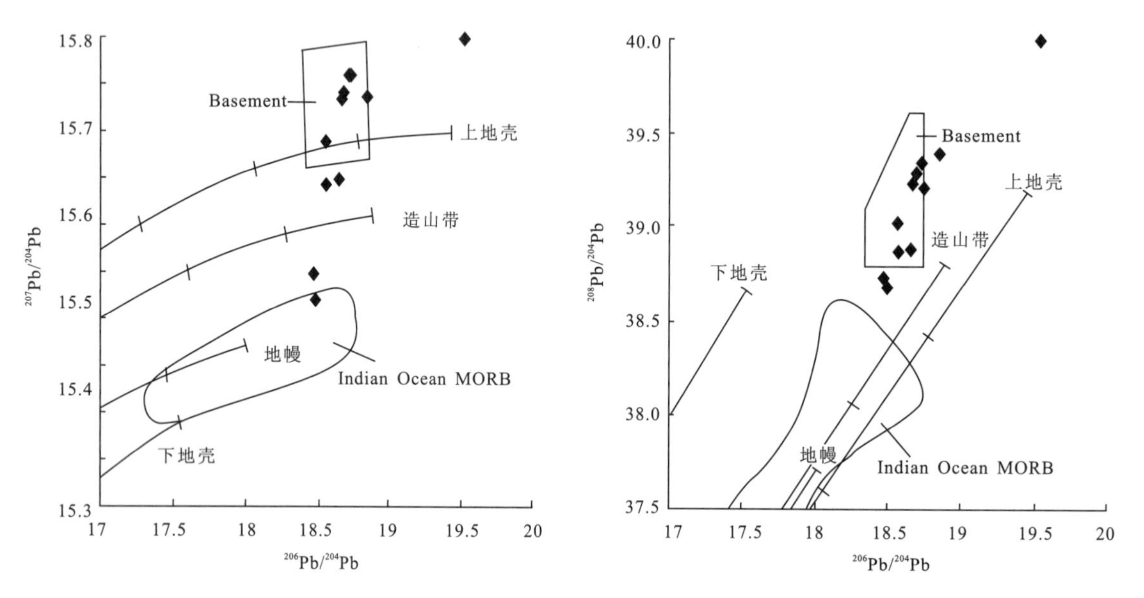

图 4-8　拉屋矿区矿石硫化物 $^{206}Pb/^{204}Pb$ - $^{207}Pb/^{204}Pb$ 和 $^{206}Pb/^{204}Pb$ - $^{208}Pb/^{204}Pb$ 构造图解

Indian Ocean MORB. 印度洋中脊玄武岩; Basement. 结晶基底

由于矿区与成矿密切相关的白云母二长花岗岩为碰撞过程中念青唐古拉群基底片麻岩部分熔融所形成,熔融过程很可能活化念青唐古拉群基底片麻岩中的成矿物质,导致矿石硫化物 Pb 同位素组成大多位于念青唐古拉基底片麻岩范围内或其附近;另外,来姑组中含有少量的辉绿岩脉,矿石硫化物中的少量幔源铅很可能是岩浆作用晚期所分异的含矿热液与辉绿岩脉相互作用萃取了其中的幔源 Pb 所致。

3)氢氧同位素

拉屋矿区与矿石矿物共生的石英、方解石 H-O 同位素组成见表 4-13。本次所测 3 件含矿石英脉 δD_{V-SMOW}值变化范围为 -131.1～-96.1‰‰,平均值为 -117.5‰,极差为 35‰;$\delta^{18}O_{H_2O}$值变化于 0.66‰～2.52‰,平均值为 1.66‰,极差为 1.86‰。2 件方解石脉 δD_{V-SMOW} 变化于 -110.5‰～-94.1‰,$\delta^{18}O_{H_2O}$变化于 -6.15‰～-1.74‰。

前人所测 7 件石英中 δD_{V-SMOW} 变化范围为 -84.9‰～-62.3‰,平均值为 -75.9‰;$\delta^{18}O_{H_2O}$ 为 -9.51‰～6.07‰,平均值为 -0.33‰,极差为 15.58‰;4 件方解石 δD_{V-SMOW} 为 -133.0‰～-117.3‰,平均值为 -125.4‰,极差为 15.7‰;$\delta^{18}O_{H20}$ 为 5.2‰～6.0‰,平均值为 5.6‰,极差为 0.8‰。

在氢氧同位素投影到 δD-δO_{H_2O}图解上(图 4-9),石英的投影点非常分散,反映了成矿作用的复杂性。其中,1 件样品投到了正常岩浆水左侧,1 件与磁黄铁矿共生的石英,位于正常岩浆水的左下方,2 件与黄铜矿共生的石英 δD 明显低于与磁黄铁矿共生的石英,投影到了初始混合岩浆水的左下方,另外有 2 件样品则明显靠近大气降水线。方解石在 δD-δO_{H_2O}图解上的投影点也比较分散,崔玉斌等(2010)的测试样品主要投在了初始岩浆水的左下方,与黄铜矿形成阶段的石英投影点接近,反映了大气降水特征;本次测试的与方铅矿和闪锌矿共生的方解石 δO_{H_2O}大致介于岩浆水、变质水和大气降水线之间。

总之，拉屋铜多金属矿床中热液矿物氢、氧同位素组成反映了成矿过程的复杂性，结合矿床地质特征分析，拉屋矿床经历了至少两次较大的成矿作用，早期成矿流体可能主要来源于深循环的海水与岩浆水的混合流体；后期成矿阶段的中、晚期则显示为长时间大气降水的参与，成矿流体来源为大气降水。

表 4-13 拉屋矿区石英、方解石氢氧同位素分析结果表

样品编号	采样位置	测试矿物	$\delta D_{V\text{-}SMOW}$(‰)	$\delta^{18}O_{V\text{-}SMOW}$(‰)	$\delta^{18}O_{H_2O}$(‰)	均一温度(℃)	资料来源
LW4410-5-7	Ⅲ号矿体4410平硐	与磁黄铁矿共生的石英	−96.1	9.7	2.52	292.0	本研究
LW4410KD-3	Ⅲ号矿体4410平硐	与黄铜矿共生的石英	−125.3	10.8	1.85	250.0	
LW4410KD-1	Ⅲ号矿体4410平硐	与黄铜矿共生的石英	−131.1	10.4	0.66	234.0	
LW4452-11	Ⅲ号矿体4452平硐	与方铅矿-闪锌矿共生方解石	−110.5	8	−1.74	196.0	
LW4452KD-2	Ⅲ号矿体4452平硐	与方铅矿共生的方解石	−94.1	10.3	−6.15	106.0	
LW4410-09-11	Ⅲ号矿体4410平硐	方解石	−121.2	12.3	5.40		崔玉斌(2010)
LW4410-09-13-1	Ⅲ号矿体4410平硐	方解石	−133.0	12.5	5.60		
LW4410-09-13-2	Ⅲ号矿体4410平硐	方解石	−130.1	12.9	6.00		
LW4410-09-3	Ⅲ号矿体4410平硐	方解石	−117.3	12.1	5.20		
LW-8		石英	−62.3		2.90		连永牢(2010)
LW-9		石英	−84.9		−9.50		
LW-15		石英	−80.4		−8.90		
LWXXY07	Ⅴ号矿体	石英		15.0	6.07	260.0	杜欣等(2004)
TC17Y02	Ⅲ号矿体	石英		12.3	2.20	235.0	
TC17Y03	Ⅲ号矿体	石英		12.6	2.50	235.0	
TC17Y04	Ⅲ号矿体	石英		12.5	2.40	235.0	

注：本研究数据测试由国土资源部武汉矿产资源检测中心承担。

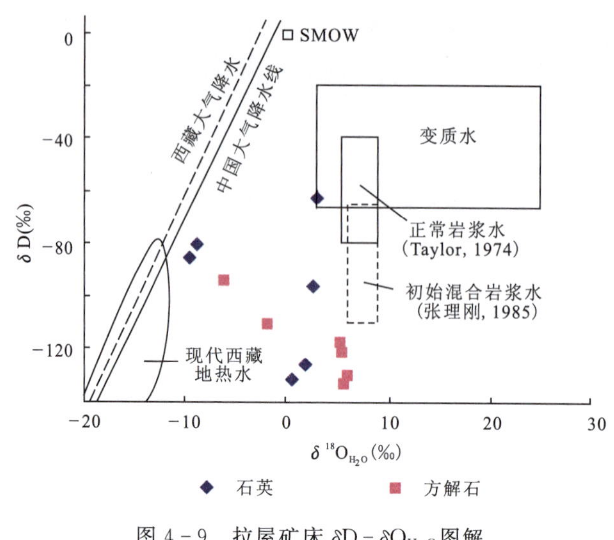

图 4-9　拉屋矿床 $\delta D-\delta O_{H_2O}$图解

4.1.4.3　蒙亚啊矿床同位素特征

1)硫同位素

本研究采集、测试了蒙亚啊矿床硫化物的硫同位素组成(表 4-14),样品分别采自 14 号、12 号及 4 号铅锌矿体。矿石硫化物样品的 $\delta^{34}S$ 值非常集中,变化于 4.9‰～6.4‰之间,极差为 1.5‰,平均值为 5.6‰。其中,闪锌矿的 $\delta^{34}S$ 值为 5.5‰～6.4‰,平均值为 5.9‰;磁黄铁矿的 $\delta^{34}S$ 值为 5.5‰～6.0‰,平均值为 5.7‰;黄铜矿的 $\delta^{34}S$ 值为 5.8‰;方铅矿的 $\delta^{34}S$ 值为 4.9‰～5.1‰,平均值为 5.0‰。

表 4-14　蒙亚啊矿石硫化物硫同位素组成表

矿体编号	样品编号	样品名称	$\delta^{34}S_{V-CDT}$(‰)	测试单位
4 号矿体	MYK4-1	磁黄铁矿	6	测试由国家地质实验测试中心完成
	MYK4-2	闪锌矿	6.4	
12 号矿体	MYK12-1	闪锌矿	5.5	
	MYK12-2	方铅矿	5.1	
14 号矿体	MYK14-1	磁黄铁矿	5.5	
	MYK14-2	方铅矿	4.9	
	MYK14-3	黄铜矿	5.8	
	MYK14-4	闪锌矿	5.9	

根据硫同位素分馏原理,硫同位素分馏达到平衡时,成矿流体中所沉淀的共生硫化物 $\delta^{34}S$ 值的富集顺序应为 $\delta^{34}S$ 磁黄铁矿 > $\delta^{34}S$ 闪锌矿 > $\delta^{34}S$ 黄铜矿 > $\delta^{34}S$ 方铅矿,而本矿床的矿石硫化物没有显示出这种富集顺序。讨论硫同位素分馏平衡必须是一定物理化学条件下共生矿物对之间的分馏平衡(郑永飞,2000),本矿床中磁黄铁矿、黄铜矿、闪锌矿、方铅矿等硫化物虽常共生在同一件样品中,但矿相学

研究在其中发现了强烈的交代结构，表明这些硫化物并非真正意义上的共生，没有满足分馏平衡下的富集顺序也就不足为奇了。

根据野外调研和室内研究，蒙亚啊铅锌矿床中含硫矿物主要为磁黄铁矿、方铅矿、闪锌矿、黄铁矿和黄铜矿等，因此，热液中总硫大致与硫化物的$\delta^{34}S$值相当。矿床硫同位素直方图（图 4－10a）变化范围窄、正向偏离陨石值、离散度小、均一化程度高、数据点分布集中，反映了深源硫的特点。Pinckney and Refter(1972)提出的共存矿物对$\delta^{34}S-\Delta^{34}S$图解也被广泛用来获得成矿热液的$\delta^{34}S_{\Sigma S}$组成（毛晓冬等，2002；李红梅等，2008），根据蒙亚啊矿床中共存的方铅矿、闪锌矿矿物对进行$\delta^{34}S-\Delta^{34}S$图解投影（图 4－10b），获得矿床主成矿期热液中总硫同位素组成$\delta^{34}S_{\Sigma S}\approx5.2‰$，与平均值相当，亦反映了深源硫的特征。

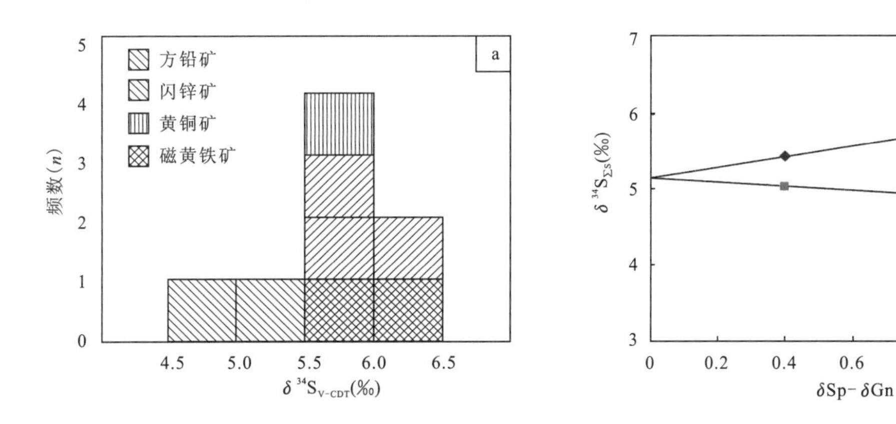

图 4－10　蒙亚啊矿床矿石硫化物硫同位素直方图和$\delta^{34}S-\Delta^{34}S$图解

2)铅同位素

根据蒙亚啊矿床铅同位素组成（表 4－15），方铅矿中$^{206}Pb/^{204}Pb$值为 18.618～18.688，平均 18.658，极差为 0.07；$^{207}Pb/^{204}Pb$值为 15.641～15.732，平均 15.699，极差为 0.091；$^{208}Pb/^{204}Pb$值为 38.976～39.255，平均 39.158，极差 0.279。利用 H－H 单阶段铅演化模式计算出单阶段模式年龄 t 变化于 130～66.9Ma，并主要集中在 126～110Ma，平均为 111Ma，μ 值的变化范围为 9.52～9.69，平均值为 9.63。矿石铅同位素比值变化较小，十分稳定，计算出的 H－H 模式年龄和 μ 变化范围也较小，表明矿石铅为基本不含放射性成因铅的普通铅。通常，具有高 μ 值（>9.58）的铅或位于零等时线右侧的放射成因铅被认为是来自 U、Th 相对富集的上部地壳物质，而地幔环境的 μ 值为 8.92(Doe et al.，1979；Zartman et al.，1981)，蒙亚啊矿石铅的 μ 值主要集中在 9.52～9.69，显示上地壳铅源的特征。

将蒙亚啊矿石铅同位素组成投影到 Zartman(1981)提出的$^{207}Pb/^{204}Pb-^{206}Pb/^{204}Pb$构造环境演化图解中，有 5 个数据点落在上地壳和造山带演化曲线之间且明显靠近上地壳演化线的区域，10 个硫化物样品投点均位于上地壳演化曲线以上区域，且大多明显落入了 Gariépy et al.(1985)所圈定的念青唐古拉群结晶基底的铅同位素组成范围内；在$^{208}Pb/^{204}Pb-^{206}Pb/^{204}Pb$构造演化图解上，所有点都位于造山带演化曲线的上方，且都落入了 Gariépy et al.(1985)圈定的念青唐古拉群结晶基底范围内，表明本区矿石铅主要来自于上地壳念青唐古拉群（图 4－11）。

3)氢-氧同位素

蒙亚啊含矿石英脉包裹体水的氢氧同位素组成见表 4－16。石英包裹体δD_{H_2O}值介于－123.50‰～－86.70‰变化，平均值为－107.69‰，极差为 36.8‰；根据 $1000\ln\alpha_{石英-水}=3.38\times10^6T^{-2}-3.40$(Clayton，1972)计算获得与石英平衡的包裹体水的$\delta^{18}O_{H_2O}$值介于－5.61‰～3.69‰之间，平均值为－1.82‰，极差为 9.3‰。

表 4-15 蒙亚啊铅锌矿床铅同位素测试结果表

样品编号	矿物名称	$^{206}Pb/^{204}Pb$	$^{207}Pb/^{204}Pb$	$^{208}Pb/^{204}Pb$	H-H 模式年龄(Ma)	μ	数据来源
Pm1-10	磁黄铁矿	18.674	15.720	39.228	126.0	9.67	高一鸣等(2011)
Pm1-17	磁黄铁矿	18.652	15.696	39.139	112.0	9.63	
Pm3-8	闪锌矿	18.659	15.704	39.176	117.0	9.64	
MAY-14KD-2	闪锌矿	18.663	15.709	39.191	120.0	9.65	
MAY-14KD-2	方铅矿	18.688	15.732	39.255	130.0	9.69	
MAY-14KD-9	磁黄铁矿	18.663	15.714	39.211	126.0	9.66	
MAY-14KD-9	方铅矿	18.666	15.714	39.209	124.0	9.66	
MAY-14KD-9	黄铜矿	18.669	15.719	39.227	128.0	9.67	
MAY-14KD-9	闪锌矿	18.649	15.692	39.128	108.8	9.62	
MKZK111-2	方铅矿 b	18.641	15.672	39.078	89.5	9.58	程顺波等(2008)
MKZK001-4	方铅矿 b	18.654	15.678	39.096	87.6	9.59	
MC-2	方铅矿 b	18.655	15.692	39.142	104.4	9.62	
MC-4	方铅矿 b	18.618	15.641	38.976	66.9	9.52	

注:数据引自念青唐古拉地区成矿地质条件研究与找矿靶区优选报告(中国地质科学院矿产资源研究所、河南省地质调查院,2012)。

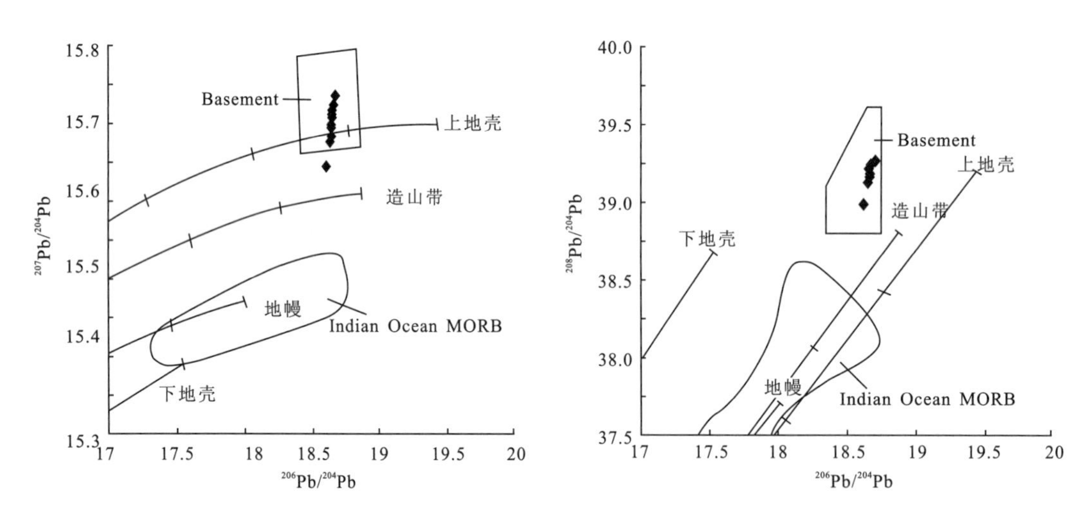

图 4-11 蒙亚啊矿床$^{206}Pb/^{204}Pb$-$^{207}Pb/^{204}Pb$和$^{206}Pb/^{204}Pb$-$^{208}Pb/^{204}Pb$图解

Indian Ocean MORB. 印度洋中脊玄武岩;Basement. 结晶基底

在$\delta D-\delta^{18}O_{H_2O}$关系图解上,蒙亚啊含矿石英脉氢氧同位素组成明显偏离 Taylor(1974)所提出的正常岩浆水以及张理刚(1985)提出的初始混合岩浆水氢氧同位素组成范围,介于初始混合岩浆水和西藏现代地热水的氢氧同位素组成之间,总体显示出成矿热液是一种混合热水溶液的特点。结合矿区内未发现与成矿关系密切的岩浆岩,矿体围岩中所谓的矽卡岩石榴石含量极少,矽卡岩矿物主要是绿帘石、绿泥石类,分析成矿流体可能为盆地内的中低温热卤水,这与流体包裹体测试资料一致。蒙亚啊铅锌矿床中所谓的"矽卡岩"应属于中低温热液交代的产物,而非岩浆接触交代的产物。随着成矿作用进行到晚期阶段有更多大气降水加入。因而,本次测试的含矿石英脉包裹体氢氧同位素组成反映了大气降水的特征并不奇怪(图 4-12)。

表 4-16 蒙亚啊床含矿石英脉及包裹体氢氧同位素测试结果表(‰,SMOW)

样品编号	测试矿物	$\delta^{18}O_{V\text{-}SMOW}$ (‰)	$\delta D_{V\text{-}SMOW}$ (‰)	$\delta^{18}O_{H_2O}$ (‰)	均一温度 (℃)	数据来源
MYK14-4	含矿石英脉	12.5	−119.5	3.69	253	本研究
MYK14-9	含矿石英脉	13.1	−115.3	3.04	228	
MYK1-10	含矿石英脉	10.2	−123.5	0.41	233	
MYK1-8	含矿石英脉	13.4	−116.1	2.26	209	
MKZK111-3	石英		−89.9	−2.55		程顺波(2008)
MK-3	石英		−86.7	−2.52		
MK-5	石英		−102.8	−5.61		

注:数据引自念青唐古拉地区成矿地质条件研究与找矿靶区优选报告(中国地质科学院矿产资源研究所,河南省地质调查院,2012)。

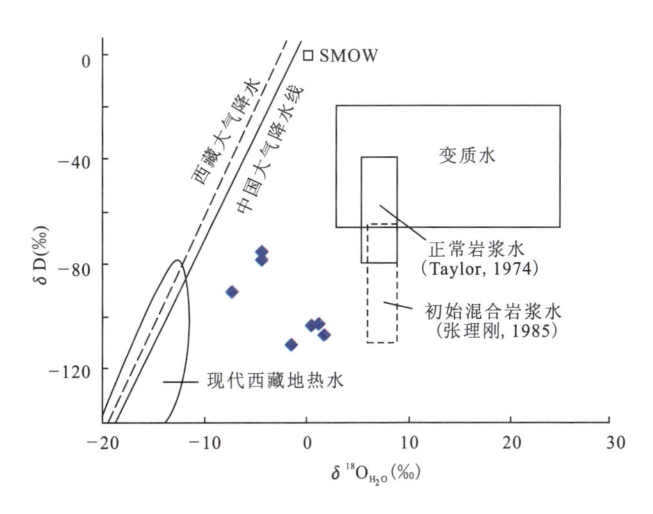

图 4-12 蒙亚啊矿床石英中包裹体水的氢、氧同位素组成图

原始岩浆水和变质水同位素组成范围据 Taylor(1974);西藏和中国大气降水线据沈渭洲(1987);西藏地热水资料据郑淑蕙等(1982)

4.1.4.4 新嘎果矿床同位素特征

1)硫同位素

根据新嘎果矿床同位素组成(表 4-17),矿石硫化物中 $\delta^{34}S$ 值介于−5‰~2.1‰之间变化,平均值为−1.53‰,极差为 7.1‰。其中,闪锌矿 $\delta^{34}S$ 介于−3.1‰~1.9‰,平均值为−0.71;方铅矿 $\delta^{34}S$ 变化于−5.0‰~−3.9‰,平均值为−4.38,2 件白铁矿样品 $\delta^{34}S$ 为 2‰、2.1‰;2 件黄铜矿 $\delta^{34}S$ 为 2.1‰、−2.4‰。根据野外调研和岩矿鉴定表明:新嘎果矿床含硫矿物比较单一,主要以白铁矿、闪锌矿、黄铜矿、方铅矿等硫化物为主,因此,硫化物的 $\delta^{34}S$ 与热液中 $\delta^{34}S$ 值总硫大致相当。该矿床硫同位素直方图存在着两个峰值区间,其中,有 2 件白铁矿和 3 件闪锌矿 $\delta^{34}S$ 集中在 1‰~3‰之间,4 件闪锌矿、4 件黄铜矿和 2 件方铅矿 $\delta^{34}S$ 集中在−5‰~−1‰之间(图 4-13)。根据 Ohmoto(1979)对世界上一些著名热液矿床的硫同位素统计研究,成矿热液 $\delta^{34}S_{\Sigma S}$在 0 值附近,说明矿床在成因上岩体有关,包括岩浆直接释放的硫和从岩浆硫化物中淋滤出来的硫;$\delta^{34}S_{\Sigma S}$在 20‰左右,硫源自于海水和海水蒸发岩;$\delta^{34}S_{\Sigma S}$出现较大负值的矿床,硫来源则与开放沉积条件下的有机(细菌)还原成因硫有关;$\delta^{34}S_{\Sigma S}$=5‰~15‰,

硫来源则相对复杂，可能来自于围岩中无机还原成因浸染状硫化物或其他更老的矿床。本次研究的新嘎果矿床中，有5件样品(2件白铁矿、3件闪锌矿)$\delta^{34}S$集中在1‰～3‰之间，反映了与岩浆作用相关硫的特征，表明成矿流体中的硫来自于岩浆。其余10件样品(4件闪锌矿、4件黄铜矿、2件方铅矿)$\delta^{34}S$为负值，在－5%～－1.6%之间变化，硫同位素组成具富轻硫(^{32}S)特征，表明成矿热液中的还原态硫可能主要来自基底地层及海水硫酸盐，来自地层的硫与还原性热液的淋滤作用有关，来自海水还原态硫的形成可能与硫酸盐的热还原机制有关。

表4-17　新嘎果矿床硫同位素组成表

样品编号	采样位置	样品名称	$\delta^{34}S_{V\text{-}CDT}$(‰)	数据来源
ZD1-1	Ⅱ号矿体平硐1	硅化矽卡岩中白铁矿	2.1	本研究
ZD2-2	Ⅱ号矿体平硐2	硅化矽卡岩中白铁矿	2.0	
ZD2-2	Ⅱ号矿体平硐2	硅化矽卡岩中闪锌矿	1.9	
ZD2-5	Ⅱ号矿体平硐2	硅化矽卡岩中闪锌矿	1.6	
XGGPD3-11	Ⅱ号矿体平硐3	方解石脉中方铅矿	－5.0	
ZD5-4	Ⅱ号矿体平硐5	矽卡岩中闪锌矿	1.8	
XGGPD5-7	Ⅱ号矿体平硐5	矽卡岩中方铅矿	－4.7	
XGGPD5-4	Ⅱ号矿体平硐5	矽卡岩中闪锌矿	－2.7	
XGGPD5-3	Ⅱ号矿体平硐5	方解石脉黄铜矿	－2.1	
XGG-04		闪锌矿	－2.9	藏文栓等(2008)
XGG-04		黄铜矿	－2.4	
XGG-05		方铅矿	－3.9	
XGG-05		闪锌矿	－3.1	
XGG-06		方铅矿	－3.9	
XGG-06		闪锌矿	－1.6	

注：数据引自念青唐古拉地区成矿地质条件研究与找矿靶区优选报告(中国地质科学院矿产资源研究所，河南省地质调查院，2012)。

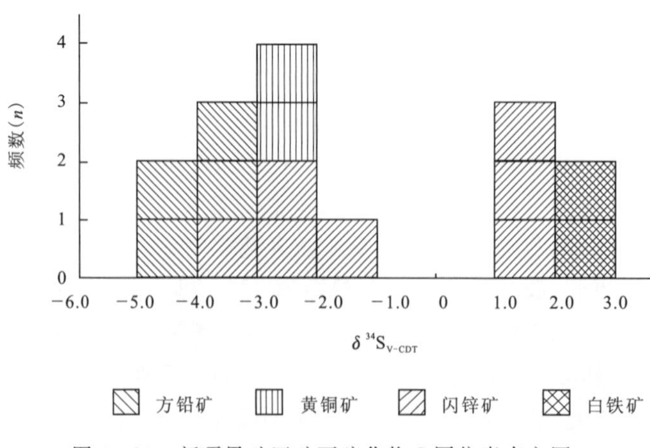

图4-13　新嘎果矿区矿石硫化物S同位素直方图

2)铅同位素

根据新嘎果矿石硫化物的铅同位素组成(表 4 - 18),白铁矿$^{206}Pb/^{204}Pb$为 18.553～18.577,$^{207}Pb/^{204}Pb$为 15.615～15.645,$^{208}Pb/^{204}Pb$为 38.680～38.779;闪锌矿$^{206}Pb/^{204}Pb$为 18.538～18.571,$^{207}Pb/^{204}Pb$为 15.604～15.637,$^{208}Pb/^{204}Pb$为 38.644～38.743;方铅矿$^{206}Pb/^{204}Pb$为18.505～18.578,$^{207}Pb/^{204}Pb$为 15.561～15.647,$^{208}Pb/^{204}Pb$为 38.504～38.792;1 件黄铜矿样品的$^{206}Pb/^{204}Pb$、$^{207}Pb/^{204}Pb$和$^{208}Pb/^{204}Pb$分别为 18.644、15.671 和 38.951。

表 4 - 18 新嘎果矿石硫化物 Pb 同位素组成及其相关参数表

样品编号	测试矿物	$^{206}Pb/^{204}Pb$	2σ	$^{207}Pb/^{204}Pb$	$2\sigma r$	$^{208}Pb/^{204}Pb$	2σ	t(Ma)
ZD1 - 1	白铁矿	18.577	0.002	15.645	0.002	38.779	0.005	101.9
ZD2 - 2	白铁矿	18.553	0.002	15.615	0.001	38.680	0.004	81.4
ZD2 - 2	闪锌矿	18.563	0.001	15.627	0.001	38.720	0.003	89.4
ZD2 - 5	闪锌矿	18.554	0.003	15.624	0.002	38.712	0.005	92.2
ZD5 - 4	闪锌矿	18.571	0.006	15.637	0.005	38.743	0.013	96.2
XGGPD5 - 4	闪锌矿	18.538	0.002	15.604	0.002	38.644	0.005	78.4
XGGPD5 - 3	黄铜矿	18.644	0.002	15.671	0.001	38.951	0.003	86.0
XGGPD3 - 11	方铅矿	18.578	0.002	15.647	0.002	38.792	0.004	103.7
XGGPD5 - 7	方铅矿	18.568	0.002	15.635	0.002	38.746	0.005	95.9
XGG - 05	方铅矿	18.505	0.006	15.561	0.005	38.504	0.013	47.7
XGG - 06	方铅矿	18.515	0.006	15.584	0.005	38.574	0.013	70.8
样品编号	测试矿物	μ	ω	Th/U	$\Delta\alpha$	$\Delta\beta$	$\Delta\gamma$	数据来源
ZD1 - 1	白铁矿	9.53	37.41	3.80	78.13	20.7	39.33	本研究
ZD2 - 2	白铁矿	9.48	36.87	3.76	75.17	18.66	35.79	
ZD2 - 2	闪锌矿	9.50	37.08	3.78	76.36	19.48	37.21	
ZD2 - 5	闪锌矿	9.50	37.07	3.78	76.05	19.29	37.12	
ZD5 - 4	闪锌矿	9.52	37.23	3.78	77.34	20.16	38.12	
XGGPD5 - 4	闪锌矿	9.46	36.7	3.75	74.07	17.93	34.70	
XGGPD5 - 3	黄铜矿	9.58	37.99	3.84	80.79	22.33	43.25	
XGGPD3 - 11	方铅矿	9.54	37.48	3.80	78.33	20.84	39.76	
XGGPD5 - 7	方铅矿	9.52	37.24	3.79	77.15	20.02	38.19	
XGG - 05	方铅矿	9.38	35.92	3.71	69.84	15.02	29.63	藏文栓等(2008)
XGG - 06	方铅矿	9.42	36.37	3.74	72.17	16.66	32.50	

总体而言,各样品$^{206}Pb/^{204}Pb$虽变化范围较小,但$^{207}Pb/^{204}Pb$和$^{208}Pb/^{204}Pb$的变化范围却相对较大。按 H - H 单阶段演化模式进行计算(Holmes,1946,1947),模式年龄变化范围也较大(103.7～47.7Ma),且大多大于 80Ma,与矿床成矿年龄并不一致(65Ma)(见后文)。根据 Faure(1986)给出的 Pb 同位素判别准则,这些样品中的 Pb 并非为正常 Pb。

研究表明所有样品中$^{207}Pb/^{204}Pb$和$^{206}Pb/^{204}Pb$构成了良好的线性关系:$^{207}Pb/^{204}Pb = 0.9101 + 0.7927(^{206}Pb/^{204}Pb)$ $r^2 = 0.90$。由于该直线并不满足等时线方程要求,故不可能是常规放射性成因

(Faure，2005)，但其高斜率特征与 Andrew(1984)提出的混合线相一致，因此，推断矿床的铅为混合铅。

通常认为铅同位素特征值，尤其是 μ 值的变化能提供地质体经历的地质作用信息，反映铅的来源。μ 值大于 9.58 的铅或者位于零等时线右侧的放射成因铅通常被认为是来自 U、Th 相对富集的上部地壳物质，地幔环境 μ 值为 8.92(吴开兴等，2002；Zartman et al.，1979，1981)，本矿区矿石铅同位素 μ 值介于 9.38～9.58 变化，介于地幔铅和地壳铅之间，更接近与地壳铅的 μ 值，反映了地幔与地壳混合铅的特征。根据铅同位素构造图解，无论是 Zartman et al.(1981)提出的铅同位素构造判别图还是朱炳泉等(1998)提出的矿石铅同位素 $\Delta\beta-\Delta\gamma$ 成因分类图解，数值投影均投在了反映上地壳铅与地幔铅的混合区域，表明矿床铅的来源应来自上地壳铅与地幔铅的混合(图 4-14)。

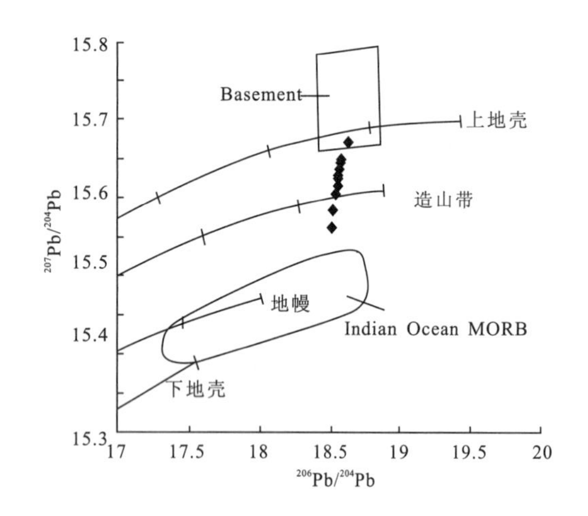

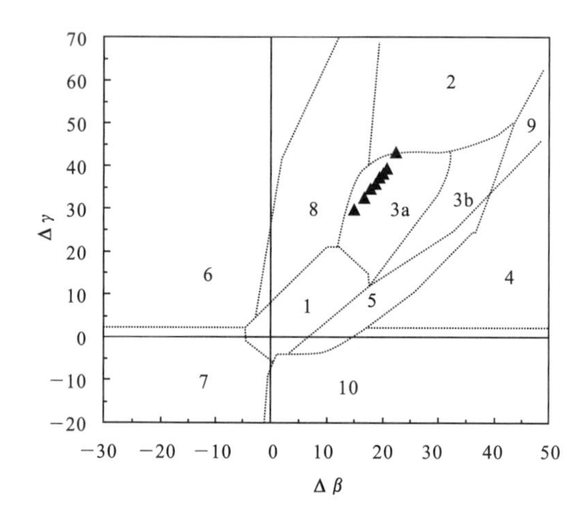

图 4-14　亚贵拉矿床铅同位素图解

(左图底图据 Zartman et al.，1981；右图底图据朱炳泉等，1998)

幔源铅；2. 上地壳铅；3. 上地壳与地幔混合的俯冲带铅(3a. 岩浆作用，3b. 沉积作用)；4. 化学沉积型铅；5. 海底热水作用铅；6. 中深变质作用铅；7. 深变质下地壳铅；8. 造山带铅；9. 古老页岩上地壳铅；10. 退变质铅。

Indian Ocean MORB. 印度洋中脊玄武岩；Basement. 结晶基底

3)氢-氧同位素

矿床中与方铅矿、闪锌矿共生的石英、方解石包裹体氢氧同位素组成见表 4-19，其中，石英包裹体中 $\delta^{18}O_{H_2O}$ 根据公式 $1000\ln\alpha_{石英-水}=3.09\times10^6/T^2-3.29$(张理刚，1985)计算所得；方解石包裹体中 $\delta^{18}O_{H_2O}$ 根据公式 $1000\ln\alpha_{方解石-水}=2.78\times10^6/T^2-2.89$(O'Neil et al.，1966)计算所得。

表 4-19　新嘎果矿床含矿石英、方解石氢氧同位素组成表

样品编号	成矿阶段	岩性	δD_{V-SMOW}(‰)	$\delta^{18}O_{V-SMOW}$(‰)	$\delta^{18}O_{H_2O}$(‰)	均一温度(℃)
XGGPD3-8	早期硫化物阶段	石英	−81.0	1.2	−3.18	345.4
XGGPD3-9	早期硫化物阶段	石英	−92.3	0.7	−3.45	355.4
XGGPD3KD-3	早期硫化物阶段	石英	−117.3	12.1	8.01	357.8
XGGPD2KD-1	晚期硫化物阶段	方解石	−103.4	9.3	1.88	246.1
XGGPD5KD-1	晚期硫化物阶段	方解石	−105.6	11.4	3.88	243.6

从表 4-19 可以看出：含矿石英脉 δD_{V-SMOW} 值变化范围为 −117.3‰～−81‰，平均值为 −96.87‰，极差为 36.3‰；$\delta^{18}O_{H_2O}$ 值为 −3.45‰～8.1‰，平均值 0.46‰，极差为 11.46‰；方解石脉 δD_{V-SMOW} 分别为 −103.4‰和 −105.6‰，$\delta^{18}O_{H_2O}$ 分别为 9.3‰和 11.4‰。

研究表明热液矿床水的来源主要包括大气降水、海水、岩浆水和变质水(Rollison et al.，1993；陈骏等，2004)，每一种来源的水，其 H－O 同位素组成均存在着一定的差异，因此，根据成矿热液的氢、氧同位素组成及变化特征，通常可以确定流体的地球化学性质及其来源。

根据氢氧同位素 $\delta D-\delta O_{H_2O}$图解(图 4－15)，早期硫化物阶段的 3 个石英样品中，一个样品 δD 很低，投影点明显位于 Taylor(1974)所提出的正常岩浆水以及张理刚等(1985)提出的初始混合岩浆水的正下方，另外两个样品虽然 δD 接近于正常岩浆水和初始岩浆水，但 $\delta^{18}O_{H_2O}$ 却明显偏低，投影点位于初始岩浆水和大气降水之间；而代表晚期硫化物阶段两个方解石样品投影到初始混合岩浆水外靠左一侧。石英、方解石流体包裹体氢氧同位素图解更多反映的是混合流体特征。

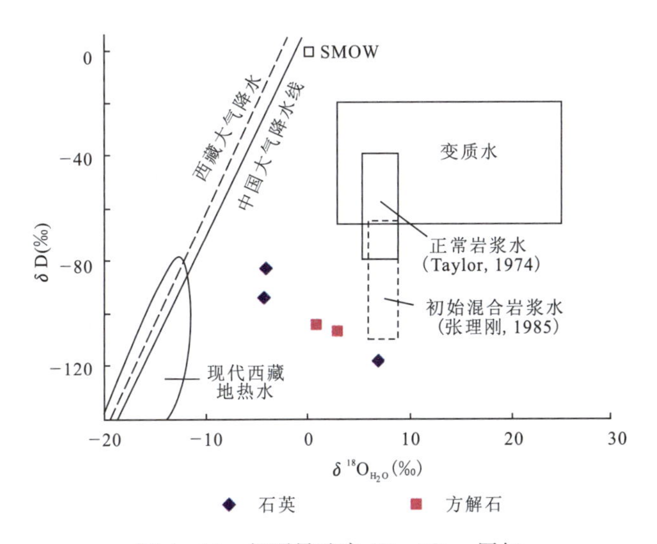

图 4－15 新嘎果矿床 $\delta D-\delta O_{H_2O}$图解

4.2 围岩的元素地球化学

研究区与铅锌多金属矿体围岩关系密切的岩石主要有热水沉积岩和燕山期、喜马拉雅期的中酸性侵入岩。因而，本节主要讨论热水沉积岩和岩浆岩的元素地球化学特征。

4.2.1 热水沉积岩的常量元素特征

热水沉积岩是指热液流体在海底及其附近围岩裂隙中沉淀的化学沉积物或碎屑物。自 Ridlers R H(1973)最早使用喷流(气)岩(exhalite)或热液沉积岩概念以来，有关文献资料不断涌现。就热水沉积岩而言，可分为与火山活动有关的热水沉积岩、与同生断裂及地热活动有关的热水沉积岩(Ridders R H，1973；王守伦，1988)和与大陆地热系统热(温)泉有关的热水沉积岩 3 类(Barnes H L，1970；中国科学院，1981)。通常认为热水比正常海水的矿物质富集程度在两个数量级以上的成分主要有 Si、Ba、Fe、Mn、Cu、Zn、H_2S 等，Pb、Sb、As 等也显著富集，是热水沉积物的重要地球化学标志。该类岩石与正常沉积岩比较，热水沉积岩具有自身的产出、组构和地表化学等标志(表 4－20)。

张旺生等(2009)研究表明，亚贵拉、拉屋矿床与成矿关系密切的硅质岩、富微斜长石岩、铁锰质条带碳酸盐岩及面状矽卡岩属海底热水沉积岩。该类岩石与世界典型的火山活动成因或海底热水沉积成因的岩石相比，其常量元素分布及特征值既有相似性也有其特殊性。

表 4-20 热水沉积岩与正常沉积岩对比简表(据吴志亮等,1996)

岩类	热水沉积岩	正常沉积岩
硅质岩	形成于地热异常区,块状、纹层状、条纹(带)状,雏晶-微晶结构,常含细粒硫化物、磁铁矿、电气石、凝灰质等,富 Al_2O_3、K_2O、Na_2O、Ba、As、Hg、Ag、Sb 等,∑REE 变化大,REE 配分模式与地热流体相似	生物化学成因,胶状、隐晶、微粒、生物结构,偶见鲕状结构,薄层状、条带状、透镜状,常含生物化石,成分单一($SiO_2>90\%$),杂质以黏土、碳酸盐和有机质为主,MnO、K_2O、Na_2O 低,无 Ba 异常,REE 特征与正常海水相似
富长石岩	形成于大于 200℃的地热异常区,具热液结晶结构和纹层状、条纹(带)状等沉积构造,低温长石、钠长石、钾长石(冰长石、钡冰长石)、微斜长石、钡长石组合,Ba 异常显著,REE 特征与酸性火山岩较相似	陆相为主,亦形成于强烈构造变动带海盆边缘,由石英、长石、(岩屑)等碎屑和胶结物组成,具典型的碎屑岩组构,成熟度指数低,REE 组成与沉积岩相似
碳酸盐岩	与其他热水沉积岩伴生,薄—中层状,细—微晶结构,常含条纹(带)状、浸染状细粒硫化物、磁铁矿及凝灰质等,化石稀少,Mn、Fe 高,Ba、Cu、Pb、Zn、As、Sb 显著异常	中—厚层状多见,具粒屑结构、生物骨架结构、晶粒结构,叠层石构造、鸟眼构造、缝合线构造,成分单一,生物化石及碎屑丰富,Mn、Fe 低,无 Ba、As、Sb、Cu、Pb、Zn 异常
矽卡岩	多产于热水喷流中心附近,薄层—透镜状,细粒—微粒热液结晶结构,交代弱,具水平、微斜层理,REE 特征与地热流体相似,管道相粗糙呈网脉状,交代明显	未见
硫酸盐岩	薄—中层状产于热水沉积岩系中上部,常伴有网脉状者,形成于浅水—深水环境,成岩温度一般大于 100℃,矿物细小,纹层、条带发育	形成于干旱气候和蒸发沉积盆地,产于正常盐类沉积序列(石灰岩—白云岩—石膏、硬石膏—石盐岩—钾盐)中下部,矿物较粗大,岩石以块状为主
磁(赤)铁岩	薄—中层状,微—细粒热液结晶结构,常与硅质岩、富长石岩伴生,多见浅水环境或喷流中心附近,含石英、钠长石等,矿物相互嵌生,纹层、条带发育	多形成于浅海环境,常具层状、扁豆状、鲕状、豆状、肾状、结核状、致密块状构造,纹层、条带较少
高碳质岩	腐泥型高碳质层,与其他热水沉积岩伴生,一般出现在热水沉积岩系上部,与碳酸盐岩共生,黄铁矿呈微晶、立方体自形晶、球粒状集合体,岩石具纹层状、条带状构造,常富含 Mn,以及 Pb、Zn 等金属硫化物亦可富 Ba	产于滞流沉积盆地,与正常沉积岩共生,黄铁矿细—中粒(立方体状、五角十二面体状、草莓状),偶见含黄铁矿鲕粒
电气石、萤石岩	与其他热水沉积岩伴生多出现于喷流中心附近,薄层状及纹层状,微—细晶结构,以浅色富镁电气石或者浅色萤石为主	未见

硅质岩:研究区硅质岩一般产于层状铅锌矿体围岩中的碳酸盐岩向正常沉积岩过渡的地段,呈薄层—中厚层状夹层产出,层面较为平直,产状与上下岩层一致,单层厚度 2～15cm 不等。在侧向及垂向上,逐渐相变为正常沉积岩。硅质岩致密坚硬、脆性强,多呈浅灰—灰白色,部分因杂质而呈灰色、深灰

及灰黑色。硅质岩主要由微晶石英组成，石英粒径多为0.02～0.6mm，颗粒边界清晰，紧密嵌生，含量为60%～85%。微晶石英颗粒内部略具浑浊，石英粒间无硅质胶结物充填，反映该硅质岩形成温度高于正常生物化学成因的硅质岩。部分硅质发生重结晶，石英颗粒增大，可达0.6mm，但仍细小。石英岩含陆源混入泥质物约10%，形成纹带构造，呈原始粒序层理。岩石的次要矿物组分较正常生物化学成因的硅质岩复杂，次要矿物有方石英、燧石、透辉石、透闪石、微斜长石，及黄铁矿、磁铁矿、闪锌矿、方铅矿等。

根据构造特征差异，区内硅质岩分为块状、纹层状、条带状及同生角砾状硅质岩。其中，块状硅质岩厚度较大，成分相对纯洁，含陆源物质少。而纹层状、条带状硅质岩矿物成分较复杂，形成颜色和矿物成分不同的微晶石英层纹、条带（图4-16）。同生角砾状硅质岩分布局限、不稳定，主要靠近喷流口附近沉积。诸如：亚贵拉矿床ZK301孔139.11m深处的纹层状白云岩下部，发现厚度达5m的同生角砾状硅质岩分布。硅质岩由长条状破裂角砾组成，棱角分明，角砾间被微粒硅质和钙质物充填胶结，并伴有陆源碎屑物的绿泥石化。硅质岩的空间分布呈现一定的规律性，块状、同生角砾状等含陆源物少的硅质岩主要分布在同生断裂和热水活动的喷流口附近。由于喷流口处沉积速率快，加之喷流体的强烈冲击，致使沉积物破裂甚至垮塌，因而出现块状、同生角砾状构造等含陆源物质少的硅质岩。薄层状、纹层状等含陆源物质较多的硅质岩常分布于亚贵拉-龙玛拉、昂张-拉屋断坳南缘，这些地段远离喷流中心，热水的浓度梯度和温度相对较低，沉积速率慢，陆源物质加入多，导致硅质岩的沉积构造明显，泥质含量多。受区域变质作用的影响，硅质岩中的石英、长石发生重结晶，部分较粗粒者有明显拉长、压扁现象，并与绢云母等定向排列，呈现片理构造。区内硅质岩虽经历浅变质，但基本保留了原始热水沉积构造，结合整合产出特征，无疑应属同生热水沉积成因。

根据常量元素分析结果，拉屋、亚贵拉矿区硅质岩成分较为复杂，纯度低，这与其形成于火山构造环境、含一定量的凝灰质成分有关（图4-17）。本区硅质岩与生物化学成因硅质岩相比，以贫SiO_2，富Al_2O_3、MgO、TiO_2、Na_2O和K_2O为特征，与世界典型块状硫化物矿床的硅质岩对比，更接近于海底热水成因的硅质岩（表4-21）。本区硅质岩的Fe_2O_3<FeO与海底热水成因的硅质岩一致，而Al_2O_3含量比海底热水成因的硅质岩要高许多。根据不同成因硅质岩的地球化学特征值（表4-22），矿区硅质岩又与火山活动有关的硅质岩最接近，尤其是SiO_2/Al_2O_3、$SiO_2/(Na_2O+K_2O)$的特征值基本比较相似，无论是值域还是平均值都与之吻合，而Fe_2O_3/FeO和SiO_2/MgO特征值则具有火山活动和海底热泉成因硅质岩的双重特点。

图4-16　纹层状、条纹（带）状硅质岩由不同的微晶石英纹层、条带组成［亚贵拉矿区（C_2P_1l），10×4倍］

图4-17　硅质岩中在显微镜下可见晶屑、玻屑等凝灰岩［亚贵拉矿区（C_2P_1l），10×4倍］

表 4-21　亚贵拉硅质岩与典型火山活动或热水成因硅质岩常量氧化物对比表(%)

样品编号		SiO_2	TiO_2	Al_2O_3	Fe_2O_3	FeO	CaO	MgO	MnO	K_2O	Na_2O	P_2O_5
YGG-31*		77.16	0.15	13.30	0.12	0.27	1.02	0.32	0.02	4.37	1.07	0.03
LWG-44*		56.27	0.92	15.23	0.23	2.88	11.76	3.69	0.17	6.74	0.87	0.24
LWG-57*		49.21	0.92	17.59	0.67	4.05	8.88	6.43	0.54	6.30	0.99	0.18
YQG-76*		62.77	0.77	17.28	0.52	4.90	3.11	2.22	0.05	3.34	1.26	0.08
与火山活动有关的硅质岩	Bell①	77.30	0.52	7.51	0.55	5.35	1.35	1.90	0.04	0.87	0.44	0.03
	Eagle②	65.40	0.50	15.90	1.35	4.75	0.88	0.98	0.10	1.90	7.86	0.08
	Cobett③	71.10	0.45	12.10	0.50	4.90	0.25	1.84	0.13	1.69	2.97	0.07
	Millebach④	52.60	1.15	15.50	3.00	11.90	1.37	3.68	0.14	3.09	0.78	0.31
与海底热水成因有关的硅质岩	大厂⑤	73.68	0.25	5.65	2.06	4.13	5.93	0.79	0.06	1.37	0.05	0.13
	大厂⑥	77.65	0.12	2.96	1.24	8.60	3.51	0.57	3.00	0.50	0.23	
	长坡⑦	88.32	0.13	3.60	1.66	6.50	0.90	0.30	0.16	0.92	0.06	
	银硐子⑧	52.48	0.44	17.13	1.70	3.21	2.19	0.76	0.17	2.59	3.81	0.20
	八方山⑨	82.33	0.08	1.77	0.41	1.84	3.85	1.00	0.08	0.58	0.08	
	玉川⑩	92.31	0.23	2.89	0.43	0.94	0.47	0.95	0.25	0.45	0.33	0.05
生物化学成因硅质岩		88.04	0.016	0.84	1.59	0.26	5.07	0.19	0.30	0.16	0.18	0.03
		95.96	0.03	0.71	0.43	0.08	0.30	0.02	0.20	0.05	0.06	0.02

注:* 号为本研究样品,由国土资源部武汉矿床资源监督检测中心(武汉综合岩矿测试中心)检测。①澳大利亚 Rension Bell 矿区;②加拿大 Agnic Eagle 矿区;③加拿大 Cobett 矿区;④加拿大 Millebach 矿区;⑤广西大厂矿区;⑥广西大厂矿区热水喷口堆积;⑦广西大厂长坡矿区;⑧陕西柞水银硐子矿区;⑨秦岭八方山矿床;⑩日本野田玉川矿区。

表 4-22　各类硅质岩地球化学特征值表

类型	Fe_2O_3/FeO	SiO_2/Al_2O_3	$SiO_2/(Na_2O+K_2O)$	SiO_2/MgO	样品数
生物化学成因①	5.4～6.1 (5.8)	105～135 (120)	259～872 (566)	>463	21
火山活动成因的硅质岩②	0.10～0.28 (0.18)	3.4～10.3 (5.9)	6.7～59.0 (23.7)	14.3～66.7 (40.1)	4
海底热泉成因③	0.14～0.53 (0.35)	3.1～46.5 (24.2)	8.2～124.7 (83.3)	69.1～294 (128.8)	24
研究区硅质岩	0.08～0.44 (0.22)	2.80～5.80 (3.98)	6.75～13.93 (10.43)	7.65～241.13 (73.08)	4

注:表中①、②、③引自吴志亮等,1996;括号中的数据为平均值。

富微斜长石岩:一般地,将长石含量大于30%的热水沉积岩划归富长石岩类,以矿物成分的不同分为两个亚类,即富微斜长石岩类和富钠长石岩类。亚贵拉-龙玛拉、昂张-拉屋断坳中发育的富长石岩类主要为富微斜长岩。该类岩石在亚贵拉、拉屋矿区均较发育,宏观产出特征与硅质岩基本一致,呈层状、扁透镜状与上下地层整合产出,多分布于靠正常沉积岩一侧,顶、底常为铁锰质条带大理岩。该类岩石发育典型的原始沉积构造,主要有条带状及纹层状构造、粒序层构造等,微斜长石、石英、磁铁矿等在单一纹层或条带内粒级发生递变,形成粒序层构造。粒径一般由0.1mm逐渐变为0.02mm,较粗粒段中的磁铁矿可达0.1～0.4mm。根据岩矿鉴定,该类岩石主要有微晶石英斜长岩、含凝灰质(晶屑、岩屑)

微晶石英斜长岩、微晶含石英条带微斜长岩等，是区内重要的热水沉积岩之一。岩石具不等粒变晶结构，主要矿物组成为石英、斜长石，含量各占50%，次有少量黑云母(图4-18)。岩石中斑晶主要为斜长石，呈半自形晶产出，聚片双晶不发育，反映岩石结晶缓慢；石英粒径0.3～1.2mm，颗粒圆化。基质主要由石英、长石组成，其中的石英颗粒细小，自形程度较高，长石较石英略大(图4-19)。岩石后期次生变化主要有方解石化、绢云母化和硅化。

图4-18 岩石具不等粒变晶结构，由主要由石英、斜长石组成[样号 YGG-8，亚贵拉矿区(C_2P_1l)，10×10倍]

图4-19 基质由石英、长石组成，石英颗粒细小，自形较高，斜长石，呈半自形[样号 YGG-8，亚贵拉矿区(C_2P_1l)，10×4倍]

微斜长石岩经受区域变质作用，普遍出现显微粒状变晶和鳞片变晶结构，部分较粗粒矿物和绢云母发生拉长或定向排列，显出一定的片理化，石英呈波状消光等。但总体仍保留了热水冷凝结晶和沉积成因的组构，常见有纹层状、条带状及粒序层构造等。

根据矿区富微斜长石岩与阿尔泰热水成因的富微斜长石岩常量元素对比(表4-23)。矿区富微斜长石岩相对贫SiO_2，富$FeO+Fe_2O_3$、MgO，其Na_2O+K_2O含量2.79%～7.73%小于阿尔泰富斜长石岩的7.93%～9.88%含量，本区富微斜长石岩K_2O含量仅为0.07%～0.11%，远低于Na_2O含量，与阿尔泰热水沉积富微斜长石岩的钾质岩属性有显著差别，反映出二者的成岩热水体系成分上的差异。根据Al、Ti元素表生地球化学性质，正常海水中的Al、Ti能较充分溶解，故陆源沉积物中二者呈正相关关系，但在热水体系下的沉积物中，Al、Ti凝结沉淀速率快，溶解不充分而不具正相关关系。

表4-23 矿区微斜长石岩与阿尔泰热水成因微斜长石岩常量氧化物对比表(%)

矿区及样号	SiO_2	TiO_2	Al_2O_3	Fe_2O_3	FeO	CaO	MgO	MnO	K_2O	Na_2O	P_2O_5
亚贵拉 YGG-31*	72.01	0.66	13.43	0.18	3.02	0.95	0.61	0.27	0.07	2.72	0.03
亚贵拉 YGG-32*	56.96	0.15	15.99	0.72	0.67	9.10	0.32	0.66	0.11	7.62	0.04
阿尔泰 D2	74.74	0.04	13.99	0.08	0.04	0.10	0.06	0.01	9.60	0.28	0.08
阿尔泰 B5-2	74.85	0.06	11.93	0.19	0.40	0.71	0.16	0.06	9.40	0.34	0.03
阿尔泰 B5-3	75.05	0.15	12.64	0.75	0.57	0.41	0.40	0.08	8.82	0.17	0.09
阿尔泰 B2G-1	74.70	0.07	11.45	4.16	1.30	0.10	0.05	0.03	7.05	0.64	0.06
阿尔泰 H48-11	79.12	0.15	10.98	0.25	0.32	0.31	0.06	0.04	5.15	2.78	0.03
阿尔泰 Tb-21	71.41	0.19	15.27	0.85	0.82	0.30	0.77	0.03	8.94	0.56	0.06

注：*号样品本研究采集，由国土资源部武汉矿床资源监督检测中心(武汉综合岩矿测试中心)检测，其他数据引自吴志亮等，1996。

Edmond J M(1983)提出，沉积物中 MgO 的含量可作为海水对热液体系混染或混合的重要指标，认为低镁是海底热液活动的标志。而本区富长石岩类 MgO 含量为 0.32%～0.61%、硅质岩 MgO 含量多在 0.32%～3.69%，与海底热水体系的沉积物类似。MgO 含量的变化可能与海水对热液体系混合程度有关。

矽卡岩类：亚贵拉、龙玛拉、拉屋等铅锌多金属矿床矽卡岩类非常发育。其中，部分矽卡岩成因与中酸性侵入体有关，系岩浆接触交代成因，另一部分宏观产出与岩浆岩无任何联系、不受岩体控制，即非岩体接触交代成因。该类矽卡岩矿物组成以微—细粒透辉石、阳起石、钙铁-钙铝榴石、绿帘石为主，伴有磁铁矿、磁黄铁矿及黄铁矿等，具韵律纹层、条带状构造。与矿物结晶较粗大、组构无序的区域变质成因的岩石有明显差异。根据野外观察，研究区热水成因矽卡岩可分交代蚀变岩和面状岩两类。其中，面状矽卡岩的主要分布于断坳同生断裂带下降盘一侧，面状矽卡岩常紧靠火山凝灰岩层产出，分布于火山-热水活动中心。尤其是东西向和南北向两组同生断裂交会部位的沉积洼地中最为常见，空间展布沿近东西向断裂略呈等间距串珠状分布。如亚贵拉-龙玛拉断坳中由东向西依次分布的亚贵拉、洞中松多、冲给错、龙玛拉等几个串珠状矿区和昂张-拉屋断坳中的昂张、色拉、色日荣、拉屋等几个东西向展布的串珠状矿区均有分布。在剖面上，主要发育于上石炭统—下二叠统来姑组(C_2P_1l)层位中，呈条带状、薄层状、似层状、长透镜状产出(图 4-20、图 4-21)，单层厚度 10～100cm 不等，与上下岩层呈整合接触，沿走向稳定延伸一定距离后可尖灭或过渡为正常沉积岩。该类矽卡岩对上、下围岩的原岩缺乏选择性，有泥质岩、碳酸盐岩、碎屑岩、硅质岩、凝灰岩等，变质程度有所不一，以浅变质为主。岩石呈黄绿色、灰绿色、灰色及深灰色。矽卡岩类岩石中常见矿物组成为透辉石、阳起石、透闪石、钙铁-钙铝榴石、绿帘石、绿泥石、硅灰石等，均具微晶—细晶粒状结构，变余纹层状构造、条带状构造(图 4-22)。

主要岩石类型：透辉石矽卡岩岩、石榴石岩、变余纹层状泥质透辉石岩、纹层状硅灰石矽卡岩、石榴石矽卡岩等。其中，绿帘石为黄绿色、微粒他形，粒径一般为 0.05～0.1mm。硅灰石呈纤维状、针状和板状集合体，透闪石、透辉石也多呈微细短柱状(长轴一般小于 0.5mm)沿层均匀分布，或与黄铁矿、磁铁矿、方解石等细条带(或纹层)交替出现，上下条带或纹层间亦无明显交代现象(图 4-23)。岩石中的石榴石为棕—褐色，具非均质性，他形—半自形粒状或呈熔蚀态，粒径多为 0.3～0.6mm，部分可见环带构造，属钙铁-钙铝榴石。石榴石间常有方解石充填，反映其凝结、沉淀后被钙质胶结的特征，部分还呈条带状分布，反映为热水沉积成因产物。岩石中发育典型的原始沉积构造，常见有：水平韵律性纹层—条带状构造，由不同的矿物及石英、方解石、磁铁矿或黄铁矿等组成的交替纹层(条带)所构成，单个纹层(条带)厚 0.5～20cm 不等，平行稳定延伸(图 4-24)；小型斜层系构造或流水构造，由黄铁矿与方解石细纹层所构成，与水平层纹交角 15°～20°(图 4-25)；粒序层构造，见于变余纹层状泥质透辉石矽卡岩中，细粒小的石英、方解石纹层未发生变质，粗粒纹带变为透辉石。

图 4-20　拉屋大理岩中发育的似层状铅锌矿

图 4-21　亚贵拉矿体中发育的纹层状铅锌矿

图 4-22 透辉石矽卡岩粒状变晶结构(10×4 倍)

图 4-23 透辉石矽卡岩变余层纹构造(10×4 倍)

图 4-24 拉屋矿区由不同的矽卡岩矿物及石英、方解石、磁铁矿或黄铁矿等组成的交替纹层

图 4-25 亚贵拉矿区小型斜层系构造,由黄铁矿与方解石细纹层所构成

根据研究区矽卡岩常量元素分析(表 4-24),矿区矽卡岩具贫 SiO_2,富 CaO、FeO、MnO,而 Al_2O_3、K_2O、Na_2O 变化较大,反映出其物质组成复杂、不均一的特点。TFe、Mn 不但含量高,而且具有典型热水沉积物 Fe、Mn 同步富集的特点。在化学成分上,面状岩相对富集 Ca、Al、Fe、Mn,贫 K、Na 等元素,与硅质岩和富长石岩类元素富集特征有别。究其原因,应是高温热水体与海盆中沉淀、聚积的富含 Ca、Al、Fe、Mn 的细粒级凝灰质发生较长时间相互作用,形成细粒岩矿物有关。热水沉积岩尽管物质成分和形成方式不同,但物源相似。

表 4-24 矽卡岩类常量氧化物含量表(%)

矿区及样号	SiO_2	TiO_2	Al_2O_3	Fe_2O_3	FeO	CaO	MgO	MnO	K_2O	Na_2O	P_2O_5
亚贵拉 YGG-30	45.28	0.07	1.14	0.23	15.00	25.02	1.43	8.25	0.08	0.05	0.05
亚贵拉 YGG-27	53.15	0.22	2.80	0.03	1.12	38.70	0.77	0.25	1.17	0.13	0.08
拉屋 LWG-51	19.31	0.31	5.95	0.05	1.78	43.15	1.74	0.20	0.06	0.16	0.07
尤卡朗 YQG-67	69.75	0.64	13.98	0.52	4.10	0.32	2.05	0.03	3.76	0.49	0.06
H48-6	47.14	1.00	17.91	4.32	3.76	12.81	2.66	0.69	2.94	2.92	0.09
B5-4-1	45.90	0.06	1.39	2.65	13.72	18.60	4.00	10.50	0.01	0.15	0.04

注:由国土资源部武汉矿床资源监督检测中心(武汉综合岩矿测试中心)测试,H48-6、B5-4-1 数据引自吴志亮等,1996。

富铁锰质碳酸盐岩：是亚贵拉-龙玛拉、昂张-拉屋断坳中铅锌多金属矿区较发育的热水沉积岩之一，岩石类型主要有铁锰质大理岩、含条带(层纹)磁铁矿大理岩、同生角砾状灰岩等。前二者常见，后者局限于热水沉积岩较发育地段。如拉屋矿区角砾状灰岩，灰岩角砾大小混杂、棱角明显，部分粗大砾石显示一定的柔性弯曲，胶结物为细粒钙质碎屑(图 4-26、4-27)。此类岩石可能是海底喷流过程中的剧烈震荡，使喷流通道上的碳酸盐岩围岩破碎，以悬浮物或滚动方式在海底重新堆积，并以内碎屑或同生角砾形式再沉积而成，应属热水喷流过程中的同生角砾再沉积物。它的存在指示附近有喷流口或同生断裂的存在。

图 4-26　拉屋大理岩中发育的角砾

图 4-27　拉屋大理岩中发育的角砾

富铁锰质碳酸盐岩与正常沉积成因碳酸盐岩区别明显，该类岩石呈深褐—棕褐色，多具微—细微半自形—自形变晶结构，方解石粒径一般为 0.05～0.5mm，岩石中常含不等量的微—细粒含锰矿物、磁铁矿、石榴石、绿帘石、透闪石等矿物，彼此相互嵌生、无交代关系，应属热液中自生矿物经变质重结晶而成，是一种矿物组合复杂的碳酸盐岩。在产出上常与硅质岩、富长石岩类、面状矽卡岩类等热水沉积岩伴生，见于主矿层上下和凝灰岩与正常沉积岩的过渡带，有时也夹于凝灰岩层中，形成环境特殊。

4.2.2　热水沉积岩的微量元素特征

微量元素地球化学是用来判别沉积物是否为热水喷流沉积重要方法之一。Maxchiy 研究现代大洋热水沉积物的微量元素特征时，认为 Sb 和 As 的富集是热水沉积物区别于正常沉积物的重要标志。周永章等(2000)研究认为，As、Sb、Au、Ag 含量高为广西丹池盆地热水成因硅质岩重要标志。本区各类热水沉积岩微量元素组成见表 4-25。由表可以得出：

(1)与地壳元素丰度值相比，硅质岩中相对富集 Pb、Zn、Ba、Ag、As；富长石岩类中相对富集 As、Sr、V、Ba；矽卡岩类中相对富集 Cu、Pb、Zn、V、As。因而 Pb、Zn、Ba、As 总体是热水沉积岩中的富集元素；Co、Ni、Li、Rb、Sr、B 等均有不同程度亏损。涂光炽(1988)研究指出 Ag、As、Sb 等可作为热水沉积物的标志性元素。区内各热水沉积岩的 Ag、As、Sb 均高于地壳丰度值，具热水沉积物的元素地球化学标志。

(2)硅质岩出现明显 Ba 异常。大量资料说明，沉积物中高含量的 Ba 不可能是正常海水(特别是浅海)沉积的结果，只有海底热液活动地区的沉积物 Ba 才高，如红海 Atlantic 地区的沉积物含 Ba(2000～20 000)$\times10^{-6}$，东太平洋脊海底热液活动地区的沉积物含 Ba(800～2700)$\times10^{-6}$(Kunzendorf et al., 1985)。本区硅质岩类含 Ba(386～1393)$\times10^{-6}$，这只能是海底热水沉积所形成。孙少华等(1993)研究指出，在海相环境中，深海与滞流浅海相环境的 Sr/Ba 比值小于 1，且深海相的单个元素 Sr、Ba 含量相对滞流浅海更富集。本区硅质岩中的 Sr/Ba 比值为 0.123～0.466，均小于 1，表明矿区硅质岩形成于深海环境。

表 4-25 研究区热水沉积岩微量元素组成表($\times 10^{-6}$)

岩类	硅质岩类				矽卡岩类				富长岩类
样品编号 元素	YGG-31 亚贵拉	LWG-44 拉屋	LWG-57 拉屋	YQG-76 尤卡朗	YGG-27 亚贵拉	YGG-30 亚贵拉	LWG-51 拉屋	YQG-67 尤卡朗	YGG-32 亚贵拉
Cu	2.66	8.37	11.2	12.2	6.54	15.3	5.88	21.6	6.83
Pb	52.2	77.7	17.6	52.7	121	5650	18.3	28.3	29.8
Zn	34.0	115	6752	104	151	5032	86.1	93.0	22.6
Cr	1.07	11.2	110	83.0	22.9	5.30	27.2	72.9	2.92
Ni	4.22	10.6	29.9	34.2	23.3	22.9	18.5	47.0	8.87
Co	0.79	5.03	13.8	12.1	5.68	3.73	7.14	18.8	3.78
V	9.75	67.7	95.9	92.6	49.2	56.3	24.8	78.7	12.6
Rb	196	327	543	232	121	3.38	3.59	170	1.05
Sr	70.3	485	313	180	82.4	25.3	287	28.5	208
Ba	572	1393	1279	386	228	23.2	10.5	430	47.2
B	43.6	7.78	92.7	152	6.20	9.36	1.59	84.5	2.68
Ag	0.11	0.22	0.044	0.025	0.071	14.8	0.025	0.077	0.084
Hg	0.006	0.005	0.005	0.005	0.005	0.025	0.005	0.005	0.009
As	0.62	1.40	8.87	15.2	3.47	2.10	0.025	9.76	19.41
Sb	1.17	1.25	2.80	1.47	4.50	0.91	0.61	2.41	1.30
Se	0.095	0.13	0.079	0.13	0.55	3.33	0.05	0.11	0.11

注:样品由国土资源部武汉矿床资源监督检测中心测试。

(3)K/Rr 比值可以作为矿质来源的示踪剂。对于火山成因的块状硫化物矿床,可以判断其成矿流体是岩浆水还是循环的海水。Broken Hill 矿床提供了一个实例。矿体附近的喷气岩的 K/Rb 比值小,说明其流体是岩浆热液。矿区硅质岩 K/Rr 比值与 Broken Hill 矿体类似,K/Rb 比值较小,一般为 0.0096~0.0186,表明成矿流体中有岩浆水的混入,氢氧同位素组成也提供了这方面的证据。

(4)Bostrom et al. 指出现代热水沉积物中可用 Co/Ni 等值来鉴别是否为热水沉积;典型热水沉积物的 Co/Ni 值一般较小。矿区 Co/Ni 值为 0.16~0.47,平均值 0.34,皆符合热水沉积的判别值。

4.2.3 热水沉积岩的稀土元素特征

4.2.3.1 稀土元素组成

稀土元素作为岩石地球化学作用的示踪剂已被广泛应用。研究稀土元素在各种热水沉积岩中的组成特征判断成岩物质来源,探讨岩石的成因。本研究选择具代表性的热水沉积岩进行了稀土元素分析,分析结果及相关参数见表 4-26。

热水沉积岩的稀土元素组成揭示,研究区各种热水沉积岩类稀土元素总量大,ΣREE 变化范围较小的特点。其中,硅质岩ΣREE 为$(295.3\sim386.2)\times 10^{-6}$,矽卡岩$\Sigma$REE 介于$(88.1\sim108.5)\times 10^{-6}$,富长石岩类$\Sigma$REE 为 529.3×10^{-6},即富长石岩类>硅质岩类>矽卡岩类,岩石稀土元素总量大,总体平均 253.14×10^{-6}，接近火山岩的∑REE 平均值；LREE/HREE 介于 2.8389～19.364 之间，LREE/HREE 表明热水沉积岩属 LREE 富集型，且具中等负 Eu 异常和 Tm 正异常，这与海底热水与正常海水混合的负 Eu 异常特征相吻合，具有海底热水喷流成因的 LREE 富集特征。

表 4－26 工作区热水沉积岩稀土元素分析结果表（×10^{-6}）

岩类	硅质岩类				矽卡岩类				富长岩类
样品编号 / 元素	YGG－31 亚贵拉	LWG－44 拉屋	LWG－57 拉屋	YQG－76 尤卡朗	YGG－27 亚贵拉	YGG－30 亚贵拉	LWG－51 拉屋	YQG－67 尤卡朗	YGG－32 亚贵拉
La	71.42	37.45	81.52	61.89	20.14	22.78	20.51	44.96	95.13
Ce	143.70	75.94	146.8	118.2	25.60	35.00	40.14	89.64	187.0
Pr	15.83	8.82	15.94	13.43	4.10	4.41	4.60	9.99	20.43
Nd	57.37	34.49	53.05	49.37	14.95	16.64	16.05	34.50	73.91
Sm	10.93	7.10	7.26	8.37	2.79	3.00	2.91	6.28	13.66
Eu	0.77	1.41	1.78	1.41	0.58	0.89	0.48	1.17	1.33
Gd	9.93	7.01	4.15	6.99	2.54	2.95	2.56	5.35	11.50
Tb	1.53	1.08	0.46	0.99	0.40	0.43	0.38	0.76	1.80
Dy	8.83	6.52	2.25	5.30	2.04	2.40	2.02	4.21	11.47
Ho	1.84	1.33	0.38	1.03	0.39	0.49	0.39	0.84	2.82
Er	5.13	3.68	0.97	2.72	0.96	1.23	0.99	2.47	9.79
Tm	0.84	0.58	0.14	0.46	0.13	0.17	0.16	0.38	1.80
Yb	5.37	3.71	0.95	2.83	0.70	0.95	0.93	2.35	12.66
Lu	0.77	0.56	0.15	0.43	0.10	0.13	0.14	0.36	1.77
Y	51.95	33.43	6.37	21.92	12.71	17.08	9.26	20.84	84.28
∑REE	386.2	223.1	322.2	295.3	88.1	108.5	101.5	224.1	529.3
LREE/HREE	3.4809	2.8533	19.364	5.9214	3.4131	3.2024	5.0320	4.9664	2.8389
δCe	0.92	0.95	0.87	0.88	0.60	0.74	0.89	0.91	0.91
δEu	0.24	0.62	0.97	0.59	0.70	0.97	0.56	0.64	0.34
$(La/Yb)_N$	8.61	10.40	55.50	14.15	18.63	15.51	14.26	12.38	4.86

注：样品由国土资源部武汉矿床资源监督检测中心检测，2009。

4.2.3.2 稀土元素配分模式

根据岩石的稀土元素配分曲线图（图 4－28），从稀土元素配分模式图中可以看出：硅质岩、铁锰质碳酸盐岩、富微斜长岩及面状矽卡岩的稀土配分曲线平行性好，均向右缓倾斜，形态基本一致，多数样品具中等负 Eu 异常，弱负 Ce 异常。该组岩石的稀土元素配分模式与现代不同热液体系的稀土元素配分曲线对比，研究区热水沉积岩的 REE 配分模式与国内外典型的地热流体极相似，尤其与西藏地热田地热流体基本一致（图 4－29），而与正常大洋水有所不同，表明该组岩石类型与西藏地热流体具有相近或相似的成因环境，侧面反映了其热水沉积成因。本研究的少量样品接近正常海水的配分模式，可能与海水的混合有关。与东太平洋中脊和索尔顿海的喷口热水相比，二者的 REE 配分曲线虽均向右缓倾斜，但洋脊热水(pH<6,T>230℃)出现强烈的 Eu 正异常(Annie - Michard,1989),反映本区成岩构造环境不同于洋中脊。

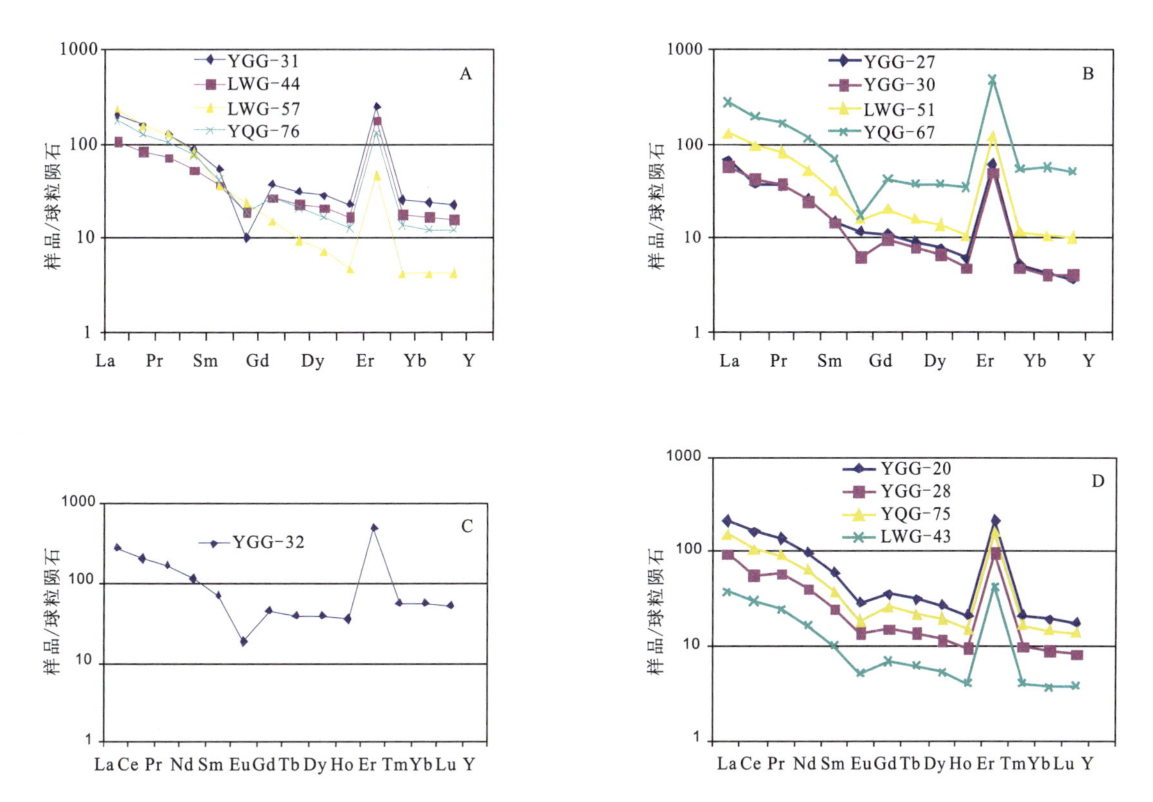

图 4-28　研究区各类热水沉积岩 REE 配分模式图

A. 硅质岩类 REE 模式配分曲线;B. 矽卡岩类 REE 模式配分曲线;

C. 富斜长岩类 REE 模式配分曲线;D. 碳酸岩类 REE 模式配分曲线

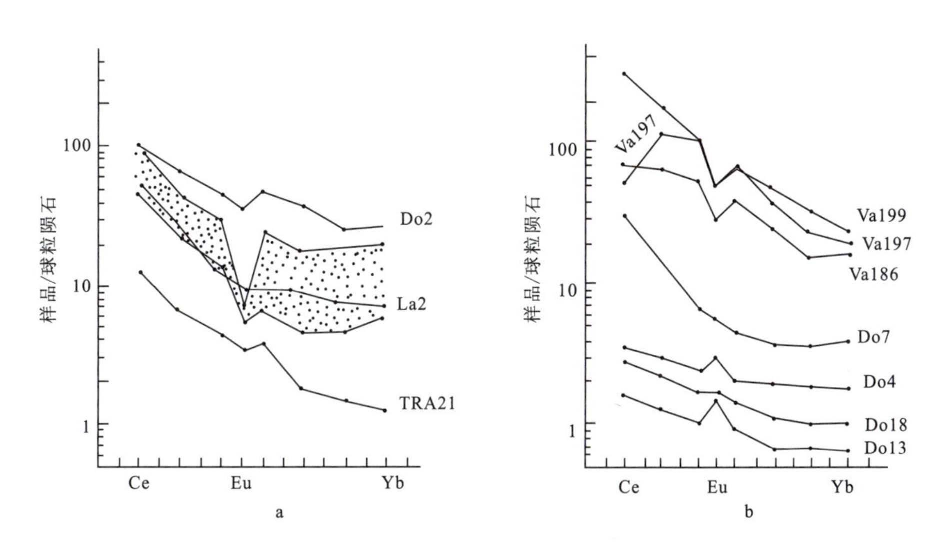

图 4-29　世界典型地热区热水 REE 配分模式图(据 Mickard A,1983)

a. 碱性热水(pH>7);b. 酸性热水(pH<4)。样品来源:Do. 多米尼亚火山弧地热系统;

TRA. 意大利 Larderello - travale 喷气地热田;La. 意大利 Latium 北部火山岩区地热井;

Va. 美国新墨西哥 Caldera 火山地热田;阴影区为西藏和保加利亚地热田

4.3 岩浆岩地球化学特征

研究区与成矿关系密切的岩石除前述的热水沉积岩外，还有不同期次的岩浆岩，岩浆活动是成矿的主导因素之一。区内大部分矿床在空间上总是围绕岩体分布，且与岩体保持一定距离，该类型铅锌矿的成矿作用往往早于岩体的成岩时代，岩浆活动仅使原已存在的矿层(体)得到进一步的富集。

4.3.1 亚贵拉岩浆岩地球化学

4.3.1.1 主量元素特征

亚贵拉矿区岩浆岩分布有2个期次，主要为燕山晚期石英斑岩($\lambda\pi_5^3$)和喜马拉雅期石英斑岩($\lambda\pi_6^1$)，其主量元素分析结果见表4-27。

燕山期石英斑岩具高硅、高铝、高钾，贫钙镁特点，其SiO_2含量为70.62%～76.3%，平均73.46%，Al_2O_3含量变化于13%～16.55%之间，平均14.78%，K_2O为5.41%～8.35%，平均6.88%，总碱量Na_2O+K_2O为6.22%～8.47%，平均7.35%，且$K_2O>Na_2O$，K_2O/Na_2O值为6.68～69.58，平均38.13。而CaO含量低，一般为0.02%～0.75%，平均0.39%，MgO含量为0.29%～0.38%，平均0.34%，铝饱和指数A/CNK均大于1.11，平均1.65，具强过铝质花岗岩的特点。

喜马拉雅期石英斑岩同样具有强过铝质花岗岩的特点，其SiO_2含量较燕山期石英斑岩更高，CaO、MgO偏高，而Al_2O_3、K_2O、Na_2O则明显偏低。SiO_2一般为70.85%～77.46%，平均75.22%，Al_2O_3为8.8%～13.8%，平均11.89%，K_2O为3.3%～8.66%，平均5.44%，Na_2O+K_2O介于3.78%～8.91%之间，平均5.70%，$K_2O>Na_2O$，K_2O/Na_2O值为7.4～44.0，平均22.67，而CaO为0.09%～2.43%，平均1.08%，MgO为0.15%～1.75%，平均0.89%，铝饱和指数A/CNK平均1.60。

利用岩体特征参数分别在SiO_2-K_2O图解和Na_2O-K_2O图解上进行投影分析，在SiO_2-K_2O图解上，燕山期石英斑岩($\lambda\pi_5^3$)各数据参数投影点落入钾玄岩系列区间内，喜马拉雅期石英斑岩($\lambda\pi_6^1$)数据投影点则落入高钾钙碱性系列和钾玄岩系列区间内；在Na_2O-K_2O图解中，上述两个不同期次的石英斑岩均投影在超钾质区间内(图4-30)。

4.3.1.2 稀土、微量元素特征

亚贵拉石英斑岩稀土元素分析表明(表4-28)，区内两不同期次的石英斑岩稀土元素组成非常接近，燕山晚期(约130Ma)石英斑岩体($\lambda\pi_5^3$)稀土元素总量∑REE略高于喜马拉雅期(约66Ma)石英斑岩($\lambda\pi_6^1$)稀土元素总量。燕山期石英斑岩($\lambda\pi_5^3$)稀土总量∑REE为$(212.06\sim362.7)\times10^{-6}$，平均为$262.57\times10^{-6}$，LREE为$(190.3\sim336.54)\times10^{-6}$，HREE为$(14.8\sim26.16)\times10^{-6}$，轻、重稀土元素比值大，达8.41～13.33，轻、重稀土分异程度高，且重稀土元素(HREE)与Y亏损，La/Yb>10.0，δEu为0.39～0.56，负铕异常明显。喜马拉雅期石英斑岩($\lambda\pi_6^1$)稀土总量∑REE为$(54.08\sim207.15)\times10^{-6}$，平均为$117.38\times10^{-6}$，LREE为$(40.5\sim188.2)\times10^{-6}$，HREE为$(13.57\sim18.95)\times10^{-6}$，轻、重稀土元素比值变化较大，为2.99～9.93，稀土元素配分曲线呈"V"字形向右倾斜，δEu为0.33～0.56，负铕异常明显。两期次的石英斑岩稀土配分模式一致，稀土元素配分曲线均向右倾斜，呈"V"字形，铕负异常明显，显示两个岩体具有同源性(图4-31)，这一认识从两期次的石英斑岩微量元素特征的高度一致性得到印证(图4-32)，二者均具强不相容元素Rb富集，而Ba、Nb、Ta、Sr、P、Zr、Ti亏损(表4-29)。

表 4-27 亚贵拉矿床石英斑岩主量氧化物含量(%)

序号	样品编号	岩性符号	SiO_2	Al_2O_3	Fe_2O_3	FeO	CaO	MgO	K_2O	Na_2O	TiO_2	MnO	P_2O_5	LOI	K_2O+Na_2O	K_2O/Na_2O	A/CNK
1	YGL-Y-1	$\lambda\pi_5^3$	70.62	16.55	1.02	0.22	0.02	0.38	8.35	0.12	0.22	0.02	0.04	1.88	8.47	69.58	1.780 626
2	ZK308CL-1		76.30	13.00	0.46	0.98	0.75	0.29	5.41	0.81	0.16	0.048	0.050	1.21	6.22	6.68	1.517 083
3	PD301-2	$\lambda\pi_6^1$	77.22	12.12	0.76	1.31	0.35	0.83	4.49	0.2	0.54	0.06	0.13	1.88	4.69	22.45	2.075 819
4	PD401-2		73.09	13.18	0.31	0.22	2.36	0.16	6.98	0.18	0.03	0.18	0.03	3.09	7.16	38.78	1.083 103
5	ZK301-86		75.17	9.76	0.1	1.96	1.55	1.01	5.72	0.13	0.44	0.1	0.08	3.84	5.85	44	1.055 832
6	PD301-1		77.46	11.64	0.88	0.9	0.09	0.69	5.7	0.58	0.53	0.05	0.08	1.47	6.28	9.83	1.593 816
7	PD401-8		74.66	12.67	0.13	0.22	1.19	0.15	8.66	0.25	0.08	0.1	0.02	1.77	8.91	34.64	1.057 966
8	PD401-1		76.26	13.15	0.85	1.56	0.22	0.92	4.02	0.11	0.65	0.08	0.12	1.92	4.13	36.55	2.659 892
9	PD401-4		70.85	13.8	0.62	3.79	0.46	1.63	4.64	0.13	0.68	0.16	0.15	2.3	4.77	35.69	2.267 268
10	PD401-7		77.07	8.8	0.49	2.42	2.43	1.75	3.33	0.45	0.44	0.22	0.11	1.8	3.78	7.4	1.002 301
11	ZK301-137		72.01	13.43	0.18	3.02	0.95	0.61	2.72	0.07	0.66	0.27	0.14	5.43	2.79	38.86	2.799 662
12	YGG-31		77.16	13.3	0.12	0.27	1.02	0.32	4.37	1.07	0.15	0.02	0.03	2	5.44	4.08	1.590 891

注:数据引自念青唐古拉成矿地质条件研究与找矿靶区优选报告(中国地质科学院矿产资源研究所与河南省地质调查院,2012)。

表 4 - 28　亚贵拉矿床石英斑岩稀土元素组成及特征值表（$\times10^{-6}$）

样品编号	岩性符号	La	Ce	Pr	Nd	Sm	Eu	Gd	Tb	Dy	Ho	Er	Tm	Yb	Lu	Y	∑REE	LREE	HREE	LREE/HREE	δEu
YG - P1	$\lambda\pi_5^3$	41.6	96.3	10.70	40.50	6.96	1.20	5.97	0.72	3.60	0.66	1.89	0.25	1.50	0.21	17.5	212.06	197.26	14.80	13.33	0.56
YG - P2		83.6	161.0	16.80	62.70	10.70	1.74	9.87	1.28	6.65	1.25	3.43	0.45	2.84	0.39	31.1	362.70	336.54	26.16	12.86	0.51
YG - P3		46.9	86.4	10.80	37.90	7.40	0.90	6.55	0.99	5.79	1.14	3.24	0.58	3.80	0.55	30.3	212.94	190.30	22.64	8.41	0.39
YG - P4	$\lambda\pi_6^1$	13.5	36.0	4.81	21.70	4.87	0.85	4.97	0.70	3.94	0.78	2.19	0.29	1.93	0.27	20.7	96.80	81.73	15.07	5.42	0.53
YG - P5		8.85	18.1	2.11	8.21	2.90	0.34	3.46	0.62	3.91	0.77	2.16	0.31	2.06	0.28	22.9	54.08	40.51	13.57	2.99	0.33
YG - P6		19.3	41.4	4.72	18.80	3.74	0.52	3.68	0.52	2.90	0.56	1.6	0.23	1.44	0.19	14.9	99.60	88.48	11.12	7.96	0.42
YG - P7		24.5	50.6	5.50	21.40	4.01	0.71	3.66	0.48	2.69	0.54	1.63	0.23	1.56	0.23	14.3	117.74	106.72	11.02	9.68	0.56
YG - P8		18.2	36.5	4.07	15.60	3.67	0.46	3.71	0.60	3.78	0.80	2.48	0.38	2.66	0.42	24.0	93.33	78.50	14.83	5.29	0.38
YG - P9		37.9	77.8	8.32	31.50	6.02	1.10	5.76	0.78	4.33	0.85	2.43	0.34	2.25	0.33	21.8	179.71	162.64	17.07	9.53	0.56
YG - P10		45.0	91.1	9.41	35.00	6.51	1.18	6.33	0.86	4.83	0.96	2.74	0.38	2.5	0.35	25.2	207.15	188.2	18.95	9.93	0.56
YG - P11		35.0	65.9	6.80	25.30	4.79	0.88	4.88	0.69	3.93	0.77	2.22	0.31	2.02	0.29	20.2	153.78	138.67	15.11	9.18	0.55
YG - P13		12.0	24.6	3.08	11.00	3.32	0.36	3.36	0.74	4.59	0.89	2.37	0.43	2.74	0.38	25.5	69.86	54.36	15.50	3.51	0.33
YG - P14		22.7	40.3	4.47	15.40	3.43	0.49	3.23	0.60	3.88	0.80	2.36	0.46	3.20	0.46	22.9	101.78	86.79	14.99	5.79	0.44
标准化数据	球粒陨石	0.31	0.81	0.12	0.60	0.20	0.07	0.26	0.05	0.32	0.072	0.21	0.03	0.21	0.03	-	-	-	-	-	-

注：数据引自念青唐古拉成矿地质条件研究与找矿靶区优选报告（中国地质科学院矿产资源研究所与河南省地质调查院，2012）。

表 4-29 亚贵拉矿床石英斑岩微量元素组成表($\times 10^{-6}$)

样品编号	岩性符号	Ba	Rb	Th	K	Nb	Ta	La	Ce	Sr	Nd	P	Sm	Zr	Hf	Ti	Tb	Y	Tm	Yb
YGL-P1-B1	$\lambda\pi_5^3$	1871	351	33.0	61 929.19	13.1	0.74	41.6	96.3	137	40.5	130.986	6.96	170	5.92	1273.683	0.72	17.5	0.25	1.50
YGL-Y-1		704	468	23.6	69 317.53	13.1	0.86	83.6	161.0	51.6	62.7	174.648	10.70	212	6.65	1273.683	1.28	31.1	0.45	2.84
PD301-2	$\lambda\pi_6^1$	1966	254	15.7	37 273.74	13.3	0.94	13.5	36.0	14.6	21.7	567.606	4.87	240	6.78	1273.683	0.70	20.7	0.29	1.93
PD401-2		224	334	11.0	57 944.47	18.1	2.05	8.85	18.1	63.5	8.2	130.986	2.90	29.8	2.08	3126.314	0.62	22.9	0.31	2.06
ZK301-86		584	296	8.3	47 484.58	8.02	0.62	19.3	41.4	67.1	18.8	349.296	3.74	284	7.87	173.6841	0.52	14.9	0.23	1.44
PD301-1		415	254	13.8	47 318.55	12.4	0.85	24.5	50.6	34	21.4	349.296	4.01	235	6.27	2547.367	0.48	14.3	0.23	1.56
PD401-8		411	354	18.4	71 890.99	13.3	1.45	18.2	36.5	56.3	15.6	87.324	3.67	50.9	2.39	3068.419	0.60	24	0.38	2.66
PD401-1		346	168	16.5	33 372.03	14.5	0.98	37.9	77.8	11.6	31.5	523.944	6.02	251	7.17	463.1576	0.78	21.8	0.34	2.25
PD401-4		344	236	18.7	38 518.96	16.0	1.17	45.0	91.1	12.9	35.0	654.93	6.51	185	5.84	3763.156	0.86	25.2	0.38	2.50
PD401-7		260	288	14.6	27 644.00	9.91	0.70	35.0	65.9	51.6	25.3	480.282	4.79	260	6.90	3936.840	0.69	20.2	0.31	2.02
ZK301-137		402	118	22.4	22 580.08	15.7	1.12	48.1	96.4	9.19	37.1	611.268	6.79	156	4.88	3821.050	0.86	22.9	0.34	2.24
PD301-4		88.4	114	5.3	22 580.08	6.94	0.36	27.7	54.2	19.4	25.0	611.268	5.01	116	3.19	3821.050	0.75	24.4	0.35	2.26
标准化数据	球粒陨石	6.9	0.35	0.042	120	0.35	0.02	0.329	0.865	11.8	0.6	46.000	0.20	6.84	0.20	620.000	0.05	2.0	0.03	0.22

注:数据引自念青唐古拉成矿地质条件研究与找矿靶区优选报告(中国地质科学院矿产资源研究所与河南省地质调查院,2012)。

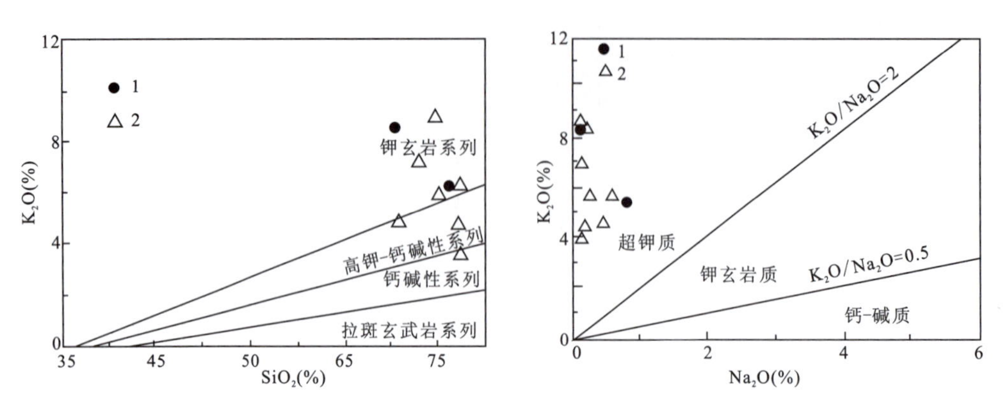

图 4-30　亚贵拉石英斑岩 SiO_2-K_2O 及 Na_2O-K_2O 图解

1. 燕山期石英斑岩($\lambda\pi_5^3$)；2. 喜马拉雅期石英斑岩($\lambda\pi_6^1$)

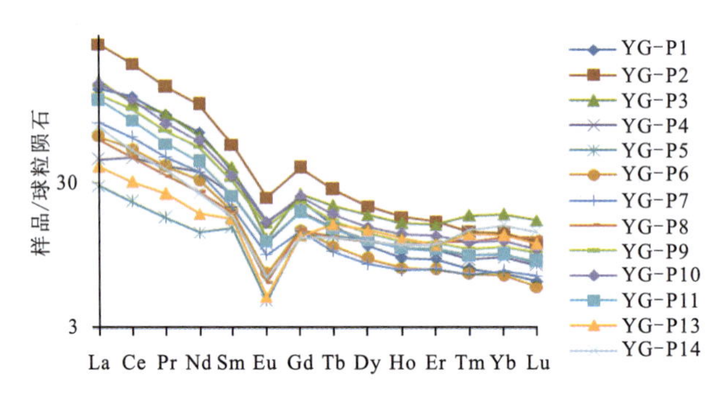

图 4-31　亚贵拉矿床岩体稀土元素配分曲线图

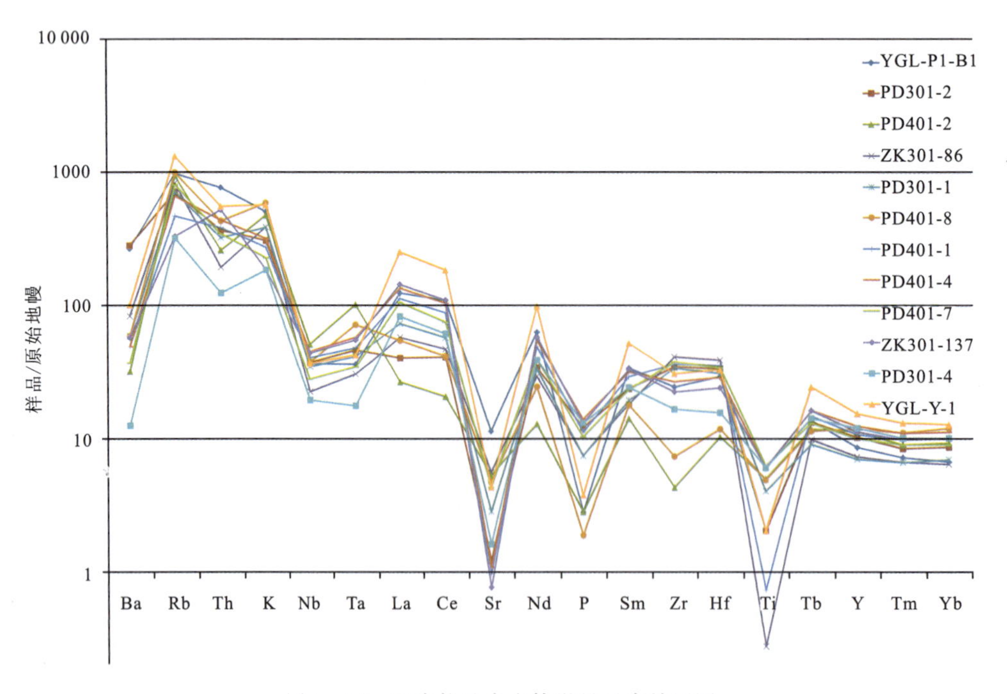

图 4-32　亚贵拉矿床岩体微量元素蛛网图

4.3.2 新嘎果岩浆岩地球化学

4.3.2.1 主量元素特征

新嘎果矿床岩浆岩主要为闪长岩和黑云母花岗岩。根据岩石主量元素分析结果(表4-30),闪长岩SiO_2含量介于58.28%~62.12%之间变化,平均60.2%,K_2O+Na_2O介于4.59%~7.13%,平均5.86%,AR值为1.53~2.01,平均1.77。采用Middlemost(1994)提出的TAS图解投影,各样品点分别投影在闪长岩、云英闪长岩和二长岩区间内(图4-33)。而采用Wight(1969)SiO_2-AR图解投影,所有样品均落在了钙碱性花岗岩的范围内(图4-34),而在SiO_2-K_2O图解中(图4-35),所有样品主要集中在中钾—高钾系列范围内,反映了中—高钾钙碱性花岗岩的特征,为典型的I型花岗岩。

表4-30 新嘎果岩体主量元素组成及其相关参数表(%)

样品编号	XGG YT-6	XGG YT-10	XGG YT-14	XGG YT-5	XGG YT-12	XGG YT-11	XGG YT-7	XGG YT-9
岩性	闪长岩				黑云母花岗岩			
SiO_2	60.29	63.5	58.28	62.12	68.36	69.42	69.04	68.18
Al_2O_3	15.77	15.51	15.03	15.55	15.02	14.74	14.57	14.58
Fe_2O_3	6.99	5.86	8.42	5.99	2.94	2.96	3.22	3.66
FeO	3.65	3.30	5.50	3.40	1.40	1.50	1.90	2.05
MgO	2.49	1.87	4.23	2.16	1.24	1.02	1.18	1.43
CaO	5.44	4.96	6.82	4.59	2.82	2.79	2.98	3.22
Na_2O	3.94	3.94	2.75	3.96	4.28	3.75	3.96	3.94
K_2O	2.38	2.31	1.84	3.17	3.02	3.18	3.40	3.06
MnO	0.16	0.10	0.14	0.12	0.04	0.05	0.06	0.08
TiO_2	0.77	0.59	0.88	0.66	0.39	0.38	0.40	0.46
P_2O_5	0.35	0.39	0.29	0.34	0.16	0.15	0.16	0.18
LOI	1.39	0.94	1.25	1.30	1.66	1.53	1.01	1.16
AR	1.85	1.88	1.53	2.10	2.39	2.31	2.44	2.30
Na_2O+K_2O	6.32	6.25	4.59	7.13	7.30	6.93	7.36	7.00
A/CNK	0.83	0.86	0.79	0.85	0.97	1.00	0.93	0.93
A/NK	1.74	1.73	2.31	1.56	1.46	1.53	1.43	1.49

注:数据引自念青唐古拉成矿地质条件研究与找矿靶区优选报告(中国地质科学院矿产资源研究所与河南省地质调查院,2012)。

黑云母花岗岩SiO_2含量介于68.36%~69.42%之间变化,K_2O+Na_2O介于6.93%~7.36%之间,AR值介于2.31~2.44之间。在TAS深成岩体图解上(图4-33),各样品均投影在花岗闪长岩范围内。在SiO_2-AR图解上(图4-34),所有样品均投在钙碱性花岗岩区间内。在SiO_2-K_2O图解上,所有样品也都主要集中在中钾系列范围内(图4-35),反映出中钾钙碱性花岗岩的特征,亦属典型的I型花岗岩。

总之,矿床主量元素地球化学特征表明,区内广泛发育于的闪长岩和黑云母花岗岩为典型的中—高钾钙碱性I型花岗岩系列。

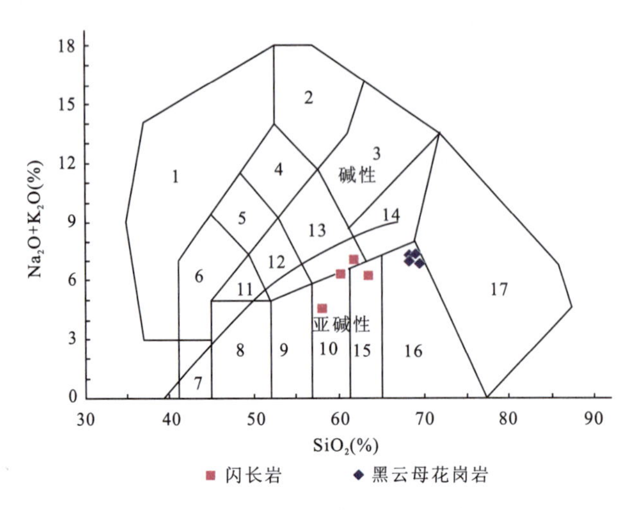

图 4－33　新嘎果矿区闪长岩和黑云母花岗岩 TAS 图解

（底图据 Middlemost，1994）

1. 似长深成岩；2. 霞石正长岩；3. 正长岩；4. 似长二长正长岩；5. 似长二长闪长岩；6. 似长辉长岩；7. 橄榄辉长岩；8. 辉长岩；9. 辉石闪长岩；10. 闪长岩；11. 二长辉长岩；12. 二长闪长岩；13. 二长岩；14. 石英二长岩；15. 云英闪长岩；16. 花岗闪长岩；17. 花岗岩

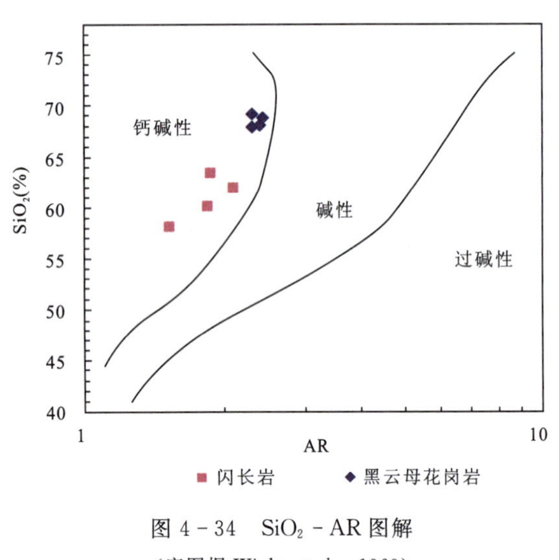

图 4－34　SiO_2－AR 图解

（底图据 Wight et al.，1969）

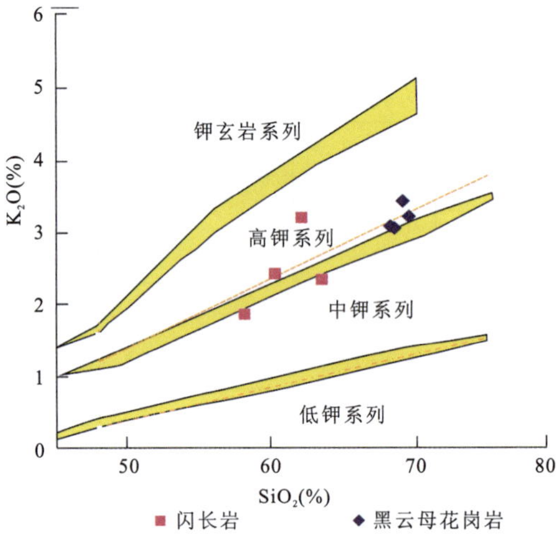

图 4－35　K_2O－SiO_2 图解

（底图据 Peccerillo and Taylor，1976）

4.3.2.2　稀土元素特征

矿区闪长岩和黑云母花岗岩稀土元素组成及其相关参数见表 4－31，从表 4－31 中可以看出：两岩体稀土元素特征相似，两类岩石稀土元素总量均较高，闪长岩稀土总量∑REE 介于(141.09～17.41)×10^{-6}之间，黑云母花岗岩∑REE 介于(80.42～195.08)×10^{-6}之间；轻、重稀土元素具有弱的分异，闪长岩$(La/Yb)_N$ 和∑LREE/∑HREE 变化范围分别为 5.72～11.41 和 6.78～9.83；黑云母花岗岩$(La/Yb)_N$ 和∑LREE/∑HREE 变化范围分别为 13.56～7.68 和 10.58～7.79；除一件黑云母花岗岩样品 Eu 表现为弱正异常外(XGGYT－12，δEu＝1.38)，其余样品 Eu 表现为弱负异常(闪长岩 δEu 为 0.71～0.91；黑云母花岗岩 δEu 为 0.78～0.96)，岩石球粒陨石标准化的稀土元素配分曲线表现为平缓右倾斜型(图 4－36)。

表4-31　新嘎果岩体稀土元素组成及其相关参数表($\times10^{-6}$)

样品编号	XGG YT-6	XGG YT-10	XGG YT-14	XGG YT-5	XGG YT-12	XGG YT-11	XGG YT-7	XGG YT-9
岩性	闪长玢岩				花岗岩			
La	45.70	28.80	22.50	45.70	17.20	34.80	30.70	45.30
Ce	91.00	58.30	49.20	91.40	31.20	65.80	63.40	86.10
Pr	9.98	6.61	6.16	10.50	3.65	6.90	6.88	9.02
Nd	38.90	26.10	26.30	41.20	15.10	25.40	26.00	31.20
Sm	7.09	4.90	5.32	7.00	2.94	3.77	4.68	5.23
Eu	1.54	1.34	1.19	1.53	1.18	1.24	1.43	1.39
Gd	6.25	4.14	3.88	6.27	2.31	4.33	4.39	5.62
Tb	1.03	0.72	0.78	1.00	0.43	0.62	0.72	0.80
Dy	5.61	4.04	4.68	5.29	2.52	3.10	4.01	4.15
Ho	0.98	0.75	0.90	0.91	0.47	0.51	0.76	0.69
Er	3.16	2.35	2.61	3.09	1.44	1.90	2.35	2.51
Tm	0.44	0.36	0.40	0.40	0.23	0.27	0.37	0.35
Yb	2.97	2.32	2.65	2.70	1.51	1.73	2.47	2.35
Lu	0.45	0.37	0.42	0.42	0.24	0.27	0.39	0.37
∑REE	215.10	141.09	126.99	217.41	80.42	150.63	148.54	195.08
∑LREE/HREE	9.30	8.38	6.78	9.83	7.79	10.84	8.61	10.58
$(La/Yb)_N$	10.37	8.37	5.72	11.41	7.68	13.56	8.38	13.00
δEu	0.71	0.91	0.80	0.71	1.38	0.94	0.96	0.78

注:数据引自念青唐古拉成矿地质条件研究与找矿靶区优选报告(中国地质科学院矿产资源研究所与河南省地质调查院,2012)。

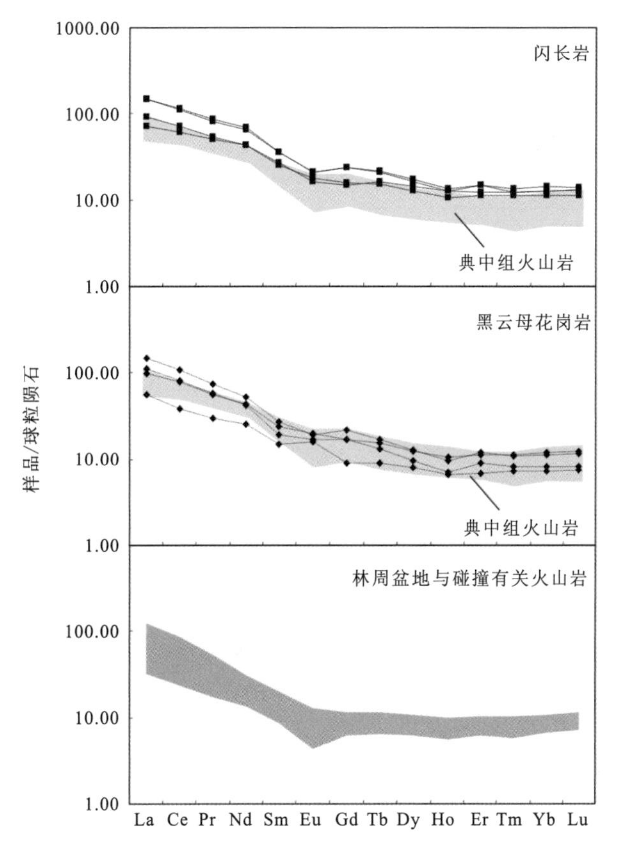

图4-36　新嘎果矿床各类岩浆岩稀土元素配分曲线对比图

4.3.3 拉屋岩浆岩地球化学

4.3.3.1 主量元素特征

根据日音拿白云二长花岗岩化学成分分析(表 4-32):矿区白云二长花岗岩显示富硅、富碱、过铝质特征,岩石 SiO_2 介于 72.26%~77.11%之间,K_2O+Na_2O 变化于 6.7%~7.68%,AR 值介于 2.36~3.67 之间,在 Wight(1969)提出的 SiO_2-AR 图解(图 4-37)中,除 1 个样品投入到钙碱性范围内外,其余样品均投入到了碱性花岗岩的范围之内。

表 4-32 拉屋矿区白云母二长花岗岩化学成分及其参数表(%)

样品编号	LWZK003-14	LWZK003-16	Si43a	Si44	LR-1	LR-4
SiO_2	73.6	76.94	74.81	72.26	75.73	77.11
Al_2O_3	15.75	12.93	14.82	15.08	14.22	13.7
Fe_2O_3	0.06	0.44	0.18	0.23	0.28	0.03
FeO	0.35	0.8	0.25	0.60	0.1	0.5
MgO	0.24	0.24	0.14	0.39	0.19	0.13
CaO	1.68	0.71	1.00	1.44	0.59	0.72
Na_2O	2.15	3.48	5.63	3.59	4.32	3.71
K_2O	5.51	4.06	1.88	3.11	3.36	3.18
MnO	0.01	0.023	0.01	0.03	0.01	0.1
TiO_2	0.011	0.042	0.03	0.00	0.03	0.02
P_2O_5	0.077	0.094	0.18	0.15	0.14	0.07
LOI	0.53	<0.10	-	-	-	-
Na_2O+K_2O	7.66	7.54	7.51	6.7	7.68	6.89
A/CNK	1.25	1.13	1.13	1.27	1.20	1.26
A/NK	1.66	1.28	1.31	1.63	1.32	1.44
AR	2.57	3.47	2.81	2.36	3.15	2.83

注:数据引自念青唐古拉成矿地质条件研究与找矿靶区优选报告(中国地质科学院矿产资源研究所与河南省地质调查院,2012)。

岩体相对富铝,Al_2O_3 介于 12.93%~15.75%,平均值为 14.42%,铝饱和指数 A/CNK 全部大于 1.1,与 I 型花岗岩铝饱和指数 A/CNK<1.1 的特征明显有别。在 A/CNK-A/NK 关系图上(Maniar and Piccoli,1989)(图 4-38),样品点均落在过铝质区域,反映了 S 型花岗岩的特征。Fe、Mg、Ti 含量相对低,TFeO+MgO 变化于 0.54%~1.44%,TiO_2 介于 0~0.04%之间,类似于大陆碰撞过程中地壳部分熔融所形成的淡色花岗岩(TFeO+MgO<2.5%;郭素淑和李曙光,2009)。根据矿区主量元素参数,

分别投影到 Batchelor 和 Bowden(1985)提出的 R_1-R_2 判别图解(图 4-39)及 Feng 和 Kerrich(1992)提出的 $CaO/(Na_2O+K_2O)-SiO_2$ 图解(图 4-40),所有样品点均落到了同碰撞区域范围内。朱弟成等(2008)研究指出班公错-怒江洋中生代开始向南俯冲,140～110Ma 冈底斯带中北部地区大规模岩浆活动,反映了冈底斯-羌塘处于同碰撞背景下。杜欣等(2004)指出,矿区白云母二长花岗岩 K-Ar 全岩年龄为(109±1.3)Ma,该岩体很可能是冈底斯-羌塘陆陆碰撞的产物。

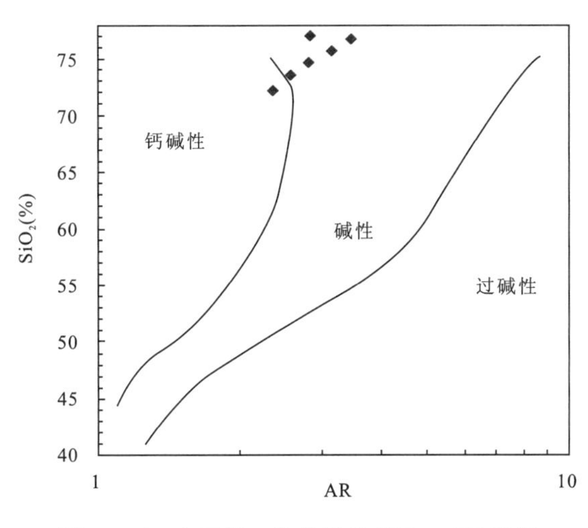

图 4-37 白云母二长花岗岩 SiO_2-AR 图解

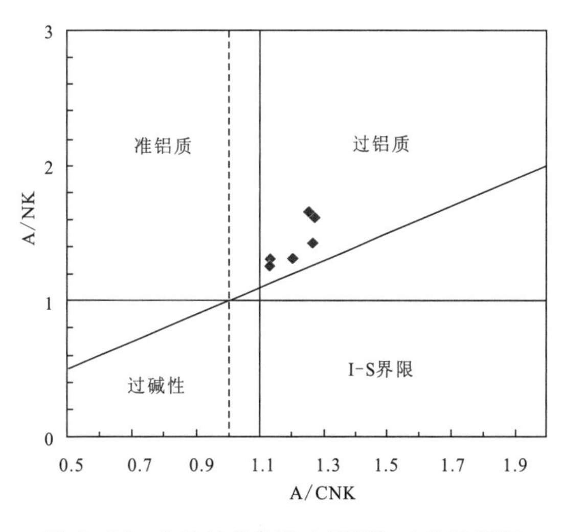

图 4-38 白云母花岗岩 A/CNK-A/NK 图解

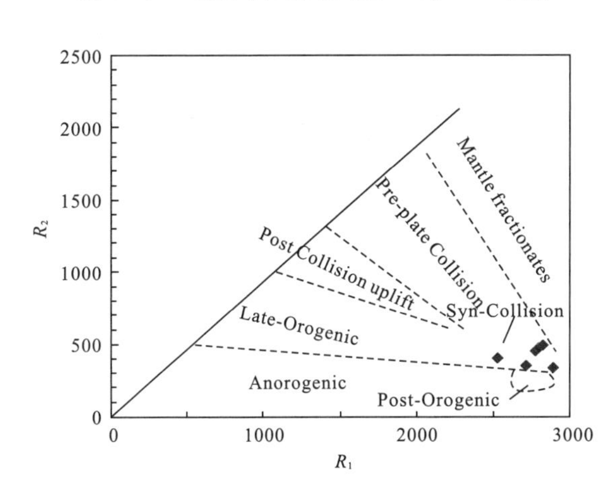

图 4-39 白云二长花岗岩 R_1-R_2 判别图解

Mantle fractionates. 地幔分异区；Pre-Plate Collision. 板块碰撞前；Post Collision uplift. 碰撞后抬升；Late-Orogenic. 造山晚期；Anorogenic. 非造山；Syn-Collision. 同碰撞，Post-Orogenic. 造山后

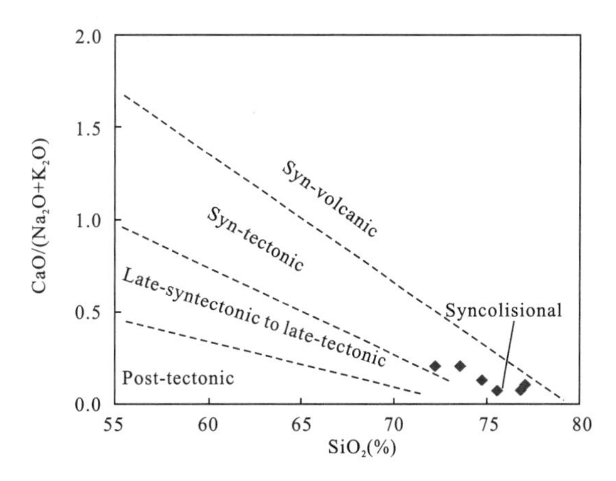

图 4-40 $CaO/(Na_2O+K_2O)-SiO_2$ 图解

Syn-volcanic. 同火山期的；Syn-tectonic. 同构造期的；Late-syntectonic to late-tectonic. 同构造晚期的；Post-tectonic. 后构造期的；Syncolisional. 同碰撞

4.3.3.2 微量元素特征

根据矿区白云母二长花岗微量元素组成及其相关参数(表 4-33),岩石中,Rb 含量高,达(297～376)$\times10^{-6}$,其他元素含量均较低,其中,Cs、Ba、Th 和 Sr 分别介于(10.1～4.6)$\times10^{-6}$、(10.1～76.8)$\times10^{-6}$、(0.5～1.85)$\times10^{-6}$和(3.6～177.4)$\times10^{-6}$,相关参数 Rb/Sr、Sr/Y、Rb/Ba 分别介于 4.74～104.44、0.36～5.23 和 4.78～37.32。在微量元素蛛网图上,Rb、Cs、U 和 Pb 表现为明显的富集,Ba、Th 和 Ti 明显亏损(图 4-41)。

表 4－33 拉屋矿床白云母二长花岗岩微量元素组成及其特征值表($\times10^{-6}$)

样品编号	Cs	Rb	Ba	Th	U	Nb	Ta
LWZK003－14	24.6	367	76.8	1.85	20.6	12.8	4.61
LWZK003－16	15.7	297	61.0	1.68	10.7	12.3	3.89
LR－1	10.1	342	22.6	0.50	1.3	31.4	12.80
LR－4	20.2	376	10.1	1.30	2.8	19.2	5.50
样品编号	Pb	Sr	Zr	Y	Rb/Sr	Sr/Y	Rb/Ba
LWZK003－14	60.2	77.4	45.2	14.80	4.74	5.23	4.78
LWZK003－16	57.0	56.7	32.7	11.30	5.24	5.02	4.87
LR－1	59.4	13.1	27.0	4.34	26.11	3.02	15.13
LR－4	129.0	3.6	31.1	9.91	104.44	0.36	37.23

注:数据引自念青唐古拉成矿地质条件研究与找矿靶区优选报告(中国地质科学院矿产资源研究所与河南省地质调查院,2012)。

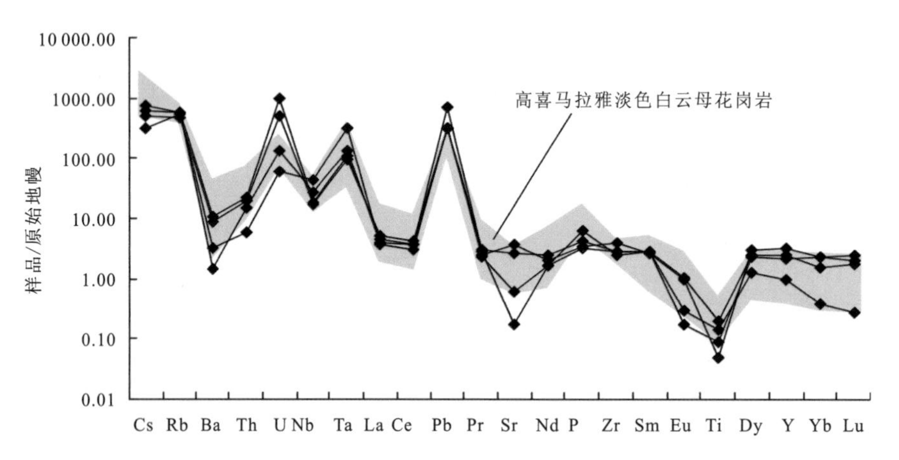

图 4－41 拉屋矿区白云母二长花岗岩微量元素蛛网图
(原始地幔标准化值引自 Sun and McDonough, 1989;
高喜马拉雅淡色白云母花岗岩据张宏飞等,2005;张金阳等,2003)

花岗岩元素地球化学组成能够在一定程度上反映岩体形成的大地构造背景,将岩石主量元素参数投入到 Batchelor 和 Bowden(1985)提出的 R_1-R_2 判别图解(图 4－42A)和 Feng 和 Kerrich(1992)提出的 $CaO/(Na_2O+K_2O)-SiO_2$ 图解(图 4－42B)上,所有样品点均投入到了同碰撞区域范围内;将微量元素 Y、Nb、Rb 投影在 Pearce et al.(1984)设计的 Y－Nb 和 Rb－(Y+Rb)构造判别图解上,所有投影点均落在了岛弧+同碰撞(AVG+Syn－COLG)区域(图 4－42C)和同碰撞(Syn－COLG)区域(图4－42D),其主量元素和微量元素的构造判别结果基本一致。

4.3.3.3 稀土元素特征

矿区白云母二长花岗岩稀土元素组成及其相关参数见表 4－34,从表 4－34 中可以看出:岩体中稀土元素含量非常低,稀土总量 ∑REE 介于(14.93～37.47)$\times10^{-6}$ 之间;轻重稀土元素分异程度较低[$(La/Yb)_N$ 和 LREE/HREE 值分别为 1.58～8.84 和 2.30～3.90]。δEu 为 0.77～1.09,Eu 强烈负异常。稀土元素配分曲线(图 4－43),呈平缓向右倾斜,与高喜马拉雅淡色白云母花岗岩类似。

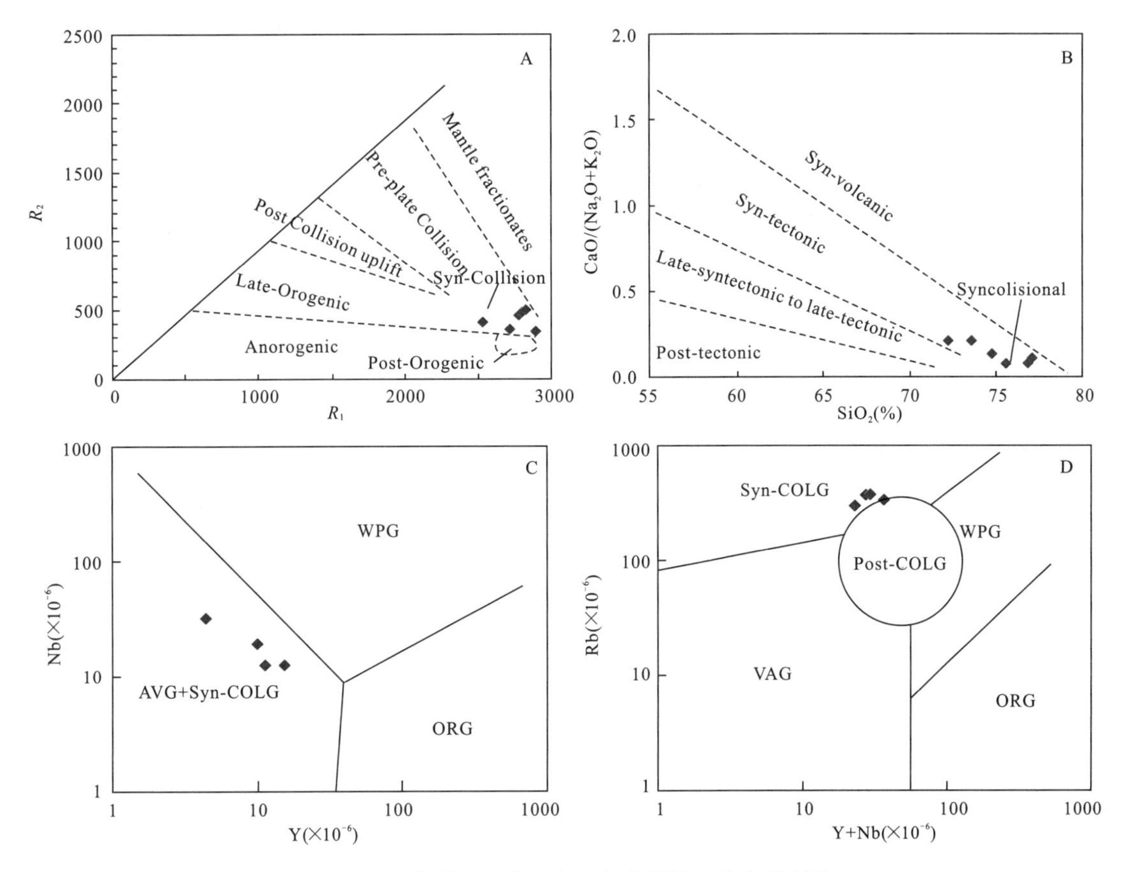

图 4-42 拉屋矿区白云母二长花岗岩主构造判别图

Mantle fractionates. 地幔分异；Pre-Plate Collision. 板块碰撞前；Post Collision uplift. 碰撞后抬升；Late-Orogenic. 造山晚期；Anorogenic. 非造山；Syn-Collision. 同碰撞；Post-Orogenic. 造山后；Syn-volcanic. 同火山期的，Syn-tectonic. 同构造期的；Late-syntectonic to late-tectonic. 同构造晚期的；Post-tectonic. 后构造期的；WPG. 板内花岗岩；ORG. 洋中脊花岗岩；VAG. 火山弧花岗岩；Syn-COLG. 同碰撞花岗岩；Post-COLG. 后碰撞花岗岩；Syncolisional. 同碰撞

表 4-34 拉屋矿床白云母二长花岗岩稀土元素组成及参数值表(×10^{-6})

样品编号	LWZK003-14	LWZK003-16	Gr	LR-1	LR-4
La	3.04	3.54	5.92	2.49	2.76
Ce	6.45	7.27	10.40	5.24	6.34
Pr	0.70	0.85	1.38	0.65	0.76
Nd	2.71	3.28	6.44	2.20	2.30
Sm	1.17	1.22	1.87	1.25	1.27
Eu	0.17	0.18	0.17	0.05	0.03
Gd	0.57	0.66	2.01	1.23	1.23
Tb	0.24	0.22	0.45	0.20	0.26
Dy	2.20	1.86	4.39	0.94	1.67
Ho	0.43	0.33	0.75	0.14	0.31
Er	0.88	0.68	1.71	0.29	0.90
Tm	0.19	0.12	0.25	0.04	0.16
Yb	1.18	0.79	1.58	0.19	1.18
Lu	0.18	0.13	0.15	0.02	0.15
$\sum$REE	20.10	21.12	37.47	14.93	19.32
$\sum$HREE/$\sum$LREE	2.43	3.41	2.32	3.90	2.30
$(La/Yb)_N$	1.74	3.02	2.53	8.84	1.58
δEu					

注：数据引自念青唐古拉成矿地质条件研究与找矿靶区优选报告(中国地质科学院矿产资源研究所与河南省地质调查院，2012)。

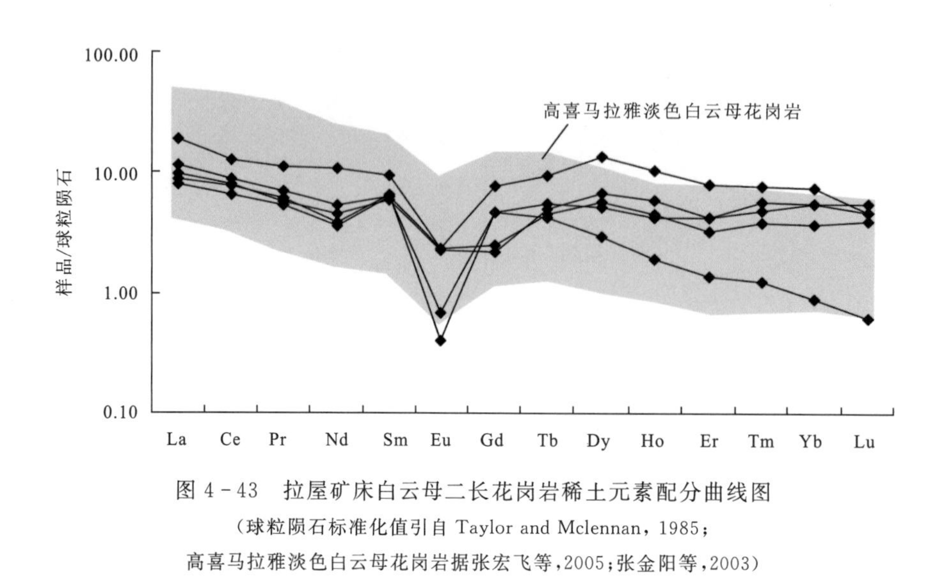

图 4-43 拉屋矿床白云母二长花岗岩稀土元素配分曲线图
（球粒陨石标准化值引自 Taylor and Mclennan，1985；
高喜马拉雅淡色白云母花岗岩据张宏飞等，2005；张金阳等，2003）

4.4 流体包裹体特征

4.4.1 亚贵拉矿床流体包裹体

根据亚贵拉矿床与硫化物共生的石英流体包裹体温度、盐度测定结果（表 4-35），流体包裹体均一温度峰值为 290～300℃（图 4-44），盐度分布出现高、中、低 3 个区段，盐度在 8%～9%出现峰值（图 4-45）。

表 4-35 亚贵拉铅锌矿床气液水包裹体冰点温度及盐度测定结果表

样品编号	包裹体类型	均一温度（℃）		冰点温度（℃）		盐度（NaCl，%）	
		变化范围（测定包裹体数）	均值	变化范围（测定包裹体数）	均值	变化范围（测定包裹体数）	均值
M4TC1/BT1	V-L	123～311(20)	217	−1.0～−4.2(20)	−2.7	1.73～6.72(20)	4.42
	S-V-L	376(1)	376			32.41(1)	32.41
PD404/BT1	V-L	231～355(6)	304	−4.2～−9.3(6)	−6.8	6.72～13.22(6)	9.38
PD402/BT1	V-L	200～307(10)	257	−4.5～−4.9(10)	−4.7	7.15～7.72(10)	7.34
PD5/BT1	V-L	270～331(9)	294	−5.0～−5.4(9)	−5.2	7.86～8.40(9)	8.14

注：数据引自罗雪，2010。

根据流体包裹体盐度-温度关系图解（图 4-46），流体包裹体可分两个簇群，一是均一温度与盐度呈线性关系的簇群，应是岩浆热液成矿作用形成的流体包裹体，反映的是岩浆热液成矿作用从高温、高盐度状态向中低温、低盐度状态演化的过程，另一簇群系中高温度中等盐度状态下形成的流体包裹体。二者体现了本矿床历经两期不同的成矿作用。

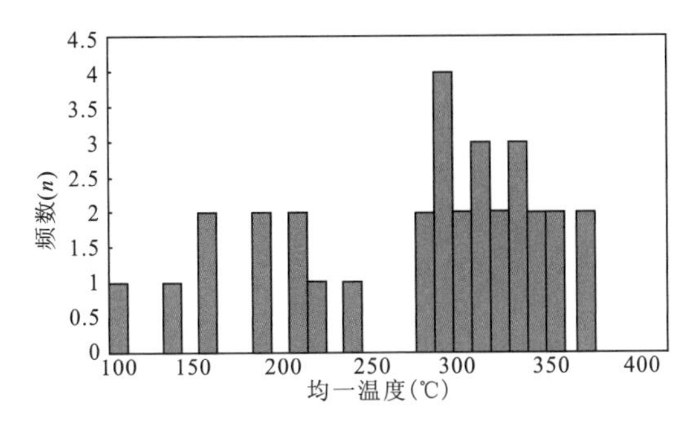

图 4-44 亚贵拉流体包裹体均一温度频数直方图

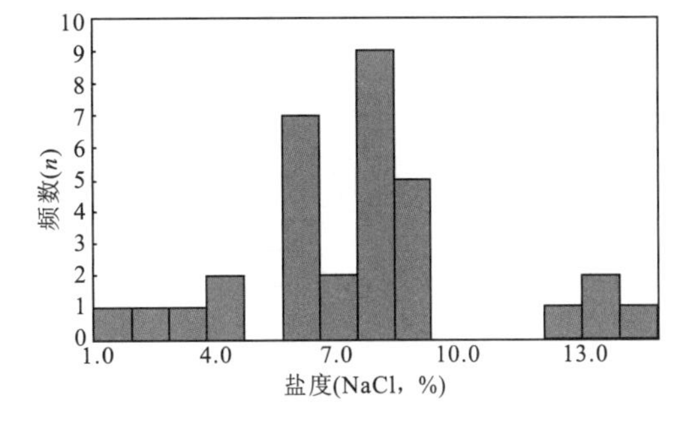

图 4-45 亚贵拉流体包裹体盐度频数直方图

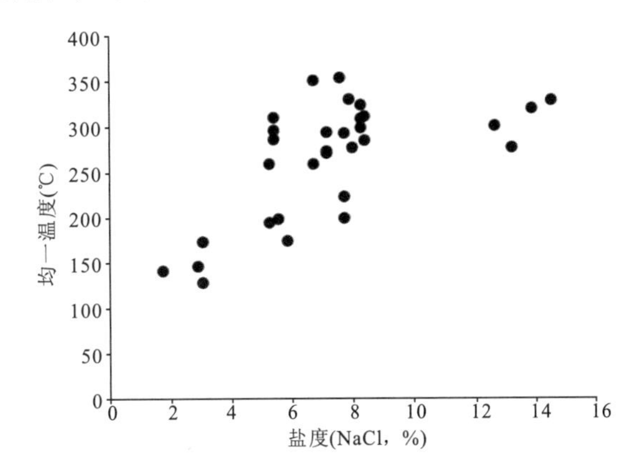

图 4-46 亚贵拉流体包裹体均一温度-盐度相关图解

4.4.2 蒙亚啊矿床流体包裹体

本研究对采自蒙亚啊矿床含矿石英脉样品做了流体包裹体的均一温度、冰点温度的测试。石英中原生流体包裹体成群分布，大小 4～36μm，以 5～9μm 居多。包裹体形态多样，多呈圆形、椭圆形，偶见长条状或不规则状假次生包裹体。包裹体类型主要为气-液水两相包裹体，常温下气液比为 3%～20%。采用加热法测定其均一温度，盐度采用冷冻法测定冰点温度，通过 Potter et al.(1978)所提出的盐度公式计算获得。流体包裹体均一温度和盐度测试结果见表 4-36，均一温度和盐度直方图见图 4-47。图 4-47 中显示成矿流体温度为 182～290℃，包裹体均一温度集中分布在 200～240℃之间，盐度变化范围 1.1%～12.2%，盐度集中在 6%～8%之间变化，属中温低盐度流体。结合矿床围岩蚀变特征和流体氢氧同位素组成，成矿流体是一种多源混合流体。

表 4-36 蒙亚啊铅锌矿床气液水包裹体冰点温度及盐度测定结果表

样品编号	包裹体类型	均一温度(℃)		冰点温度(℃)		盐度(NaCl,%)	
		变化范围(测定包裹体数)	均值	变化范围(测定包裹体数)	均值	变化范围(测定包裹体数)	均值
MYA-14kd-9	V-L	209～233(46)	222	−2.4～−6.1(46)	−4.1	4～9.3(46)	6.5
MYA-14kd-4	V-L	233～245(21)	239	−2.6～−5.4(21)	−4.3	4.3～8.4(21)	6.9
PM1-8	V-L	246～290(24)	259	−1.2～−6.3(21)	−4.6	2.1～9.6(21)	7.2
MYA09-14-1	V-L	243～264(5)	256	−3.9～−8.4(5)	−5.9	6.3～12.2(18)	8.9
PM3-8	V-L	209～259(23)	233	−0.3～−4.2(18)	−2.3	0.5～6.7(18)	3.7
MYA09-14-4	V-L	196～230(18)	213	−2～−3.4(14)	−2.7	3.4～5.6(14)	4.5
PM1-10	V-L	182～209(18)	198	−0.6～−4.3(16)	−2.1	1.1～6.9(12)	3.5

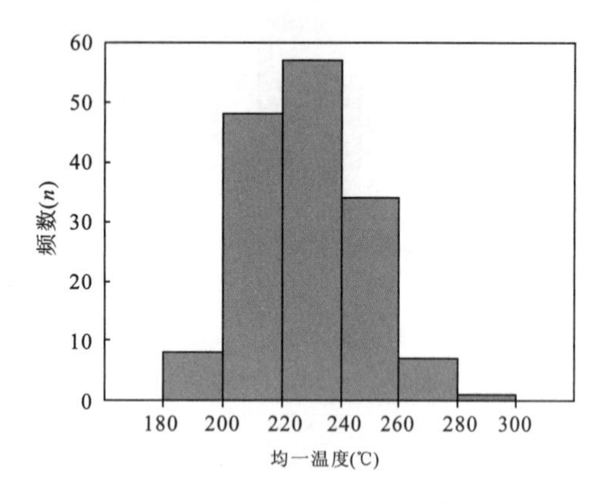

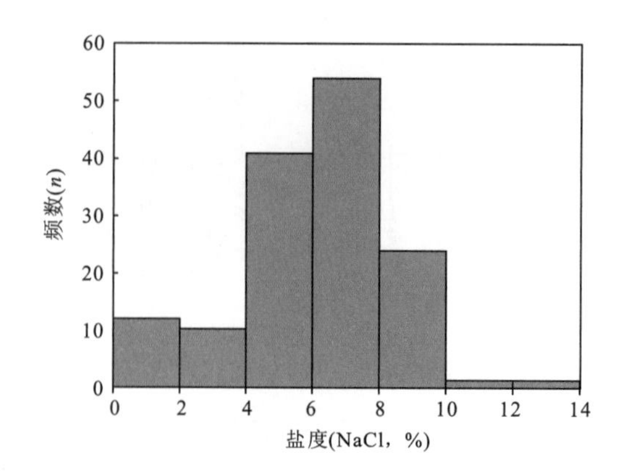

图 4-47 蒙亚啊矿床石英包裹体均一温度和盐度直方图

根据流体包裹体盐度-温度关系图(图 4-48),流体包裹体均一温度与盐度呈线性关系,且直线较为平缓,向左倾斜,反映出中温、低盐度的成矿流体随着成矿作用的进行温度、盐度缓慢衰减的过程,表明矿床是中低温热液发生水岩交代的产物。

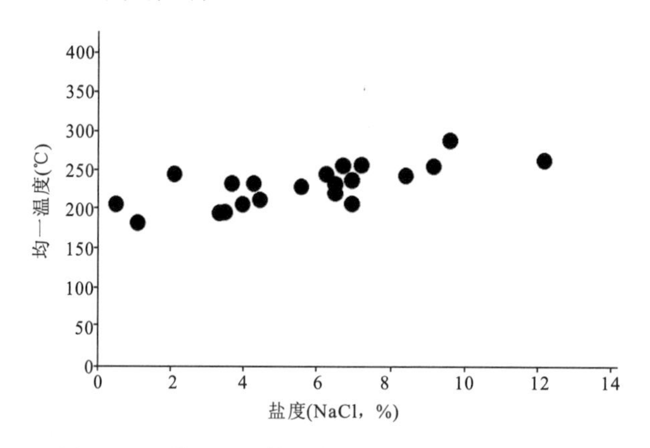

图 4-48 蒙亚啊流体包裹体盐度-温度关系曲线图

4.4.3 新嘎果矿床流体包裹体

为研究成矿流体的性质、演化规律,探讨成矿过程的物理化学条件,本研究采集了新嘎果矿床脉石矿物石榴石、石英和方解石进行了流体包裹体分析、测试。

石榴石中包裹体较少,呈长方形、椭圆形等,星散状随机分布,小者不到 1μm,最大者达 13μm,一般 2~5μm,包裹体类型主要有气液两相包裹体、含石盐子晶气液三相包裹体、纯液相包裹体和少量纯二氧化碳包裹体,其中,气液包裹体的气液比多数为 5%~10%;石英中包裹体数量多,呈椭圆形、长条形和不规则形等多种形态,星散状随机分布,最小者小于 1μm,最大者约 25μm,多数为 5~15μm,包裹体类型主要有气液两相包裹体、含石盐子晶三相包裹体、纯气相甲烷包裹体和纯液相包裹体,其中,气液包裹体的气液比变化范围在 3%~60%之间,多数介于 10%~30%之间;方解石中包裹体形态多样,呈星散状随机分布,大小多为 5~15μm,包裹体类型有气液两相包裹体和少量纯液相包裹体,气液两相包裹体气相充填度大多介于 3%~10%之间。

均一温度、盐度测试对象为气液两相包裹体和含石盐子晶气液三相包裹体。其中,气液两相包裹体盐度通过测定其冰点温度,利用 Potter et al.(1978)所提出的盐度公式计算获得;含石盐子晶气液三相包裹体通过测定石盐子晶融化温度,利用 Bisehoff(1991)所提出的盐度公式计算获得。测试结果见表 4-37,图 4-49。其中,石榴石中包裹体的均一温度为 418~484℃,平均为 454℃,气液两相包裹体盐度

表 4-37 新嘎果矿床主要脉石矿物中流体包裹体均一温度-盐度测定结果表

样品编号	样品类型	包裹体类型	均一温度(℃)		冰点温度(℃)		子晶融化温度(℃)		气泡消失温度(℃)		盐度(NaCl,%)	
			变化范围	均值	变化范围	均值	变化范围	均值	变化范围	均值	变化范围	均值
XGG-MN-2	石榴石	V-L	439～484(6)	461	−19.3～−12.6(6)	−16.6					16.53～21.89(6)	19.82
		S-V-L	418～479(4)	446			349～383(4)	371	418～479(6)	446	42.31～45.64(4)	44.42
XGG-MN-2	与石榴石共生石英	V-L	370～417(17)	392	−12.8～−6.1(17)	−9.39					9.34～16.71(17)	13.18
		S-V-L	362～397(11)	376			232～376(11)	299	362～397(11)	376	33.60～44.92(11)	38.34
XGG-PD3-9	含矿石英脉	V-L	319～376(22)	351	−7.8～−2.6(22)	−5.2					4.34～11.46(22)	8.11
XGG-PD3-10		V-L	315～380(17)	353	−7.7～−3.2(17)	−5.1					5.26～11.34(17)	7.92
XGG-PD3-KD-2		V-L	287～372(20)	339	−7.5～−3.2(20)	−5.5					5.26～11.10(20)	8.44
XGG-PD3-KD-3		V-L	301～380(10)	340	−7.6～−3.8(10)	−5.5					6.15～11.22(10)	8.45
XGG-PD2-KD-1	含矿方解石脉	V-L	211～279(23)	246	−4.6～−2.7(23)	−3.8					4.49～7.31(23)	6.15
XGG-PD2-KD-2		V-L	215～263(18)	236	−4.1～−1.9(18)	−3.0					3.23～6.59(18)	4.95
XGG-PD5-KD-1		V-L	211～273(24)	244	−4.2～−1.9(24)	−3.0					3.23～6.74(24)	4.96
XGG-PD5-KD-3		V-L	211～267(16)	243	−4.1～−2.2(16)	−3.1					3.70～6.59(16)	5.17
XGG-10-15		V-L	204～261(21)	225	−3.8～−1.6(21)	−2.6					2.74～6.16(21)	4.36

注:数据来源于念青唐古拉成矿地质条件研究与找矿靶区优选报告(中国地质科学院矿产资源研究所、河南省地质调查院,2012);表中括号内数字为测定包裹体数。

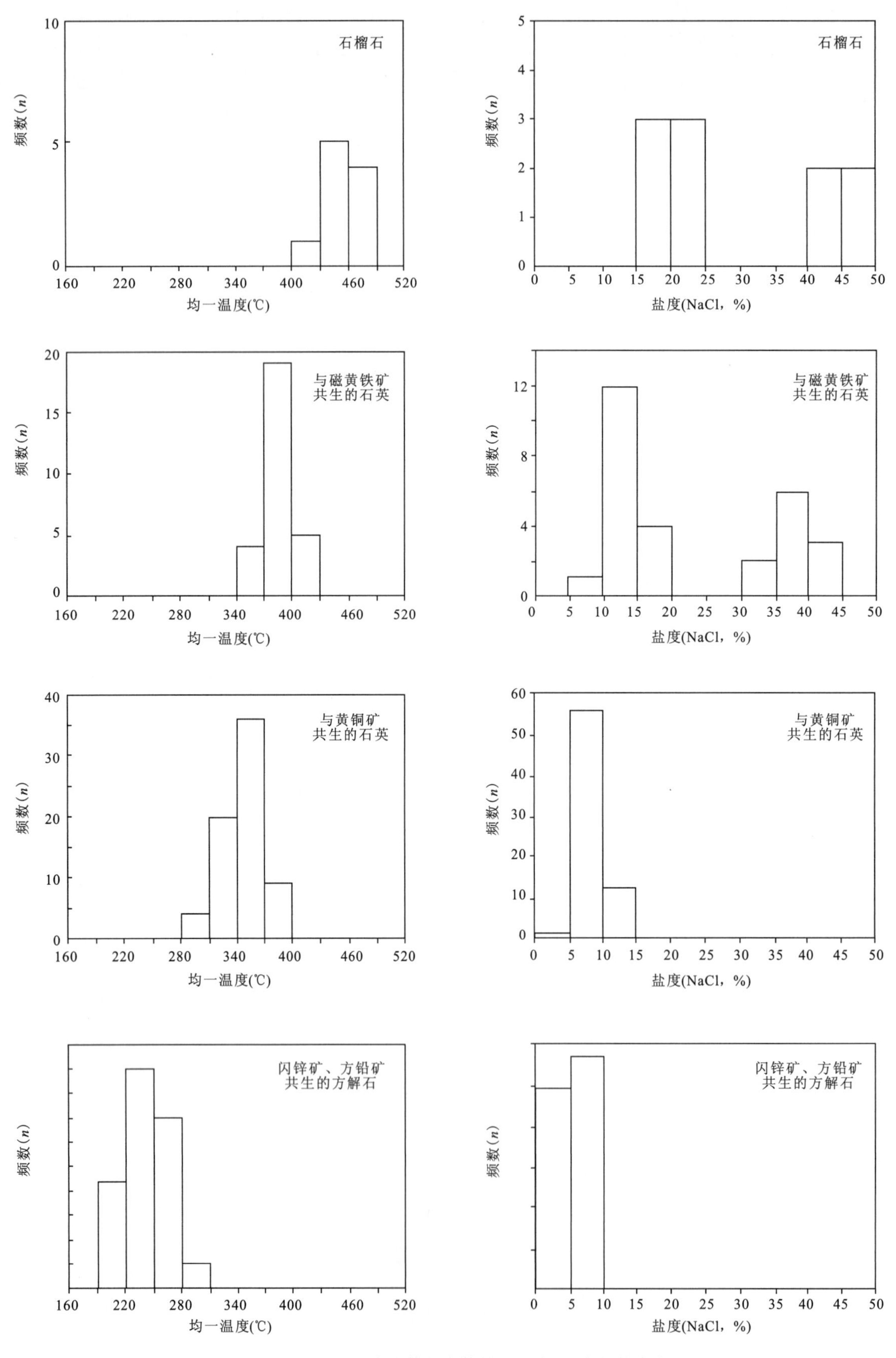

图 4-49　新嘎果矿床流体包裹体均一温度-盐度频数直方图

为16.5%～21.9%，含石盐子晶气液三相包裹体盐度为42.3%～45.6%。与石榴石共生石英包裹体均一温度介于362～417℃之间，平均为384℃，气液两相包裹体盐度为9.3%～16.7%，含石盐子晶气液三相包裹体盐度为33.6%～44.9%。含矿石英脉包裹体的均一温度变化较大，介于287～380℃之间，平均为346℃，盐度为4.3%～11.5%。含矿方解石脉包裹体的均一温度变化于204～279℃，平均为239℃，盐度为2.7%～7.3%。

石榴石包裹体均一温度明显低于富水花岗质熔融体的固相线温度，且包裹体中不含高温熔融包裹体，表明矿区矽卡岩并非残余岩浆结晶所形成，而是高温岩浆热液交代的产物。至方解石晶出阶段，包裹体均一温度和盐度明显较石榴石、石英包裹体低，应是过多地与大气降水混合的原因，这与氢氧同位素所显示的大气降水的特征一致。

根据流体包裹体盐度-温度关系图(图4-50)及流体包裹体测试结果，其流体包裹体均一温度与盐度呈线性关系，是一条左倾的陡直线，反映的是岩浆热液从高温、高盐度向中低温、低盐度演化的过程，该矿床属岩浆热液接触交代的产物。

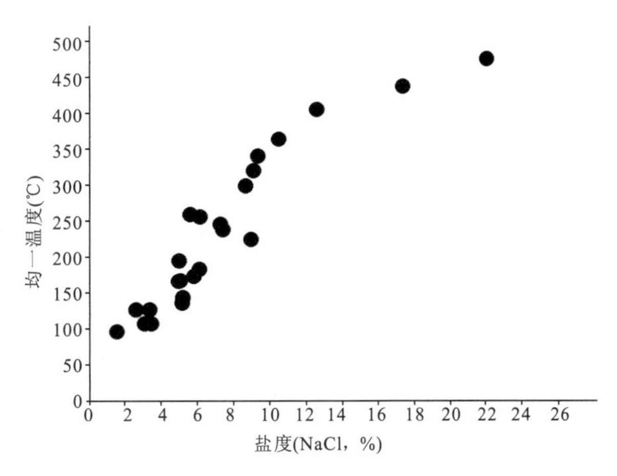

图4-50 新嘎果流体包裹体盐度-温度关系曲线图

4.4.4 拉屋矿床流体包裹体

本研究采集了拉屋矿床中不同成矿阶段的脉石矿物——石榴石、石英、方解石，开展了流体包裹体分析、测试。其中，石榴石中包裹体形态呈不规则状，最小者小于1μm，大者5～10μm，多数小于5μm，包裹体类型主要有气液两相包裹体和纯液相包裹体，未发现含石盐子晶的包裹体；石英中包裹体含量较多，最大者约15μm，多数为5～10μm，气液比主要集中在5%～30%。包裹体类型主要为气液两相包裹体和含石盐子晶气液三相包裹体，其次有纯气相包裹体和少量气液两相含甲烷包裹体；方解石中包裹体数量较石英含量少，主要为气液两相包裹体，偶见纯气相包裹体。原生包裹体形态复杂，呈不规则状、长条形、椭圆形等，包裹体一般个体较小，最小者小于1μm，最大者约25μm，多数5～15μm，气液比多数为3%～10%。

流体包裹体显微测温工作由中国地质大学(北京)地球科学与资源学院资源勘查实验室完成，测试方法和步骤与新嘎果矿床一致。均一温度的测试对象为气液两相包裹体和含石盐子晶气液三相包裹体，测试结果见图4-51和表4-38。

根据包裹体测试结果和包裹体均一温度、盐度直方图可以分析：拉屋矿床石榴石中包裹体盐度为12.51%～22.03%，平均盐度为17.5%，比岩浆热液交代成因的石榴石中流体包裹体盐度大于35%明显偏低，表明拉屋矿床测试的石榴石矿物并非岩浆接触交代成因，结合矿床特征及矿相学研究，该类型石榴石应为热水喷流沉积的产物。根据包裹体测温，石榴石包裹体均一温度介于408～476℃，平均

439℃，而同期与磁黄铁矿共生的石英气液两相包裹体均一温度为239～376℃，平均330℃，盐度为7.59%～10.36%，平均8.6%，与亚贵拉同期热水沉积温度、盐度大致相当，但明显低于石榴石包裹体均一温度，说明石榴石可能在热水喷流之前的溶液中已先期析出所致；与金属硫化物共生的石英中流体包裹体常见气液两相包裹体和含石盐子晶气液三相包裹体，其石盐子晶气液三相包裹体的形成应为岩浆热液交代的产物。表明拉屋矿床的形成存在两种截然不同的成矿期次，先期为来姑期的热水沉积，后期为岩浆热液叠加；方解石中包裹体均一温度变化较大，介于95～259℃之间，盐度为1.6%～6.2%，反映了成矿作用的末阶段流体状况，结合石英-方解石氢氧同位素研究，岩浆作用成矿流体在早阶段主要为岩浆水，随着成矿作用进行，大气降水大量加入，到晚阶段成矿流体逐渐演化成以大气降水为主的混合流体。

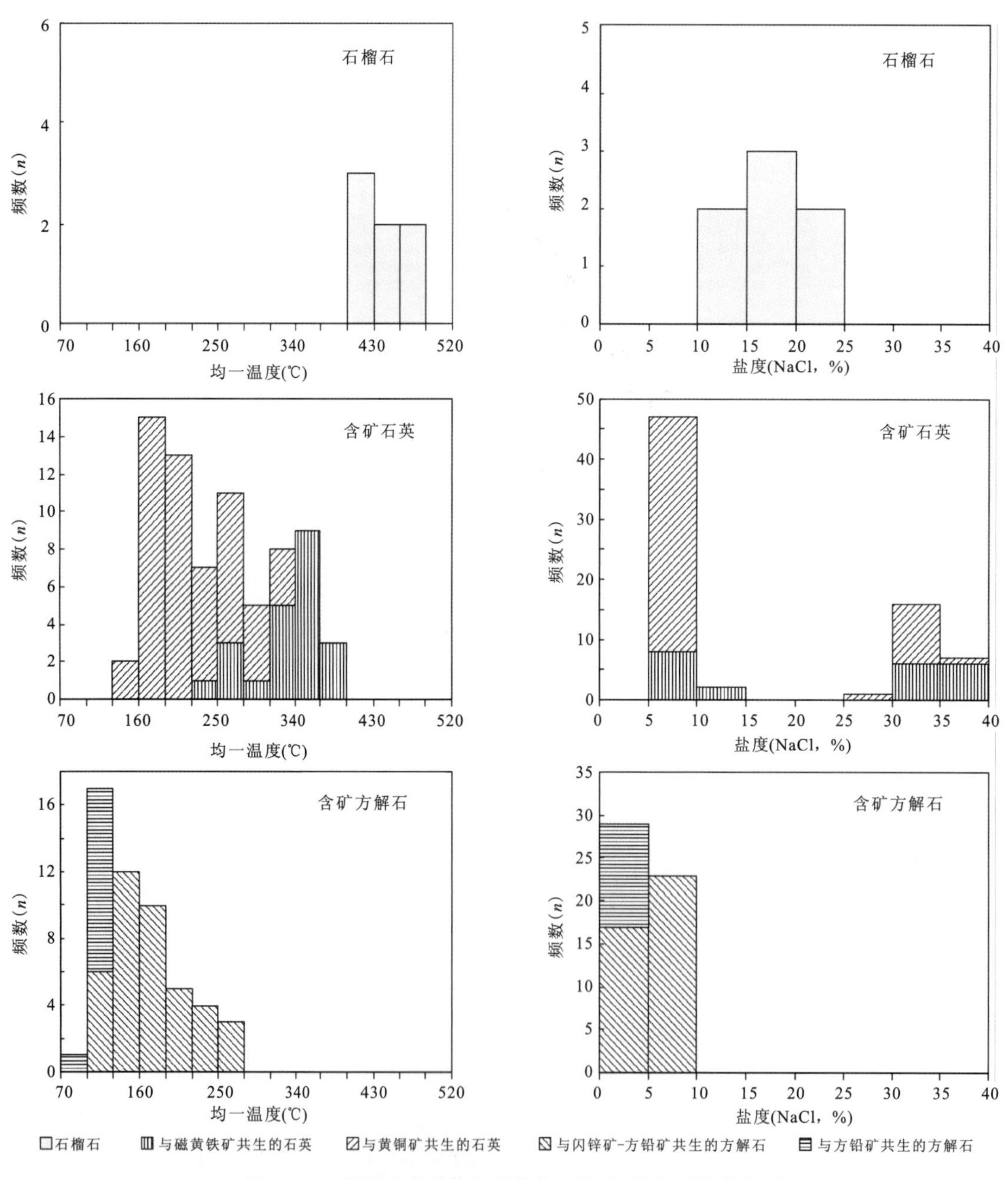

图4-51　拉屋矿床流体包裹体均一温度-盐度频数直方图

表 4－38 拉屋矿床主要脉石矿物中流体包裹体均一温度-盐度表

样品编号	测试矿物名称	包裹体类型	均一温度(℃)		冰点温度(℃)		子晶融化温度(℃)		气泡消失温度(℃)		盐度(NaCl,%)	
			变化范围	均值	变化范围	均值	变化范围	均值	变化范围	均值	变化范围	均值
LW4452－KD－1B	石榴石	V－L	408～476(7)	439	－8.7～－19.5(7)	－14.0					12.51～22.03(7)	17.5
LW4410－5－7	与磁黄铁矿共生的石英	V－L	239～362(10)	298	－6.9～－4.8(10)	－5.6					7.59～10.36(10)	8.6
		S－V－L	335～376(12)	356			235～289(12)	258	335～376(12)	356	33.75～37.33(12)	35.2
LW4410－KD－3	与黄铜矿共生的石英	V－L	181～340(21)	245	－6.2～－3.8(21)	－4.6					6.16～9.47(21)	7.3
		S－V－L	157～224(12)	180			157～256(12)	227	157～224(12)	180	29.95～35.07(12)	33.4
LW4410－KD－1		V－L	164～320(18)	222	－6.0～－3.1(18)	－4.4					5.11～9.21(18)	7.0
LW4452－11	与闪锌矿、方铅矿共生的方解石	V－L	124～256(17)	195	－3.8～－1.8(17)	－3.1					3.06～6.16(17)	5.1
LW10－10		V－L	125～259(14)	167	－3.6～－1.5(14)	－2.9					2.57～5.86(14)	4.8
LW10－12		V－L	106～173(9)	142	－3.6～－1.7(9)	－3.0					2.90～5.86(9)	5.0
LW4452－KD－2	与方铅矿共生的方解石	V－L	95～134(12)	107	－2.7～－0.9(12)	－2.1					1.57～4.49(12)	3.3

注:数据引自念青唐古拉成矿地质条件研究与找矿靶区优选报告(中国地质科学院矿产资源研究所、河南省地质调查院,2012);表中括号内数字为测定包裹体数。

5　矿床成因类型及成矿模式

关于念青唐古拉地区主要铅锌多金属矿床的地质、地球化学特征在前面章节中已作了阐述，对矿床特征、矿石特征及成矿物质、流体的来源进行了研究，本章主要从控矿地质条件、成矿作用及成矿时代的分析入手，讨论区域主要成矿类型、矿床共生组合，总结区域成矿系列。

5.1　区域控矿地质条件

研究区内古生代、中生代、新生代地层分布广泛，构造、岩浆岩发育，铜、铅锌、银多金属矿床(点)星罗棋布，矿床类型复杂多样，控矿地质条件不一而足。

5.1.1　地层因素对成矿的控制

(1)在时空关系上，区内层控矿床的分布与地层密切相关，从已知的矿化所赋存的地层层位统计，层状铅锌多金属矿体分布与地层、岩性有着密切联系，铅锌多金属矿化具鲜明的层控性，对赋矿岩石具有明显的选择性。铅锌多金属矿床(点)绝大多数都分布于上石炭统—下二叠统来姑组内，尤其是亚贵拉、拉屋、昂张等铅锌多金属矿床在空间上总是与来姑组有关。矿床各矿体均赋存于上石炭统—下二叠统来姑组第二岩性段细碎屑岩与铁锰质条带大理岩建造中。矿体呈层状分布，产状与围岩呈整合接触关系。赋矿岩石为矽卡岩或铁锰质条带大理岩。矿体顶板围岩为灰色细粒变石英砂岩或硅质岩，底板围岩为灰色铁锰质条带大理岩，岩性控矿特征非常明显，反映矿化产出部位与地层、岩性有着密切的成因联系。

(2)铅锌多金属矿体产出受特定的热水沉积岩、喷流岩层位控制。在各层状矿床中，矿体围岩中均发现有热水沉积岩，主要由硅质岩、硅质条带、硅质结核灰岩、纹层状和条带状灰岩、富微斜长石岩、铁白云石岩等组成。另外，矽卡岩中可能存在由透辉石、钙质斜长石等矿物组成的热水交代成因的沉积型矽卡岩石。因此，矿区发育有一套喷流系统成因的热水沉积岩和喷流岩层。

(3)沉积体系及相序反映出断陷盆地具多次活动性特征。在来姑组第一、第二岩性段存在多期次同沉积构造，发育许多深水断陷盆地边缘斜坡相沉积构造，如滑塌、崩塌角砾岩及沉积砂岩墙(图 5 - 1)，包卷层理(图 5 - 2)、滑塌褶皱(图 5 - 3)、镶嵌不整合、流水切槽以及同沉积断层(图 5 - 4)等，反映矿区断陷海盆的形成与同沉积断裂有密切的成因联系。因此，同沉积断裂不仅是导致海底扩张、快速堆积的驱动力，而且也是深部热液源源不断地向海底集中释放堆积的重要通道，更是矿区热水沉积型矿床形成的关键所在。根据亚贵拉矿区 M6 矿体由西向东矿体具有磁黄铁矿、黄铜矿、方铅矿、闪锌矿等变化规律，加之矿层与硅泥质沉积角砾岩、凝灰质角砾岩的“共生”关系和 ZK301 孔见到 Sedex 型同生的矿化角砾岩，推测同生断裂系统在六号硐西侧，反映出同生断裂系统、喷流系统和矿化产出系统之间具有一定的空间耦合关系。

5.1.2　构造因素对成矿的控制

区内分布的扎雪-门巴断裂、拉如-卓青北-江多断裂、色日绒-巴嘎断裂及纳木错-嘉黎断裂是研究区自南至北呈东西向展布的 4 条区域性断裂，其由一系列的次级断裂构造组成，具有长期活动性特征。上述 4 条断裂带限定了区内断坳、断隆的分布，控制着区内地质构造演化、岩浆活动及成矿特征。世界

图 5 - 1　来姑组第二岩性段中发育的滑塌、崩塌角砾岩及沉积砂岩墙

图 5 - 2　来姑组第二岩性段中发育的包卷层理

图 5 - 3　来姑组第二岩性段中发育滑塌褶皱及滑塌、崩塌角砾岩

图 5 - 4　来姑组中发育的同生断层、角砾、石香肠、包卷层理等构造

上许多大型块状硫化物矿床在空间上都与大型断陷盆地有关，盆地构造环境、演化的差异又控制着成矿作用的特殊性，即成矿作用与大地构造演化的盆地发育阶段密切相关。从区域上看，念青唐古拉地区铅锌多金属矿床（点）的空间分布总体显示了与南北向平行排列的断陷盆地与断裂隆起带之间的密切关系。自早泥盆世，研究区的亚贵拉-龙玛拉断坳、昂张-拉屋断坳处于拉萨地块构造单元过渡壳环境。进入泥盆纪时期，拉萨地块经历了第一次强烈拉张、凹陷。至石炭纪，随着深部岩浆房上涌，壳-幔物质混熔，引起拉萨地块上地壳基底深断裂拉张，出现活动性较大的陆内断陷裂谷带，形成一套厚度巨大，含基性、中基性火山岩的浅水陆源碎屑沉积。在断陷裂谷带中发育的次一级构造单元——断坳，为铅、锌等成矿元素的大量富集创造了条件。铅锌多金属矿床成矿作用多发生在断陷裂谷带强烈拉张下沉的晚期向闭合的转换期，矿床多出现在同生断裂构造控制的热卤水池中，形成热水喷流沉积矿床。研究区内热水沉积型铅锌多金属矿床均赋存于上述 4 条断裂带所围限的亚贵拉-龙玛拉和昂张-拉屋断坳内。此外，研究区内为数众多的中低温热液充填-交代型铅锌多金属矿床则赋存于区内主干断裂所派生的北西向及北东向的次级构造中。所谓的矽卡岩型铅锌多金属矿则主要分布于受主干断裂控制的燕山晚期及喜马拉雅期中酸性侵入岩外接触带的矽卡岩或矽卡岩化大理岩中。

5.1.3　岩浆岩因素对成矿的控制

念青唐古拉地区岩浆岩与成矿的关系主要表现在对铅锌钼等多金属的控制和影响上，岩体和有关矿化的时、空、物联系比较明显（图 5 - 5）。

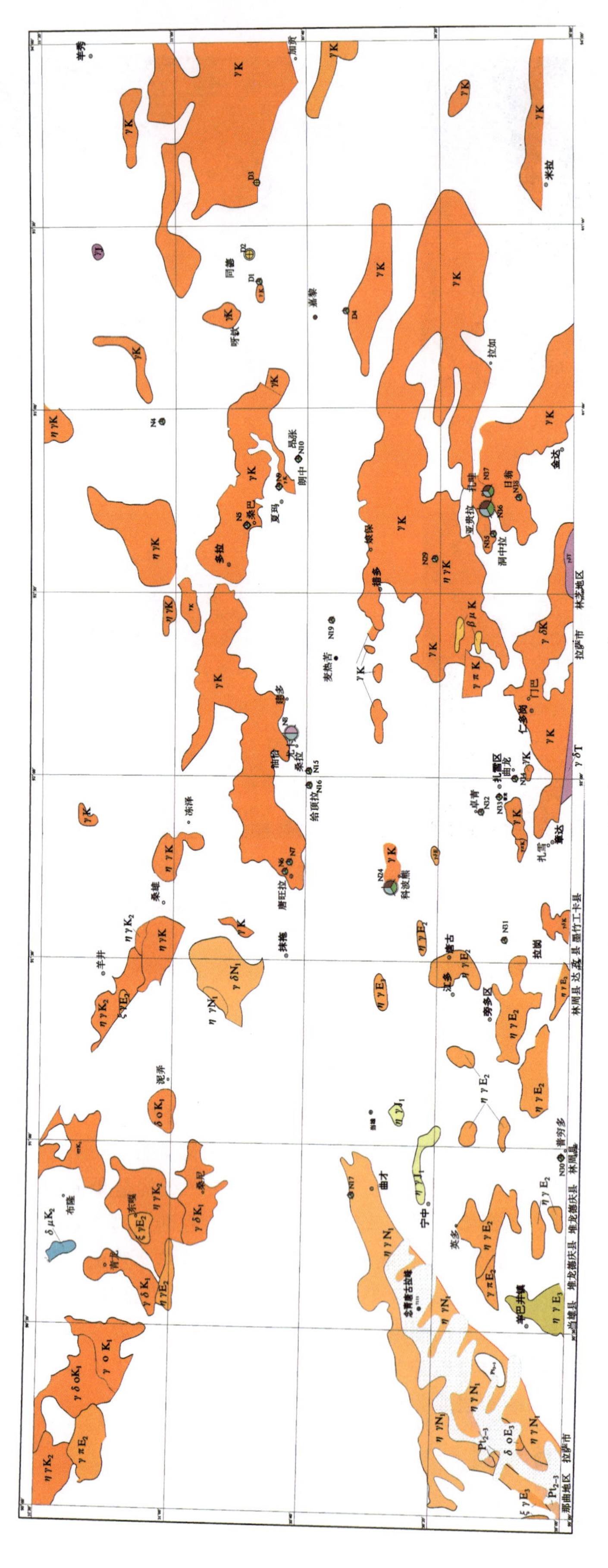

图 5-5　念青唐古拉地区岩浆岩分布图

5.1.3.1 岩浆作用与矿床的时空关系

念青唐古拉地区铅锌多金属矿床成矿作用与燕山晚期及喜马拉雅期岩浆侵入有密切的关系，岩浆活动是区内成矿作用的主导因素之一。

区内大多数矿床，在空间上围绕上述两期岩浆岩体分布，如蒙亚啊、新嘎果、亚贵拉等，均分布于岩体外接触带1～3km范围内的矽卡岩或矽卡岩化大理岩中。该类型铅锌矿的成矿作用早于岩体的成岩时代，岩浆活动仅使原已形成的矿层(体)得到进一步富集，后期叠加的斑岩型钼矿化则直接产于岩体内外接触带及岩体内，其成矿作用发生于斑岩体形成之后，后期的岩浆成矿作用叠加在前期铅锌多金属矿之上，形成所谓的热水沉积-岩浆热液叠加改造型矿床。

5.1.3.2 岩浆活动提供了铅锌多金属部分成矿物质

区内燕山晚期及喜马拉雅期的岩浆活动，不仅为矿床提供成矿物质，使得研究区铅锌多金属矿化得到进一步富集，而且还形成斑岩型钼矿体。区内广泛分布的石英斑岩、白云母二长花岗岩等岩体，其铅锌银多金属成矿元素平均含量均高于区域背景值，其应为矿床形成提供部分成矿物质。石英斑岩、白云母二长花岗岩的微量元素及稀土元素分布特征也反映出岩体与矿床存在着成因上的联系。

5.1.3.3 岩浆活动是成矿作用最主要热源

无论高温、中温还是低温矿床，成矿作用皆离不开温度。热可以激发矿质活动，使之发生迁移，热可以改变成矿介质的物理化学条件，促使矿质的活动、迁移和沉淀。大量研究表明，岩浆活动是成矿作用的主要热源，并随着岩浆作用的发生、发展和演化，温度也在不断变化，使得成矿作用呈现阶段性变化，形成温度由高至低的成矿系列。

5.2 矿床成因类型及成矿模式

念青唐古拉地区经历了复杂的地质构造演化，早泥盆世时期，羌塘古陆块与喜马拉雅古陆块相背迁移时出现拉张作用，拉萨地块边缘和内部发生强烈的拉张，在古陆块边缘沿东西向产生同生基底断裂构造，使断坳下降，形成念青唐古拉坳陷盆地。自古生代以来，研究区先后历经拉萨地块的裂陷→新特提斯洋壳俯冲(形成被动大陆边缘)→弧-陆碰撞造山(逆冲推覆与地壳缩短)→整体隆升后的伸展走滑(产生断陷)等构造体制的转换，每一种构造体制下都有强烈的构造运动和成岩成矿作用，并形成相应类型的矿床。

5.2.1 成矿时期划分

根据本次研究及收集的前人测年数据(表5-1)，研究区可厘定出4个成矿期次，从老至新依次为晚石炭世来姑期、早白垩世燕山晚期、古近纪早喜马拉雅期、新近纪晚喜马拉雅期。

表5-1 研究区多金属矿床成矿年龄统计表

序号	矿区	矿种	岩矿石	测试对象	测年方法	年龄(Ma)	不确定度	SMWD	资料来源
1	拉屋	铅锌矿	矿石	磁黄铁矿	Re-Os	309	31		崔玉斌等;2011
2	拉屋	铅锌矿	白云母花岗岩	全岩	K-Ar	109	1.3		杜欣等;2004
3	亚贵拉	铅锌钼矿	矿石	辉钼矿	Re-Os	51.0	1.0	0.55	唐菊兴等;2009

续表 5-1

序号	矿区	矿种	岩矿石	测试对象	测年方法	年龄(Ma)	不确定度	SMWD	资料来源
4	亚贵拉	铅锌钼矿	矿石	辉钼矿	Re - Os	52.0	0.4		唐菊兴等;2009
5	亚贵拉	铅锌钼矿	斑岩接触带石英脉	辉钼矿	Re - Os	61.2	4.07		王登红等;2010
6	亚贵拉	铅锌钼矿	石英斑岩	锆石	SHRIMP 锆石 U - Pb 法	127.8～129.3	1.0～1.3	1.12～1.4	高一鸣等;2011
7	亚贵拉	铅锌钼矿	石英斑岩	锆石	SHRIMP 锆石 U - Pb 法	66.19	0.57	0.83	高一鸣等;2011
8	亚贵拉	铅锌钼矿	花岗岩	锆石	SHRIMP 锆石 U - Pb 法	62.53	0.68	0.67	高一鸣等;2011
9	新嘎果	铅锌	黑云母花岗岩	锆石	LA - ICP - MS 法	56.5	2.5		程文斌等;2011
10	洞中拉	铅锌矿	含矿脉石英	石英	Ar - Ar	42.0	3	2.4	多吉等,2011
11	洞中拉	铅锌矿	矿化凝灰岩	全岩	K - Ar	38.47	2.02		多吉等,2011
12	洞中拉	铅锌矿	矿化花岗斑岩	全岩	K - Ar	53.35	1.34		多吉等,2011
13	洞中拉	铅锌矿	含矿脉石英	石英	Ar - Ar	42.2	1.7	2.4	多吉等,2011
14	洞中拉	铅锌矿	石英斑岩	锆石	SHRIMP 锆石 U - Pb 法	126.9	1.1	0.96	崔晓亮等,2011
15	知不拉	铜多金属	矿石	辉钼矿	Re - Os	16.9	0.64	0.91	李光明等;2005
16	知不拉	铜多金属	矿石	辉钼矿	Re - Os	16.97	0.08		李光明等;2005
17	甲马	铜多金属	矿石	辉钼矿	Re - Os	17.18	0.98	0.13	李光明等;2005
18	甲马	铜多金属	矿石	辉钼矿	Re - Os	15.47	0.05		李光明等;2005
19	甲马	铜多金属	矿石	辉钼矿	Re - Os	15.41	0.69	2.9	李胜荣等;2008
20	甲马	铜多金属	矿石	辉钼矿	Re - Os	15.38	0.14		李胜荣等;2008
21	甲马	铜多金属	矿石	石英	Rb - Sr	54.25			李胜荣等;2008
22	甲马	铜多金属	矽卡岩	辉钼矿	Re - Os	15.34	0.1	0.85	应立娟等;2009
23	甲马	铜多金属	矽卡岩	辉钼矿	Re - Os	15.29	0.09		应立娟等;2009
24	甲马	铜矿	角岩型矿石	辉钼矿	Re - Os	14.67	0.19	1.19	应立娟等;2009
25	甲马	铜矿	角岩型矿石	辉钼矿	Re - Os	14.59	0.09		应立娟等;2010
26	甲马	铜矿	斑岩型矿石	辉钼矿	Re - Os	14.78	0.33	4.9	应立娟等;2010
27	甲马	铜矿	斑岩型矿石	辉钼矿	Re - Os	14.66	0.21		应立娟等;2010
28	甲马	铜矿	矽卡岩矿石	辉钼矿	Re - Os	15.2	0.94		应立娟等;2010
29	帮浦	钼铜铅锌	绢云母化闪长玢岩	全岩	K - Ar	17.77	0.83		多吉等,2011
30	帮浦	钼铜铅锌	钠长石化二长花岗斑岩	全岩	K - Ar	17.78	2.59		多吉等,2011
31	帮浦	钼铜铅锌	含矿脉石英	石英	Ar - Ar	13.9	0.9	29	多吉等,2011
32	帮浦	钼铜铅锌	含矿脉石英	石英	Ar - Ar	13.8	1.6	30	多吉等,2011
33	帮浦	钼铜铅锌	矿石	硫化物	Rb - Sr	11.0	1.5	3.5	多吉等,2011
34	帮浦	钼铜铅锌	矿石	辉钼矿	Re - Os	15.32	0.79	0.83	孟祥金等,2003
35	帮浦	钼铜铅锌	矿石	辉钼矿	Re - Os	14.45	0.18		孟祥金等,2003

5.2.1.1　晚石炭世成矿期(来姑期)

研究区构造环境为陆内裂谷断陷环境,成矿作用与地壳拉张及壳幔伸展作用有关。区内形成了以拉屋、亚贵拉为代表的热水沉积型铅锌多金属矿,矿体呈层状、似层状、透镜状与围岩呈整合接触关系,并具同步褶曲。与典型的热水-喷流沉积矿床相似,两矿区发育有大量的热水沉积岩和同沉积组构。其中,热水沉积岩的种类主要有硅质岩、富微斜长石岩、硅质结核灰岩、纹带和条带状灰岩、透辉石矽卡岩、铁白云石岩等。亚贵拉、拉屋矿区不仅存在多期次同沉积断层、滑塌角砾、滑塌褶皱、同沉积构造及沉积间断面等,同时还存在后期构造运动而“复活”的同生断裂。据崔玉斌等(2011)研究,以早期形成的层状矿体中的磁黄铁矿为测试对象,测定 Re－Os 同位素年龄,获得等时线年龄数据为(309±31)Ma,其 $^{187}Os/^{188}Os$的初始值为 0.51±0.12,γ_{Os}值为 306.90～880.29,Re/Os 为 20.46～80.46,证实了拉屋矿床来姑期热水沉积成矿作用的存在。据高一鸣等(2011)研究,亚贵拉矿床在 14～16 勘探线之间侵蚀 M6 铅锌矿体的石英斑岩年龄为 129.3～127.8Ma,以此推断,亚贵拉早期形成的层状矿体应在燕山晚期岩体侵位之前形成,其成矿时代应与拉屋一致。此外,岩石地球化学、稳定同位素、稀土元素等分析表明,念青唐古拉地区铅锌多金属矿床经历了晚石炭世—早二叠世同沉积期的海底(火山)喷流-热水沉积成矿作用。

5.2.1.2　早白垩世成矿期(燕山晚期)

研究区受古特提斯洋闭合发生陆-陆碰撞的影响,形成燕山晚期同碰撞花岗岩。据杜欣等(2004)研究,拉屋矿区与成矿有关的白云母二长花岗岩全岩 K－Ar 同位素年龄为(109±1.3)Ma,证实燕山晚期岩浆热液成矿作用的存在。

燕山期岩浆热液成矿作用主要表现在对先成矿体或贫矿层的叠加和改造。花岗岩的后生叠加成矿作用同晚石炭世—早二叠世同生沉积期成矿作用相比很难说哪一种更重要,就两者对念青唐古拉地区铅锌多金属矿床形成而言,燕山期岩浆-热液叠加成矿作用可能更具意义。一方面,花岗岩作为一个巨大的热源,促使早期矿源层或贫矿体再度活化、富集;另一方面,花岗岩浆本身也携带来大量的成矿物质,形成含矿流体而进一步叠加富集。

5.2.1.3　古近纪成矿期(早喜马拉雅期)

众多测年数据表明,古近纪成矿作用集中在 62～42Ma 之间,成矿作用与欧亚-印度大陆沿雅鲁藏布江的碰撞事件密切有关。念青唐古拉地区的火山岩与碰撞型花岗质侵入岩构成了冈底斯岩浆带的主体,区内存在与喜马拉雅早期花岗质岩浆活动有关的成矿作用,区内形成了以新嘎果铅锌矿和洞中拉铅锌矿为代表的碰撞期铅锌成矿作用,同时,亚贵拉矿床也发生了同期次的叠加改造,亚贵拉矿区常见层状铅锌矿被较后期铅锌矿脉穿切的现象,显然两者并非同一成矿期形成,后者脉状矿体是这一时期的产物。

5.2.1.4　新近纪成矿期(晚喜马拉雅期)

新近纪成矿作用主要集中在 18～10Ma,成矿峰值在 15Ma 左右。这一时段是念青唐古拉及邻区岩浆活动强烈时期,区内岩浆岩广泛发育,形成的矿产十分丰富。这一时段形成的典型多金属矿床甲马铜矿、知不拉铜钼铅锌矿、帮浦钼铅锌矿等。

5.2.2　矿床成因及成矿模式

根据典型矿床特征,结合矿床地球化学研究,研究区铅锌多金属矿床类型主要有热水沉积-岩浆热液叠加改造型、矽卡岩型、中低温热液充填-交代型及与海相碳酸盐有关的矿床(MVT?)4 种成因类型。

5.2.2.1 热水沉积-岩浆热液叠加改造型

前面章节已详述，拉屋和亚贵拉多金属矿床是该成因类型的代表，其先后经历了来姑期热水沉积成矿作用，形成以铅锌为主的层状矿体，后期，又分别经历了燕山晚期和早喜马拉雅期花岗岩浆热液成矿作用的叠加改造，致使区内矿化类型众多，矿物组成复杂，差别明显。且不同矿化类型在空间上并无明显的渐变过渡关系，矿床蚀变分带现象仅在个别矿床中见到，许多地带不同矿化类型在空间上的展布与岩浆热液矿床中常见的蚀变分带格局不相吻合，并具有很难分辨的矿物生成次序，反映了多次成矿事件在同一空间上的耦合。诸如：拉屋矿床中常见到层状硫化物型矿体，虽然与下部的接触带矽卡岩型矿体连接，但仍能在矿体内发现有典型的沉积组构，这表明同沉积期形成的铜铅锌硫化物矿床，与后期岩体侵入接触时被叠加、改造而成为接触交代型硫化矿床；亚贵拉矿床常见层状铅锌矿被较后期铅锌矿脉穿切的现象，显然两者并非同一成矿期形成，前者层状矿应早于后者脉状矿。

综上所述，无论矿床成矿的宏观特征还是微观特征，种种迹象表明，拉屋和亚贵拉铅锌多金属矿床的形成是一个复杂地质作用过程。区内成矿作用是与区域壳体大地构造的演化密切相关的，矿床的形成具有“多大地构造演化阶段、多物质来源、多控矿因素、多成矿方式以及多期次成矿”等多因复成型矿床的特点，因此二者铅锌多金属矿床属于典型的多因复成型矿床。

矿床的形成过程可以概括为：晚古生代初期，工作区开始发生裂解、断陷，形成冈底斯-念青唐古拉区晚古生代裂谷带。石炭纪—二叠纪，该区总体为浅海相环境，由于同生断裂强烈活动，使海水深度不一。次一级的断隆和凹陷在裂谷不断演化过程中深度不断加大，在凹陷盆地边缘，海水沿着裂隙下渗到盆地深部，由于受地温梯度的影响(可能还有深部岩浆房的影响)和盆地压实作用形成热水，并在热力驱动下沿着同生断裂上升。这种热水在下渗和上升过程中，萃取了途经岩石中的铅、锌、钠、硅、钡等元素，并将它们带到海底。

在海底，由于压力的释放和环境发生突变，热水溶液与海水混合，其中的金属离子与海水中的还原硫发生化合反应，在海底的断陷洼地等有利环境中冷却，按照不同矿物各自的溶解度依次沉淀，从而形成铅锌等硫化物矿床。同时含矿热水交代海底早先形成的岩石，使矿体下盘普遍发生围岩蚀变。当热水沉积活动强烈时，常常形成层块状矿石，热水沉积活动减弱时，常会形成纹层条带状矿石，表现出闪锌矿层纹、硅质岩纹层与泥质和砂质岩石呈韵律互层。在热水溶液上升的通道中发生沸腾、充填、交代、角砾化等作用，形成网脉状、角砾状矿石。这些角砾与热水一起喷出海底沉积，因此见到层状矿石中有角砾矿石和重晶石、硅质岩的角砾。

燕山晚期及早喜马拉雅期，该区发生大规模的褶皱及断裂作用，在变石英砂岩与大理岩不同的岩性层界面上形成大量的构造滑脱面，这些界面成为后期岩浆热液成矿作用的通道及定位空间。由于岩浆侵入作用，一方面高温热液顺层交代碳酸盐岩形成矽卡岩矿床；另一方面沿着构造界面对早期热水喷流成矿作用形成的矿源层进行强烈改造，形成富集的层状矿体，因此最终形成海底喷流热水沉积-叠加改造型矿床(图 5-6)。

5.2.2.2 岩浆热液接触交代型(矽卡岩型)

新嘎果矿床是区内该类型矿床的典型代表，新嘎果铁铅锌多金属矿床的形成与矿区黑云母花岗岩密切相关。根据锆石 LA-ICP-MS U-Pb 定年，矿区黑云母花岗岩年龄为(56.5±2.5)Ma，成矿时代应与岩体侵入时代基本一致，为早喜马拉雅期成矿。

通过对新嘎果铁铜铅锌多金属矿床成矿物质来源、成矿流体性质及特征、矿床成因的总结，并结合构造-岩浆演化历史，可将该矿床的形成过程概括为(图 5-7)。

始新世，冈底斯带进入碰撞造山阶段，受其影响，雅江洋板片发生熔融，并上升侵位，形成了黑云母花岗岩体。板片熔融时，捕获了少量雅江洋洋壳的成矿物质，在岩浆侵位上升过程中捕获了大量念青唐古拉群基底的成矿物质，导致 Pb 同位素表现出显著的混合铅特征。在黑云母花岗岩与灰岩—大理岩

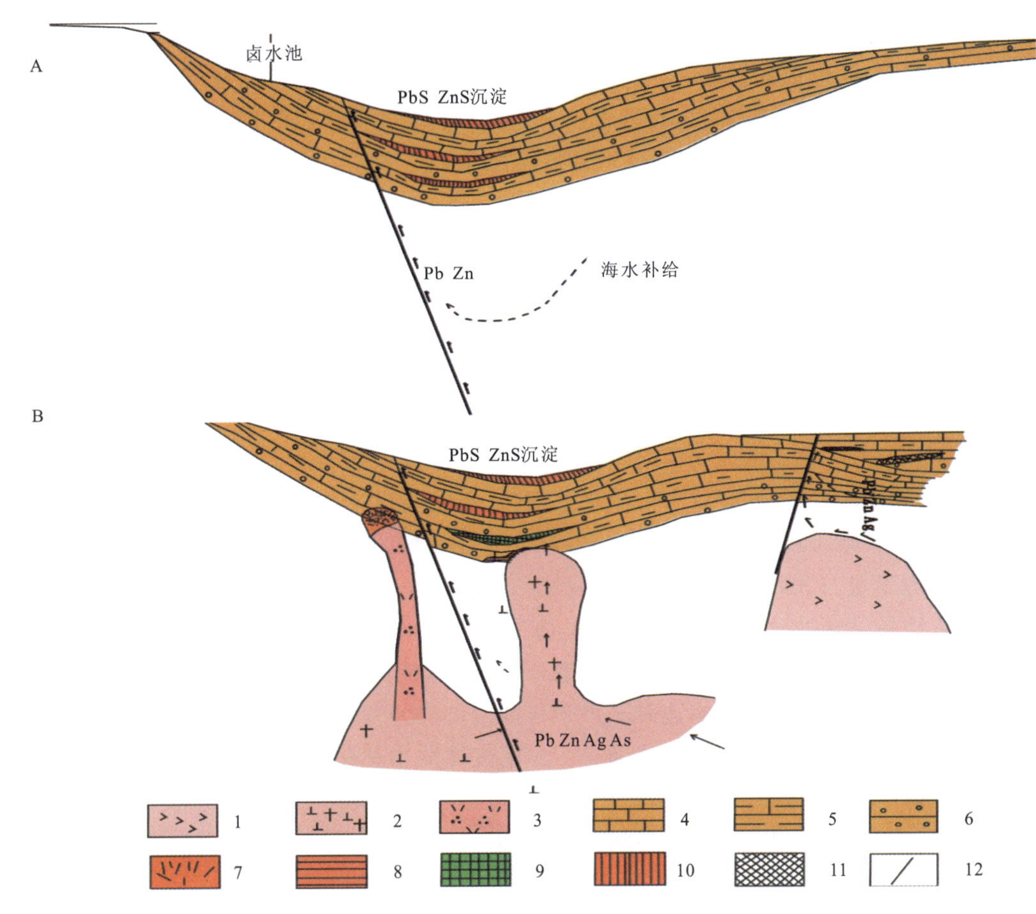

图 5-6 念青唐古拉热水沉积-叠加改造成矿模式示意图

A.来姑期热水喷流沉积示意图;B.喜马拉雅期岩浆热液叠加改造示意图

1.辉绿岩;2.花岗岩;3.石英斑岩;4.灰岩;5.硅质岩;6.砂岩;7.斑岩钼矿;8.接触交代多金属矿;9.岩浆热液叠加改造多金属矿;10.热水喷流沉积多金属矿;11.热液脉型矿;12.断层

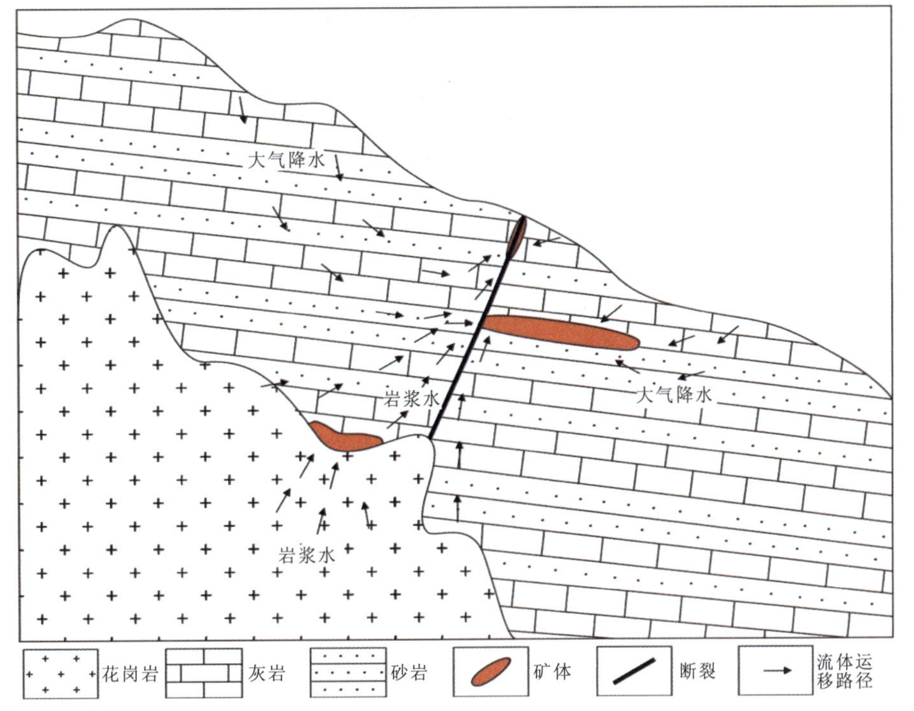

图 5-7 念青唐古拉地区岩浆接触交代成矿模式示意图

地层接触部位，发生热接触变质作用，形成大理岩。同时，岩浆分异产生的气水热液则与接触带内、外两侧的岩石发生交代作用，形成各类矽卡岩，如钙铝榴石-钙铁榴石矽卡岩、透辉石矽卡岩等。在远离接触带的部位形成黝帘石、绿帘石矽卡岩。伴随着矽卡岩化和热液蚀变作用的进行，在靠近岩体的接触带形成 Fe - Cu - Pb - Zn 似层状矿体；远离岩体的地层中形成 Cu - Pb - Zn 似层状矿体；在北西向断裂带中形成 Cu - Pb - Zn 矿化点。

5.2.2.3 中低温热液充填-交代型

蒙亚啊铅锌多金属矿床是研究区该类型矿床的代表。根据蒙亚啊铅锌多金属矿床特征，结合矿床地球化学及包裹体研究，矿床系中温、低盐度含矿热液沿构造带充填-交代而成，其成矿过程和成矿模式分析总结如下：

早白垩世，在班公错-怒江特提斯洋向南、雅鲁藏布江特提斯洋向北双向俯冲的构造背景下，冈底斯复合岩浆弧带的念青唐古拉基底片麻岩发生部分熔融，形成酸性岩浆，并沿着区域性断裂和区域性层间薄弱带缓慢上升侵位、结晶。由于片麻岩部分熔融的过程中，活化了大量念青唐古拉群基底中的成矿物质，导致 Pb 同位素组成与念青唐古拉群基底一致。

在深部岩浆结晶分异过程中所形成的大量含矿气水溶液，沿着断裂带和层间薄弱带向上渗透，并与沿裂隙向下渗透的地表大气降水和盆地热卤水融合，形成中温、低盐度的热水溶液，含矿热液在深部岩浆的热驱动下渗透进碳酸盐岩地层构造薄弱带并与围岩（灰岩）发生水岩作用，形成以透闪石、阳起石、绿帘石、绿泥石为主，含少量透辉石的类矽卡岩。含矿流体的物理化学特性发生改变，导致含矿流体中金属成矿物质迅速卸载，沉淀出大量金属硫化物。矿化沿层间薄弱带产出，形成似层状矿体，或充填于断裂破碎带中，形成不规则脉状矿体。流体在深部岩体内能的热驱动下发生环流，形成硅化、碳酸盐化等低温热液蚀变及低温硫化物矿化（图 5 - 8）。

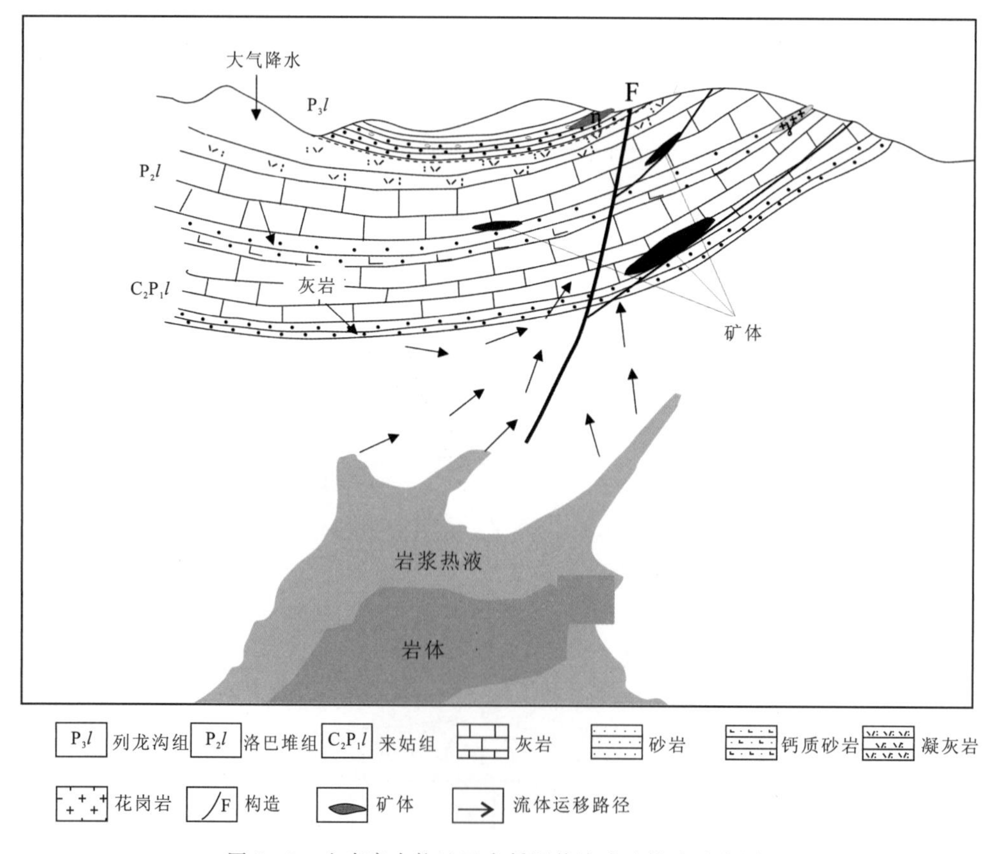

图 5 - 8 念青唐古拉地区中低温热液成矿模式示意图

5.2.2.4 与海相碳酸盐有关的矿床(MVT?)

这类矿床产于未受变动的大型碳酸盐地台,主要产于白云岩中,多表明为后生矿床。昂张铅锌矿床为研究区该类矿床的代表,矿床位于晚古生代的昂张-拉屋断坳东段,初步估算资源量:铅 18.26×10^4t,品位 2.95%;锌 16.46×10^4t,品位 2.66%,伴生镉、银可以回收利用。

矿区含矿岩系为一套海相细碎屑岩与白云岩建造,主要岩性为砂质板岩、白云岩及白云质大理岩,砂质板岩与白云岩呈不等厚互层,矿体分布于砂质板岩与白云岩岩性转换界面,含矿岩石为灰色白云岩。矿体与围岩呈渐变过渡关系,围岩蚀变较弱,局部具微弱的绢云母化、绿泥石化及碳酸盐化。

根据昂张铅锌矿床特征与世界典型的 MVT 铅锌矿床特征对比,结合矿床异常元素组合特征分析,昂张铅锌矿床可能属 MVT 型铅锌矿床(表 5-2)。

表 5-2 昂张铅锌矿床与密西西比河谷型(MVT)铅锌矿床特征对比表

矿床名称		昂张铅锌矿床	密西西比河谷型铅锌矿床
容矿主岩	时代	晚古生代 C_2—P_1	主要为∈—O、D—C,次为 S、P、T、J
	岩性	白云岩、白云质灰岩	白云岩,很少为灰岩、砂岩
成因		后生-层控	后生-层控
所处盆地部位		昂张-拉屋断坳北缘,较浅层次	盆地斜坡,较浅层次
沉积岩相		盆地斜坡和碳酸盐台地相	碳酸盐台地相,前陆冲断带或前缘周边部
矿床(体)规模		分布的群聚性,单个矿床多为中型,少数达大型,整个矿区达超大型	分布的群聚性,单个矿床多为中小型,少数为大型,矿区总体达大型—超大型
与岩浆活动关系		无关	无关
流体运移		大规模流体沿断裂带、盆地边缘、古含水层向上运移	大规模流体沿断裂带、页岩楔边部、盆内高地周边向上运移
沉积温度		中低温(低温蚀变),热异常(温泉)	中低温,75～200℃,热异常
流体性质		未检测	高密度卤水,含盐度 10.00%～30.00%
矿石成分		闪锌矿、方铅矿、黄铁矿、白铁矿、白云石、方解石、石英、碳质	闪锌矿、方铅矿、黄铁矿、白铁矿、白云石、方解石、石英、碳质
矿石结构、构造		粗晶—细晶、块状—浸染状、条(纹)带状、溶蚀交代结构	粗晶—细晶、块状—浸染状、角砾状、斑马状、雪顶构造,溶蚀交代结构
围岩蚀变		方解石化、绢云母化和白云岩化	白云石化、溶蚀角砾岩化
控矿因素		碎屑岩与碳酸盐岩岩性界面、断裂破碎带	灰岩向白云岩的转换带、页岩楔、成矿前形成的角砾岩带、断裂破碎带
成矿时代		可能为晚古生代,与古特提斯洋的张裂演化有关	成岩后 200Ma 以上,与构造隆起同时

5.3 找矿准则确定及找矿模型建立

5.3.1 找矿预测准则

找矿预测准则是从控矿地质条件和矿化信息中提取出来的,是特定矿种及矿床类型得以形成的必要条件和必然显示。预测找矿准则一般包括地质准则和矿化信息准则两大方面的内容。

5.3.1.1 地质准则

地质准则的研究内容一般涉及到地层、构造、岩浆岩等与成矿有关的基本地质条件。研究区内的这些基本地质条件对以热水喷流成因和岩浆热液成因为主的两类矿化的贡献是有所不同的，这正是我们对其进行预测找矿准则确定的原因所在。

地层条件：地层控矿作用一般表现在特定的地层层位控矿和地层岩性控矿两个方面上，前者是时间控矿的体现，可为宏观找矿靶区的确定提供依据，后者一般是成矿的物质基础和载体，可以为预测找矿提供依据。

念青唐古拉地区所涉及的地层层位主要有石炭系、二叠系、白垩系及古近系。从已知的矿化所赋存的地层层位统计，绝大多数铜铅锌多金属矿床（点）都分布于上石炭统—下二叠统内，在白垩系中也有少量分布。

区内多金属矿化在地层中的分布特征表明，铅锌多金属矿化对地层层位具有较强的专属性，其主要赋存于上石炭统—下二叠统来姑组中，主要岩性有变质石英砂岩、粉砂岩、板岩、大理岩及热水沉积岩等，是一套富含金、铅、锌等成矿组分的浅变质细碎屑岩夹碳酸盐岩建造，区内主要成矿元素在该套地层中的平均含量均高于区域背景值，而且，在该套地层中已发现铜、铅锌、银多金属矿床（点）数十处。来姑组这套浅变质细碎屑岩夹碳酸盐岩建造是区内铜铅锌多金属矿化的有利地层。

岩浆岩条件：念青唐古拉地区燕山晚期及喜马拉雅期的花岗质侵入岩活动比较强烈，在空间上构成两条近东西向带状展布的岩浆岩带，发育有近40个较大岩体。这些岩体本身富含银、铅、钨、钼等成矿组分，在岩体接触带有利部位常常分布铜铅锌多金属矿化。燕山晚期及喜马拉雅期的花岗质侵入岩是区内矽卡岩型、热液型铜铅锌多金属矿化的成矿母岩，也是形成铜铅锌多金属矿化的基本条件。

区内的热水喷流沉积型铜铅锌多金属矿床，虽然在矿区没有上规模的岩浆岩出露，但已有的研究成果表明，燕山晚期及喜马拉雅期岩浆热液的叠加改造对铜铅锌矿化的富集和成矿规模仍有重要的贡献作用。

构造条件：构造条件虽然是成矿的外部条件，但其对成矿的贡献却是多方面的，对矿质的活化迁移、沉淀富集以及具体的产出部位和矿体形态都有着明显的控制作用。区内的控矿构造主要表现为研究区内不同级别构造对成矿多级控制，另外，岩体接触带构造对成矿也有一定的控制作用。

5.3.1.2 矿化信息准则

矿化信息是指能够指示矿化存在或可能存在的一切现象和线索。根据其指示矿化的可靠程度进一步分为直接和间接矿化信息两类。前者一般包括已知的矿产露头、有用矿物重砂、以成矿元素作为指示元素的地球化学信息等，后者包括围岩蚀变信息、地球物理信息、遥感信息、部分地球化学信息等。矿化信息准则的提取主要是从间接矿化信息中排除多解性的干扰，最终筛选出具有明确指示意义的有关要素和指标。

已知的矿床（点）：这是最直接、最有说服力的矿化信息。区内已发现60余个铜铅锌多金属矿（化）点、多个金矿（化）点和非金属矿床（化）点。这些矿（化）点受特定的成矿地质条件控制，在空间上相对成段、成片集中出现，在时空上都表现出了有规律的分布及变化规律。利用已知矿床（点）的有关成矿特征及规律，可以较好地指导区内的找矿工作。另外，区内已知的矿（床）点虽然规模都比较有限，但不排除其深部及外围可能有着较大的找矿潜力，因而，对找矿工作都可以提供较好的依据及线索。

围岩蚀变：区内已知的各种类型的矿床（点），其围岩蚀变普遍比较发育，这是热液成矿作用的基本现象和必然结果。区内与铜铅锌多金属矿化有关的围岩蚀变主要表现为中低温热液特征的黄铁矿化、硅化、绿泥石化、绢云母化、碳酸盐化、矽卡岩化等。利用特定的围岩蚀变种类及其组合特征以及围岩蚀变分布范围远远大于工业矿化范围的特点，可以作为找寻盲矿体的找矿标志。

地球化学及地球物理异常：区内已知的铜铅锌多金属矿（化）点及其附近，次生晕异常（土壤测量、水系沉积物测量等）比较发育，主要表现为Cu、Pb、Zn、Ag等成矿元素组合异常，具有较好的找矿指示作用。根据区内主要地层单元中岩石与铅锌矿石的视极化率和视电阻率的异常特征，可用来区分出矿与非矿异常。因此，利用化探及物探异常可以对本区的找矿工作起到较好的指导作用。

5.3.2　找矿模型的建立

找矿模型是在成矿规律、成矿模式研究的基础上，针对发现某类具体矿床所必须具备的有利地质条件、有效的找矿技术手段及各种直接或间接的矿化信息的高度概括和总结。找矿模式的表达形式有多种，根据具体情况，本研究选择描述性的找矿模型进行总结。通过对研究区铜铅锌多金属成矿特征及控矿因素分析的基础上，提炼出研究区铜铅锌多金属矿的控矿信息准则，建立念青唐古拉地区铜铅锌多金属矿的综合信息找矿模型（表5-3）。

表5-3　念青唐古拉地区铅锌多金属矿综合信息找矿模型表

地质背景	地层及岩性	上石炭统—下二叠统来姑组细碎屑岩夹“双峰式”火山岩及条带状、纹层或纹带大理岩层位是本区重要的赋矿层位，硅质岩、铁锰质条带大理岩、富微斜长石岩、纹层或纹带大理岩等热水沉积岩限定了矿体赋存位置
	构造	北西向、北东向次级断裂破碎带，不同岩性界面为区内矿化赋存构造
	岩浆岩	燕山晚期及喜马拉雅期中酸性岩浆岩外接触带0～4km范围是区内矿化部位
露头标志	矿体露头	地表多氧化，呈灰黑色或灰褐色，常具蜂窝状褐铁矿或孔雀石化、蓝铜矿化发育
	围岩蚀变	矽卡岩型矿化围岩蚀变为矽卡岩化、硅化、绿帘石化、绿泥石化、黄铁矿化，表现为中高温热蚀变矿物组合；热液型矿化围岩蚀变为绿泥石化、绿帘石化、硅化、绢云母化、黄铁矿化、碳酸盐化，表现为中温热液蚀变矿物组合
地球化学	水系沉积物	异常面积在十几至数十平方千米，成矿元素和指示元素组合较好，浓度分带及浓集中心具明显的异常，指示矿带的位置，异常带中80×10^{-6}含量线以上范围内，异常长轴方向和矿体走向延伸位置基本一致，异常浓集中心对应有矿体露头
	土　壤	异常面积在$1km^2$至几平方千米，成矿元素和指示元素组合好，具三级浓度分带露头
地球物理	航磁异常	航磁ΔT负异常，低值异常及0值线部位和燕山晚期岩浆岩、隐伏岩体及多金属地球化学综合异常相一致
	激电异常	激电低阻高极化体，视电阻率$\eta=10\sim100\Omega$，视极化率$\eta_s\geq4\%$激电异常指示矿化带位置
遥感影像		环形影像的边部，或环形影像和线性影像相切的部位

6　区域成矿规律及找矿预测

念青唐古拉地区处于冈瓦纳北缘晚古生代—中生代冈底斯-喜马拉雅构造区中北部，雅鲁藏布江巨型铜多金属成矿带北亚带，区内古生代、中生代、新生代地层分布广泛，构造、岩浆岩发育和铜、铅锌、银矿床(点)星罗棋布，是我国西藏最重要的铜、铅锌、银矿化集中区(图6-1)。收集研究区域地质矿产资料，通过对基础地质矿产资料研究，总结念青唐古拉地区成矿规律，以便更好地指导找矿。

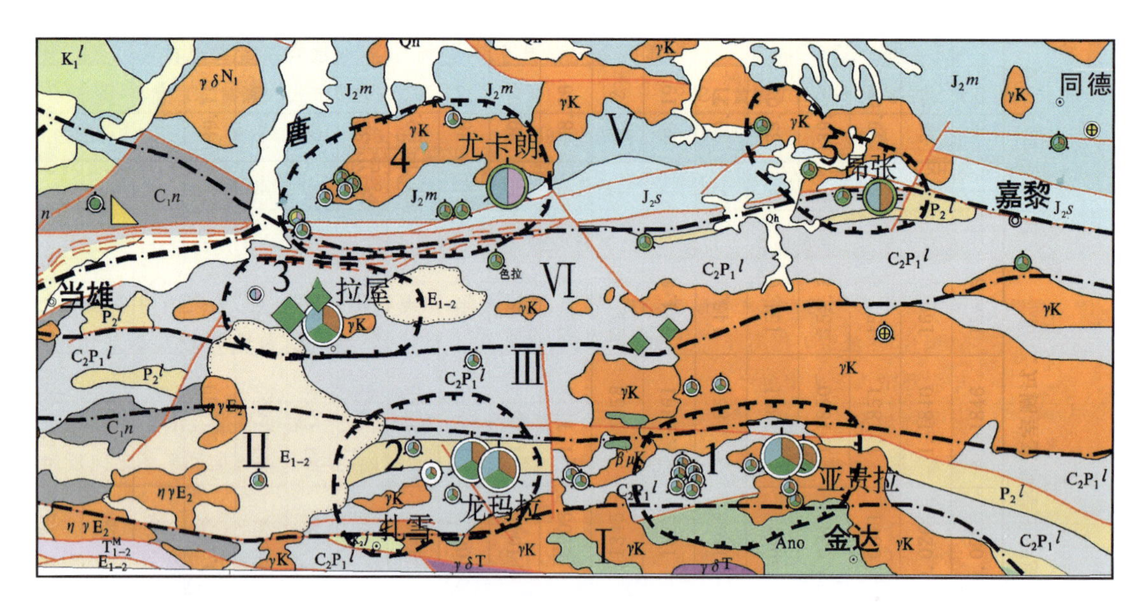

图6-1　念青唐古拉地区主要矿床(点)分布图

Ⅰ.扎雪-金达断隆多金属成矿带；Ⅱ.亚贵拉-龙玛拉断坳多金属成矿带；Ⅲ.都朗断隆多金属成矿带；Ⅳ.昂张-拉屋断坳铜多金属成矿带；Ⅴ.尤卡朗-同德铅银多金属成矿带；1.亚贵拉矿集区；2.扎雪矿集区；3.拉屋矿集区；4.尤卡朗矿集区；5.昂张矿集区

6.1　矿床空间分布规律

念青唐古拉成矿区具有非常优越的成矿地质条件。矿种多、矿床类型多样，目前已发现各类矿床、矿点、矿化点产地60余处。主要的矿种有铁、铜、铅、锌、银、金、钼等，矿床类型有海底热水喷流沉积型、侵入接触交代型、岩浆热液改造型及构造作用叠加型等。这些矿床在空间分布上总体具有南北成带、带内有区、区内相对集中的特点，矿床在空间上表现为不均匀性，具丛聚性、带状分布规律。

6.1.1　矿床丛聚性分布规律

矿床的丛聚性分布是指矿床在平面的分布上，在一定范围内集中出现，构成矿集区或矿化集中区。在亚贵拉一带分布有亚贵拉大型铅锌矿、洞中拉多金属矿、洞中松多铅锌矿、日翁铅锌矿、冲给错钨钼多金属矿、比拉铜锌矿、沙让钼矿等10多个矿床(点),组成一个东西向带状展布的成矿密集区,构成亚贵拉矿集区;在扎雪一带分布有龙玛拉铅锌矿、蒙亚啊铅锌矿、普龙铜锌多金属矿、卓青多金属矿、曲龙多金属矿等多个矿床(点),构成扎雪矿集区;在拉屋一带分布有尼龙玛铅锌银矿、拉屋铜铅锌矿、轮朗铅锌矿、勒青拉铅锌矿、欧雁龙巴重晶石矿、空布拉石膏矿、委元绒石膏矿等金属、非金属矿床(点)近10处,构成了拉屋矿化集中区;在昂张—夏玛一带分布有夏玛多金属矿、朗中铜锌多金属矿、昂张铅锌矿等构成昂张矿集区。

6.1.2 矿床带状分布规律

区内铅锌多金属矿床主要分布在晚古生代陆内断陷裂谷带或沿其两侧的断隆带及边缘分布,根据成矿地质背景的不同,由南往北进一步分为两个喷流沉积型(断坳)成矿带和两个岩浆弧(断隆)成矿带,即亚贵拉-龙玛拉断坳、昂张-拉屋断坳铅锌多金属矿带和燕山晚期及喜马拉雅期中酸性岩浆岩活动关系密切相关的扎雪-金达岩浆弧、都朗拉岩浆弧钼铅锌多金属成矿带,分别对应于工作区划分的“断坳”“断隆”构造带。

6.1.1.1 亚贵拉-龙玛拉断坳铅锌多金属成矿带

该带位于工作区中南部,矿化类型以来姑组层控型铅锌多金属矿为主,次有热液充填交代型铅锌矿化。主要沿亚贵拉-龙玛拉断坳中的来姑组和扎雪-金达燕山期岩浆岩带北侧分布。区内矿床主要赋存于来姑组第三岩性段海底喷流沉积层中,受地层岩相控制明显。燕山晚期及喜马拉雅期的中酸性岩浆侵入活动,在先期喷流沉积层控型矿床基础上叠加了晚期岩浆热液充填交代型或矽卡岩型铅锌矿化。因此,区内主要矿床类型为热水喷流沉积型铅锌矿、热水喷流沉积-叠加改造型铅锌矿床,如亚贵拉铅锌矿、龙玛拉铅锌矿、洞中拉铅锌矿等。

6.1.1.2 昂张-拉屋断坳铅锌多金属成矿带

该带位于工作区北部,主要沿昂张-拉屋断坳中的来姑组分布。矿化类型以来姑组层控型铅锌多金属矿为主,次有热液充填交代型铅锌矿化。在区内还发现有热水沉积成因的重晶石矿和多处石膏等矿床,如欧雁龙巴重晶石矿、空布拉石膏矿、委元绒石膏矿等。燕山晚期及喜马拉雅期,由于中酸性岩浆侵入活动,不仅为矿区铅锌多金属矿化再次提供了热动力,而且也提供了部分成矿物质。同时,矿区次级断裂构造为热液的运移提供了通道,在喷流沉积型矿床的基础上,叠加了晚期热液充填交代型或矽卡岩型铅锌矿化,如拉屋铜锌多金属矿床。

6.1.1.3 扎雪-金达断隆铅锌多金属成矿带

扎雪-金达断隆分布于工作区最南部,主要由近东西向带状分布的前奥陶纪雷龙库、马布库、岔萨岗岩组的石英岩、云英片岩、云母片岩、变粒岩、钾长斜长片麻岩和大理岩组成,呈紧闭褶皱穹状隆起。本区铅锌多金属矿化与燕山晚期及喜马拉雅期的中酸性岩浆岩关系最为密切,矿床主要赋存于岩体外接触带1~3km矽卡岩中或北东向、北西向断裂带内,主要矿床类型为矽卡岩型铅锌多金属矿和热液充填交代型铅锌矿,如新嘎果铅锌多金属矿、普穷多铅锌矿。

6.1.1.4 都朗拉断隆铅锌多金属成矿带

该带位于工作区中部,沿萨旺—嘎布日—措麦—基龙多一带分布,即与色日绒-措麦复式岩浆岩带一致。出露地层主要是上石炭统—下二叠统来姑组中厚层状大理岩及其和砂质板岩组成的互层。目前,该区主要分布金矿(化)点3处,铅锌多金属矿床、矿(化)点2处,石膏矿(化)点2处。铅锌多金属矿床矿化类型以矽卡岩型铜锌多金属矿为主,如色日绒多金属矿、体加弄巴多金属矿,次有热液充填交代型铅锌矿化。

6.2 矿床时间分布规律

念青唐古拉地区的成矿时间规律受地质历史演化控制，只有那些具备相应成矿条件的地质演化阶段才能形成相应类型和矿种的矿床。研究表明，念青唐古拉成矿区自晚古生代以来经历了多次构造运动的叠加，各主要构造演化阶段的成矿特征鲜明。

6.2.1 石炭纪—二叠纪成矿

石炭纪—二叠纪时期冈底斯构造带中部的念青唐古拉地区，发育具伸展构造环境"双峰式"特征的火山活动和一套隆—坳相间、以深水盆地相碳酸盐岩和碎屑岩沉积组合为特征的裂谷盆地沉积组合（潘桂棠等，1997，李光明等，2001），"双峰式"火山岩以分布于诺错组和洛巴堆组中的玄武岩及来姑组中的中酸性凝灰岩为代表。在这一构造背景下的成矿事件主要表现为在念青唐古拉地区发育以来姑组和洛巴堆组时期的火山喷流成矿事件，经后期燕山晚期或喜马拉雅期岩浆活动的叠加，形成了以工布江达县亚贵拉铅锌多金属矿、当雄县拉屋铜铅锌矿、工布江达县洞中松多铅锌多金属矿等矿床为代表的具热水喷流沉积特征的铅锌、银多金属矿床系列。

6.2.2 中生代成矿

冈底斯构造带在中生代时期受班公错-怒江洋盆向南的俯冲作用，逐步发育典型的多岛弧-盆系，自北而南形成一系列的弧后盆地和岛弧带（李光明，2000）。冈底斯多岛弧-盆系统演化阶段的成矿作用主要发生在各火山-岩浆弧带和弧后盆地中。

侏罗纪时期俯冲-碰撞型花岗岩以及与碰撞后的花岗岩在念青唐古拉复合岩浆带形成一系列铜、铅锌及钨锡矿床，如念青唐古拉复合岩浆带中的拉屋铜铅锌矿、朗中铅锌矿等。

白垩纪时期，大规模的弧花岗岩侵入活动或碰撞期的同碰撞花岗岩在冈底斯带广泛发育，对区内铜铁铅锌矿床的形成有重要意义，因白垩纪时期的火山-岩浆活动多叠加在侏罗纪乃至更早期火山-岩浆岩带上，一方面对早期形成的各类矿床进行叠加改造，同时亦形成一些新的矿床。在本区主要形成一系列矽卡岩型铜铁矿床，如尼雄铁矿。

6.2.3 新生代成矿

新近纪时期伴随新特提斯洋的闭合发生陆陆碰撞，高原壳幔物质和能量再度发生调整和交换，区内发生了大规模的侧向伸展作用，形成了一系列近南北向的裂谷盆地，并且伴生一套与伸展作用有关的以壳幔混合源为源区的火山活动和深成岩浆活动，对区内已形成的矿床，如勒青拉、亚贵拉、龙玛拉等起叠加改造作用，使成矿组分进一步富集，形成一系列热水沉积-叠加改造型、斑岩型、矽卡岩型以及浅成低温热液铅锌矿床。

6.3 矿床成矿系列

矿床成矿系列是指在特定地质历史时期和地质环境中形成的，具有一定时间、空间和成因联系的不同成矿元素组合的矿床群体（陈毓川，1998），并指出成矿系列是"四维时空域中具有内在联系的矿床自然组合"。翟裕生等（1987）强调矿床成因与岩石建造的联系，提出"成矿系列是与同一建造有成因联系的各种成因类型矿床构成的四维整体"，因此成矿系列理论体系强调矿床的时空成因联系及成矿元素的组合。在矿床成矿系列的划分过程中以“一定的地质历史时期”“一定的地质构造部位”“一定的地质作用有关的成因联系”为准则，各种类型的矿床依此而在成矿系列中归入其应有的位置。

念青唐古拉地区查明的金属矿床以铁、铜、铅、锌、银、金、钼为主，在该区有超大型、大型规模的矿床产出；其次有石膏、重晶石和冰洲石等非金属矿床产出。总体上由于构造岩浆成矿演化历史的久远及成矿物质来源的差异性，导致该区的金属矿产成矿作用具有在时间上的多期多阶段性、成因上的多类型和多物源的特点，出现了与海底热水喷流沉积、侵入接触交代、岩浆热液改造及构造作用叠加等有关的各具特色的复杂的矿床组合。因而根据有关矿床的成矿时代、成因以及矿床类型的不同及组合关系，将念青唐古拉地区的铜铅锌多金属成矿系统进一步划分为与海底喷流-热水沉积和与中酸性侵入岩浆活动有关的两个成矿系列。这两个成矿系列虽然是在不同时期和不同成矿作用下形成的，但是在时间上具有一定的继承关系、在空间分布上具有显著的叠加改造关系。

6.3.1 海西期喷流-沉积铜-铅-锌-重晶石-石膏矿床成矿系列

该成矿系列分布在研究区划分的Ⅳ级构造单元——断坳带内，构造环境为陆内裂谷断陷环境，成矿作用与地壳拉张及壳幔伸展作用有关。赋矿地层为上石炭统—下二叠统来姑组第二岩性段，受大理岩岩性控制，矿体呈似层状、层状、透镜状分布，产状与围岩基本一致，常呈多层平行状产出。岩性控矿特征非常明显，矿化产出部位与地层、岩性有着密切的成因联系。矿体围岩中多见有热水沉积岩，主要由硅质岩、硅质条带灰岩、硅质结核灰岩、纹带和条带状灰岩、富微斜长石岩、铁白云石岩等组成。矿石本身具有纹层状、条带状构造等热水沉积结构、构造特征等。矿体大部分地段受燕山晚期花岗岩浆热液的叠加改造较弱，总体上仍呈现出层状、似层状产出特征，但局部有明显的切层状的后期岩浆热液脉状矿化叠加。本类矿化的硫化物种类有磁黄铁矿、方铅矿、闪锌矿、黄铁矿、黄铜矿等，矿石有用组分主要为铅、锌、铜等。近矿围岩蚀变以矽卡岩化、硅化、绿泥石化、碳酸盐化为主，一般蚀变较弱，主要发生在近矿围岩中，远离矿体基本没有矿化蚀变发生。特别是矽卡岩化中的石榴石颗粒较小，与岩浆热液叠加改造成因的粗粒石榴石有着显著的差别。矿体顶、底板围岩蚀变不对称，常见为底板围岩蚀变强于顶板围岩。非对称围岩蚀变是喷流-沉积矿床热液活动的重要标志。本类矿床(点)的实例如亚贵拉、拉屋、洞中拉、昂张等。

区内还见有与喷流沉积有成因联系的非金属矿产出，例如欧雁巴重晶石矿、空布拉石膏矿、委元绒石膏矿、刚节山石膏矿、杀嘎拉石膏矿等。石膏矿主要产于来姑组砂质板岩中，矿石为白—灰白色层状致密块状石膏。矿床规模大小不等。重晶石矿主要赋存于来姑组的大理岩中，矿石矿物以重晶石、方解石为主。

6.3.2 与燕山期中酸性侵入岩有关的铁-铜-铅-锌矿床成矿系列

燕山期中酸性岩浆的侵入活动在念青唐古拉地区非常强烈，主要发育于墨竹工卡—工布江达一带，由复式的花岗岩大型岩基和一些小岩株组成。侵位时代为白垩纪。岩石化学、微量元素及同位素资料显示，该岩带具有复杂的成因和源区，I型、S型岩体均有发育，形成机制可能是受雅鲁藏布江洋板块向北俯冲消减及班公错-怒江洋盆封闭所伴生的陆-弧碰撞作用构造体制的双重控制。与燕山晚期中酸性岩浆侵入活动有关的铁铜多金属矿床在雅鲁藏布江成矿区占有重要地位，在燕山晚期中酸性侵入体侵位之前，区内已存在喷流沉积成因的铜、铅锌多金属矿化，因而，先期形成的铅锌多金属矿化不可避免地受到燕山晚期岩浆作用的叠加改造而进一步富集成矿。根据已有的勘查成果资料，燕山晚期岩浆作用在研究区形成了Fe、Cu、Pb、Zn、Ag等高中温的岩浆热液成矿序列，如尼雄铁矿、日阿铜矿、拉屋铜铅锌多金属矿等矿床是燕山晚期与中酸性花岗质岩石有关的铜铁多金属矿床的典型代表。

6.3.3 与早喜马拉雅期中酸性侵入岩有关的钨-钼-铁-铅-锌-银-金矿床成矿亚系列

白垩纪末—始新世，欧亚-印度大陆的碰撞事件形成了大规模的火山-岩浆岩活动，念青唐古拉地区发育大规模的火山岩和同碰撞型花岗岩。火山岩以林子宗群弧火山岩为代表，是欧亚-印度大陆主碰撞期的产物，同期形成的中酸性侵入岩具有壳幔混合型钙碱性岛弧造山带花岗岩和陆壳改造(S)型花岗岩的特征。陆-陆碰撞导致地壳增厚，形成与古新世—始新世中酸性岩浆岩建造有关的铅-锌-银-钼-钨-铁-金矿床成矿系列。该类型矿床主要位于隆格尔—念青唐古拉一带，从谢通门—工布江达一线广泛分布这一系列的铅锌钼钨矿床，其成矿时代集中在65～38Ma(唐菊兴等，2009；费光春等，2010)。形成的矿床式主要有恰功式铁矿、沙让式钼矿、洞中拉-蒙亚啊式铅锌多金属矿、亚贵拉式钼铅锌银矿、勒青拉式铅锌矿、新嘎果式铅锌银矿、甲拉浦式铁锌矿等矿床。

6.3.4 与晚喜马拉雅期中酸性侵入岩有关的铜-钼-铁-铅-锌-银-金矿床成矿亚系列

17～10Ma，念青唐古拉地区处于碰撞后的陆内伸展阶段，产生了一系列南北向、北东向的伸展构造，造成深部壳幔混合的岩浆上侵，从而形成了冈底斯成矿带大型—超大型矿床。这类矿床几乎无一例外的是：如果围岩有灰岩、大理岩，则形成规模较大的矽卡岩型多金属矿床，如知不拉矽卡岩型铜多金属矿、帮浦斑岩型钼铅锌矿及其外围的矽卡岩型铅锌矿等，均达大型矿床规模。如果含矿斑岩的围岩中没有灰岩、大理岩，则不能形成典型的矽卡岩型铜多金属矿床，如朱诺、冲江、厅宫等斑岩铜矿床。

6.4 成矿远景区划分

在区域成矿规律研究的基础上，进行成矿预测，指出找矿方向，圈定成矿远景区和找矿靶区。根据成矿地质条件和差别，已知矿床点的类型、数量、代表性及规律、资源潜力、矿化信息的丰富程度一般划分为A、B、C三级。

A类成矿远景区：交通条件好，成矿地质条件极为有利，化探异常规模大，元素组合关系好，含量高，浓度分带清楚、浓集中心明显，处在重力梯度带上或附近，发育航磁ΔT负异常，低值异常或处在0值线部位，环形影像极其发育。已发现的矿产地经预查或普查评价达中型以上规模，具有较高的经济价值。

B类成矿远景区：成矿地质条件有利，化探异常规模较大，元素组合关系好或较好，含量较高、浓度分带较清楚，浓集中心较明显，处在重力梯度带上或附近，发育航磁ΔT负异常，低值异常或处在0值线附近，环形影像发育。已发现的矿化具有一定规模，且成因类型与该带上主要成矿类型基本一致或相似，经进一步工作有望取得找矿突破的地段。

C类成矿远景区：成矿地质条件较为有利，化探异常有一定规模，元素组合相对简单，浓度分带较清楚，浓集中心较明显，处在重力梯度带附近，航磁ΔT负异常及低值异常不发育，未开展过异常查证或经异常查证发现的矿化暂不具有工业意义。但依据地质背景分析有一定找矿前景的地段。

根据成矿远景区的划分原则，作者在念青唐古拉地区共圈定成矿远景区16个，其中，A级成矿远景区6个，分别是拉屋铜铅锌成矿远景区(A1)、昂张铅锌多金属成矿远景区(A2)、勒青拉-新嘎果铅锌银铁成矿远景区(A3)、扎雪铅锌银成矿远景区(A4)、亚贵拉钼钨铜铅锌多金属成矿远景区(A5)、野达松多铜铅锌多金属成矿远景区(A6)；B级成矿远景区5个，分别是：色日绒铅锌银铁成矿远景区(B1)、弄拉多钼铜铅锌多金属成矿远景区(B2)、俄米铜铅锌多金属成矿远景区(B3)、玛弄铜铅锌多金属成矿远景区(B4)、不得错铜铅锌多金属成矿远景区(B5)；C级成矿远景区5个，分别是：门巴乡铜铅锌多金属成矿远景区(C1)、果青铜铅锌多金属成矿远景区(C2)、贡穷铜铅锌多金属成矿远景区(C3)、巴仁弄锑多金属成矿远景区(C4)、杂弄约马钨钼多金属成矿远景区(C5)。

6.5　主要成矿远景区评价

6.5.1　拉屋铜铅锌成矿远景区(A1)

远景区位于昂张-拉屋铅锌多金属成矿带西段，地理坐标：东经 91°32′20″—91°45′18″，北纬 30°24′03″—30°33′47″，面积 360 km^2。

区内地层主要为上石炭统—下二叠统来姑组，为一套深海-半深海相细碎屑岩夹基性和中酸性火山岩及碳酸盐岩建造，侵入岩主要为呈岩珠状产出的燕山晚期二云母花岗岩，次有二长花岗岩等。北西西向的脆韧性断裂构造是本带内的主要控矿构造，为矿液的运移和成矿物质的聚集提供了通道和场所。区内数个由 Cu、Au、As、Pb 等元素组成的异常强度高、浓集中心明显，呈近东西向分布。花岗岩与围岩外接触带的矽卡岩带和断裂破碎带是赋矿的有利场所，常形成品位较富的铜铅锌块状矿石。远景区内主要矿床类型为热水沉积-岩浆热液叠加改造型和破碎带充填交代型，以拉屋铜锌多金属矿床为代表。该远景区处于有利的构造部位，岩浆活动频繁，有利于形成破碎带充填交代型多金属矿床和热水沉积-岩浆热液叠加改造型铜锌多金属矿床，其中的拉屋铜锌多金属矿床已具大型矿床规模，区域上还存在多个成矿条件类似的化探异常，进一步找矿潜力较大。

6.5.2　昂张铅锌多金属找矿远景区(A2)

远景区位于昂张-拉屋断坳东段的桑巴—昂张一带，地理坐标：东经 92°30′00″—92°59′00″，北纬 30°35′41″—30°54′35″，面积 680km^2。

远景区地层主要为上石炭统—下二叠统来姑组，区内分布有燕山晚期黑云母花岗岩，近东西向断裂和北东向断裂发育，ΔT 航磁低值异常区，环形构造发育。远景区内有 6 -丙$_1$Pb、Zn，7 -乙$_2$Zn、Pb 两处地球化学综合异常，在 6 -丙$_1$Pb、Zn 异常中，分布 1 处多金属矿化点，主要为方铅矿化，脉石矿物有石榴石、绿帘石、石英等，为矽卡岩型。通过对 7 -乙$_2$Zn、Pb 异常开展了异常查证，发现了产于来姑组中的朗中矽卡岩型铜锌多金属矿点和受来姑组控制的昂张层状铅锌矿床。朗中矿点Ⅰ号矿体估算(334)$_?$资源量铜 10×10^4t、锌 8×10^4t，昂张矿床估算(334)$_?$资源量锌 63×10^4t、铅 20×10^4t，朗中矿点和昂张矿点相距 8km 左右，处在相同的构造部位，找矿潜力较大，进一步找矿应以层控型铅锌矿和矽卡岩型铜锌多金属矿为重点。

6.5.3　勒青拉-新嘎果铅锌银铁成矿远景区(A3)

该成矿远景区，位于扎雪-金达断隆西段，面积约 268km^2，区内主要出露晚古生代石炭纪—二叠纪地层，为一套岛弧背景下的含碳质细碎屑岩夹碳酸盐岩和火山岩建造。与碰撞作用有关的花岗质岩浆活动较强，并有少量的喜马拉雅晚期碰撞后小型斑岩体出露。区域构造线总体呈东西向展布，北东向、北北西向断裂构造较为发育。

该成矿远景区内发育一系列近东西向展布的 Pb、Zn、Cu 地球化学综合异常，Pb、Zn、Ag 异常套合好，浓集中心明显，并与 Pb、Zn、Ag 矿床(点)的分布基本对应。矽卡岩型铅锌矿和富铁矿是该成矿远景区内的主要矿床类型。其中勒青拉铅锌矿床具大型矿床规模，新嘎果铅锌矿具有与勒青拉铅锌矿床相似的矿床地质特征，其外围亦有较多矽卡岩型富铁矿床的产出。从目前勒青拉和新嘎果等铅锌矿区所显示的矿化规模、矿体的数量、矿石品位以及矿体较稳定的延伸情况等因素分析，该成矿远景区的成矿条件有利，具进一步的铅锌和富铁矿资源找矿潜力。

6.5.4 扎雪铅锌银成矿远景区(A4)

该成矿远景区位于亚贵拉-龙玛拉断坳中部，面积约 226km²。区内主要出露晚古生代石炭纪—二叠纪地层，为一套弧后盆地拉张背景下的含碳质细碎屑复理石夹碳酸盐岩和火山岩建造。与碰撞作用有关花岗质岩浆活动较强，在岩石类型上包括了 S 型、I 型和一些过渡型。其中铅锌成矿主要与碰撞期的"I—S"型花岗岩有关。区域构造线总体呈东西向展布，北东向、北北西向断裂构造较为发育。

成矿远景区内发育一系列近东西向展布的 Ag、Pb、Zn 化探异常，异常的元素组合好，强度高，并与 Pb、Zn、Ag 矿床(点)的分布基本对应。区内铅锌银矿床点众多，其中蒙亚啊铅锌银矿床和洞中松多铅锌银矿床具大型矿床规模。目前，区内已发现龙玛拉铅锌矿、蒙亚啊铅锌矿、普龙铜锌多金属矿、卓青多金属矿、曲龙多金属矿等多个矿床(点)，进一步找矿潜力很大。

6.5.5 亚贵拉钼铅锌多金属找矿远景区(A5)

远景区位于亚贵拉-龙玛拉铅锌多金属成矿带东段，地理坐标：东经 92°30′50″—92°45′00″，北纬 30°7′40″—30°14′50″，呈北东-南西向的带状展布，长 23km，宽 7km，面积约 161km²。

区内出露地层为上石炭统—中二叠统来姑组和始新世林子宗群帕那组。来姑组为一套细碎屑岩夹碳酸盐岩沉积建造，帕那组为一套中酸性火山岩沉积建造。其中，石炭纪—二叠纪细碎屑岩夹碳酸盐岩建造与层控型铅锌矿、矽卡岩型-中低温热液型铅锌矿床关系密切，是区内的主要赋矿层位。晚古生代以来经历多次的构造岩浆活动，尤其是喜马拉雅期的构造岩浆活动形成了大量的花岗闪长岩、二长花岗岩、石英斑岩、花岗斑岩等中酸性侵入岩体。其中，石英斑岩、花岗斑岩与成矿关系密切，不仅为区内的钼铜铅锌多金属矿形成提供了热动力，而且提供了部分成矿物质。如亚贵拉铅锌多金属矿床在前期形成的层状铅锌矿体之上叠加了后期的矽卡岩型钼铅锌矿体。区域构造以断裂为主，可分为近东西向和北东向两组断裂构造，其是区内重要的储矿构造。如亚贵拉-洞中松多北东向断裂，沿该断裂分布有亚贵拉大型铅锌矿床、洞中松多中型铜铅锌矿床，及比拉、前弄等铅锌矿点；冲给错中型钼铅锌矿床，矿体与近东西向延伸的断裂有关。其次，轴向呈近东西向的叠加褶皱，至少经历了两期褶皱变形，早期产生了大量的紧闭同斜褶皱，晚期又叠加了宽缓的直立褶皱，这些复式背斜的核部也是铅锌多金属矿床的主要赋矿部位。

远景区分布 J3-甲、J17-乙、J18-丙及 J21-丙地化综合异常 4 个，累计面积 157km²，主要有 Zn、Pb、Cu、Ag、Mn、Mo、W 等元素组成。其中，Zn 异常呈不规则状，面积 25.5km²，最高强度 2799×10^{-6}，平均 450×10^{-6}；Pb 异常呈不规则状，面积 22.5×10^{-6}，最高强度 4106×10^{-6}，平均 370×10^{-6}；Cu 异常面积 59km²，最高强度 1214×10^{-6}，平均强度 154×10^{-6}。该异常规模大，元素组合关系好，元素含量高，分带明显。目前，该区已发现亚贵拉大型铅锌矿床、洞中松多中型铜铅锌矿床、冲给错中型钼铅锌矿床、沙让大型斑岩钼矿，及涂弄、亚贵浪、比拉、洞中拉、杭列木拉等铅锌矿点。区内进一步找矿潜力巨大。

6.5.6 野达松多铜铅锌多金属成矿远景区(A6)

远景区位于扎雪-金达断隆中部的野达松多—拉玛朗一带，地理坐标：东经 92°33′00″—92°44′50″，北纬 30°02′00″—30°12′05″，呈南窄北宽的不规则梯形展布，长 16km，宽 8km，面积约 128km²。

区内出露地层为前奥陶纪松多岩群的玛布库岩组和雷龙库岩组，其中玛布库岩组与中低温热液型铜铅锌矿床关系密切。经历印支期、燕山期两次重要的构造岩浆活动，印支期闪长岩体(体)发育，这些侵入体对区内的铜铅锌等多金属成矿有重要意义。区域构造以断裂为主，褶皱次之。断裂构造有两组：一是近东西向的断裂；二是北北东向断裂。其中，北北东向的断裂构造为次级断陷盆地的边界断裂，黄铁矿化、铅锌矿化等蚀变明显，规模较大，为区内的主要导矿断裂；近东西向的断裂发育，规模一般不大，是重要的控矿断裂，为含矿溶液的运移、矿质的沉积、富集提供通道沉积场所。

区内分布水系沉积物甲类异常 1 个，乙类异常 2 个，丙类异常 2 个。异常总面积约 53km²。以铅、锌、铜、银为主，规模大、强度高、浓集中心明显，分带特征清楚，伴生元素套合良好；分布 1∶5 万高精度磁异常 5 个，异常面积约 12km²，遥感影像图上，铁染异常及羟基异常发育，线性构造及环形构造明显，上述地球物理及遥感信息表明，该地区存在隐伏的岩体及断裂，这些隐伏的岩体或断裂为铅锌铜等多金属成矿提供了能量、物质和存储空间。目前，该区已发现野达松多中型铜铅锌矿床和拉玛朗铅锌矿点、日翁铅锌矿点。其中，野达松多中型铜铅锌矿床，发现铜铅锌多金属矿体 2 个，长 1000～1300m 不等，厚 6～8m 不等，矿体呈似层状赋存于近东向展布的断层中，局部出现膨大和尖灭现象；拉玛朗铅锌矿点发现 1 条长 700m、宽 8m 的铅锌矿体，矿体呈似层状赋存于呈北北东向延伸的断裂中；日翁铅锌矿点发现 1 条长 50m、宽 5m 的铅锌矿体，矿体呈似层状赋存于呈近东西向展布的断裂中。区内找矿前景较好。

其他成矿远景区特征及分布详见表 6－1。

表 6－1　成矿远景区特征及评价结果表

序号	远景区名称	地质简况	异常特征	异常查证结果	主攻找矿类型
1	色日绒金成矿远景区（B1）	远景区位于昂张-拉屋断坳中部，东经 91°51′24″—92°02′25″，北纬 30°20′20″—30°27′40″，面积 268km²。区内地层为上石炭统—下二叠统来姑组，区内分布有多个燕山晚期花岗岩株，近东西向构造破碎带发育，成矿地质条件有利	区内分布 10－$乙_{Au}$、Ag，11－$乙_{Au}$、Cu，12－$乙_{Au}$ 等化探异常 3 处，异常位于航磁 ΔT 零值线上或附近，环形构造发育	异常查证发现产于近东西向或北东向构造破碎带之中的金矿点 2 个	碎裂蚀变岩型金矿
2	弄拉多钼铜铅锌多金属成矿远景区（B2）	远景区位于扎雪-金达断隆中部，东经 92°21′50″—92°30′40″，北纬 30°06′50″—30°13′15″，面积 91km²。出露地层为前奥陶纪雷龙库岩组，晚三叠世的花岗闪长岩、晚白垩世的二长花岗岩发育，其中，形成于岛弧环境的石英斑岩、花岗斑岩等酸性岩体对区内的斑岩型钼矿和铜铅锌等多金属成矿具有重要意义	区内分布化探乙类异常 2 个，丙类异常 3 个，丁类异常 2 个。以钼、钨、铅、锌、铜为主，伴生元素套合良好；高磁异常 5 个，遥感影像图上，铁染异常及羟基异常发育，线性构造及环形构造明显	异常查证已发现弄拉多钼铅锌矿点和勇俄热凶铅锌矿点 2 个	斑岩型、矽卡岩型多金属矿
3	俄米铜铅锌多金属成矿远景区（B3）	远景区位于亚贵拉-龙玛拉断坳东段，东经 92°15′00″—92°27′40″，北纬 30°06′50″—30°16′05″，面积约 133km²。出露地层为石炭系—二叠系来姑组、洛巴堆组，岩浆岩为燕山晚期的花岗闪长岩、二长花岗岩和钾长花岗岩、辉绿玢岩；构造以断裂为主，褶皱次之。断裂构造为近东西向、北东向、北西向及北北东向 4 组，成矿地质条件较为有利	区内分布化探异常 4 个，异常总面积 33km²。以金、钼、钨、铅为主，异常元素组合关系好，分带清楚；高磁异常 7 个，异常面积约 14km²；遥感影像图上，铁染异常及羟基异常发育，线、环构造明显	已发现俄米铅锌矿化点、卡木拉铅锌矿化点 2 个	层控型铅锌矿及斑岩型钼多金属矿

续表 6-1

序号	远景区名称	地质简况	异常特征	异常查证结果	主攻找矿类型
4	玛弄铜铅锌多金属成矿远景区(B4)	远景区位于扎雪-金达断隆带东段,东经92°41′30″—92°45′90″,北纬30°04′30″—30°10′00″,面积约40km²。出露地层为前奥陶纪松多岩群的玛布库岩组和雷龙库岩组,其中玛布库岩组与中低温热液型铜铅锌矿床关系密切。区域构造以断裂为主,褶皱次之。断裂构造呈近东西向展布,规模较大,具多期次活动特征,为区内重要的控矿断裂,为含矿溶液的运移、矿质的沉积、富集提供通道沉积场所	远景区分布1∶5万水系沉积物丙类异常3个。异常总面积约18km²。以钼、锌、铅、银为主,元素组合关系好,化探异常强度高,规模大,矿化蚀变影像特征明显。具有寻找构造热液型铜铅锌矿的潜力	该区已发现加弄巴铜铅锌矿点1处。矿体长50m,宽3m,呈透镜状赋存于玛布库岩组内呈近东西向展布的断裂中	热液充填-交代型铜铅锌矿
5	不得错铜铅锌多金属成矿远景区(B5)	远景区位于昂张-拉屋断坳西段的不得错一带。区内地层主要为下石炭统诺错组,主要岩性为变石英砂岩、粉砂质板岩夹碳酸盐岩,断裂构造发育,燕山晚期黑云母花岗岩岩株零星出露于异常区东部,成矿条件十分有利	远景区分布M1-乙综合异常一个,异常面积39km²,由Cu、Zn、Pb、Au、Ba、Sn、Mo、Bi、W、As、Sb、Hg等元素组成。该异常强度高,面积大,元素组合复杂,成矿元素Cu、Zn与低温元素AS、Hg套合好	区域上,已发现拉屋层控型铜铅锌矿,该远景区成矿条件与拉屋一致,矿化蚀变影像特征明显	层控型铜铅锌多金属矿或热液型铅锌矿
6	门巴铜铅锌多金属成矿远景区(C1)	远景区位于扎雪-金达断隆带中部,东经92°15′00″—92°21′50″,北纬30°03′10″—30°06′50″,面积约40km²。出露地层主要为前奥陶纪雷龙库岩组;侵入岩主要为晚三叠世的英云闪长岩、花岗闪长岩发育;构造以断裂为主,呈近东西向延伸。区域上近东西向的断裂为主要的导矿、容矿断裂,成矿地质条件较有利	远景区分布1∶5万水系沉积物丙类异常2个。异常总面积约9km²。以锌、钨、铅为主;高磁异常4个,异常面积约9km²;遥感影像图上铁染异常及羟基异常发育,线性构造及环形构造明显	区域上,已发现野达松多构造热液充填型铜铅锌矿,该远景区成矿条件与野达松多一致,矿化蚀变影像特征明显	热液充填-交代型铜铅锌矿
7	果青铜铅锌多金属成矿远景区(C2)	远景区位于扎雪-金达断隆西段,东经91°15′30″—91°20′10″,北纬30°36′41″—30°39′22″,面积15km²。主要出露下石炭统诺错组,南部少量上石炭统—下二叠统来姑组。靠近羊八井-九支拉韧性变形带,有一定成矿条件	远景区分布M3-丙$_1$和M5-丙$_1$,异常总面积约15km²,元素组合为Cu、Pb、Ag、Zn,异常分带清晰,最高含量分别为64.2×10^{-6}、151×10^{-6}、0.4×10^{-9}、290×10^{-6}异常中心套合较好	区域上,已发现江嗡松多岩浆热液接触交代型铜铅锌矿,该远景区成矿条件与江嗡松多一致	接触交代型多金属矿
8	贡穷铜铅锌多金属成矿远景区(C3)	远景区位于拉屋-嘉黎断坳西段,东经91°54′02″—91°57′06″,北纬30°13′31″—30°15′18″,面积28km²。地层出露上石炭统—下二叠统来姑组和下石炭统诺错组,西部燕山晚期黑云母花岗岩侵位	区内分布M7-丙$_1$和M9-丙$_1$综合异常,异常总面积约27 km²,主要元素为Au、Sb、Cd、Cu、Pb,异常强度较弱,异常处于岩体外接触带附近	区域上,已发现尼龙玛热液充填-交代型铅锌矿,该远景区成矿条件与尼龙玛基本一致	热液充填-交代型多金属矿

续表 6-1

序号	远景区名称	地质简况	异常特征	异常查证结果	主攻找矿类型
9	巴仁弄锑多金属成矿远景区（C4）	远景区位于拉屋-嘉黎断坳西段，东经91°28′11″—91°33′00″，北纬30°45′18″—30°49′34″，面积46km²，地层主要为上石炭统—下二叠统来姑组和中侏罗统马里组，附近白垩纪花岗岩发育	区内分布化探综合异常3-丁和4-乙$_3$，异常总面积约30km²，主要元素为Bi、As、Ag、Au、Mo、Sb等，强度不大，异常处于岩体接触带及附近	无	接触交代型多金属矿
10	杂弄约马钼多金属矿（C5）	远景区位于当雄县杂弄约马一带，东经91°17′17″—91°23′30″，北纬30°40′40″—30°45′00″，面积34km²，地层主要为下石炭统诺错组，羊八井-九支拉韧性变形带附近	区内分布综合异常5-丁、6-乙$_3$、7-丙、8-丙4处，异常总面积约25km²，元素组合以W、Mo、Au为主，伴生As、Sb、Cu等	无	斑岩型、矽卡岩型钼多金属矿

6.6 找矿方向

念青唐古拉地区的成矿地质条件优越，矿产资源丰富且具特色。在成矿地质背景、成矿规律及成矿预测研究的基础上，对研究区多金属矿产今后的找矿工作提出以下几点认识：

(1)在勘查主要矿床类型及矿种方面，仍应着重加强对热水喷流沉积型铜铅锌多金属矿产的找寻工作。本类型矿产由于受特定的来姑组、岩性控制，具有勘查对象明确、成矿规模较大的特点，一般所发现矿床的工业价值较大。

(2)要注意区内与中酸性侵入岩浆活动有关的成矿系列的新类型、新矿种的找寻和勘查工作，具体如斑岩型和云英岩型等类型的钨、钼等矿产。区内本类矿产虽然目前的勘查研究程度有限，但在亚贵拉矿区目前已有了较大的突破，应引起足够的重视。

(3)在具体找矿地段的选择上，应注意沿着已划分的两个断坳带：亚贵拉-龙玛拉断坳、昂张-拉屋断坳，在有利成矿的来姑组进行寻找喷流沉积型铜铅锌矿床；在扎雪-金达断隆、都朗拉断隆上，应注意找寻与中酸性侵入岩浆活动有关的成矿系列内的斑岩型、云英岩型、矽卡岩型及热液型钼铅锌多金属矿产。

(4)下一步地质找矿工作应重点部署在研究区圈出的6个A类成矿远景区和5个B类成矿远景区内，5个C类成矿远景区的地质找矿工作应进一步收集成矿信息，在工作部署研究的基础上酌情开展。

7 结束语

本研究依托青藏专项重大科研项目和矿产评价项目——念青唐古拉地区成矿地质条件研究与找矿靶区优选和西藏念青唐古拉地区铜铅锌银矿产资源调查评价，在吸收、消化前人研究成果的基础上，紧密结合项目实施过程中遇到的关键科学问题，重点研究了区域铅锌多金属矿成矿特征及成矿规律，为进一步找矿提供理论指导。

7.1 取得主要成果

本研究在全面收集区内已有的基础地质、地球物理、地球化学、遥感地质、矿产地质和科研成果等有关资料数据并对其进行处理的基础上，从沉积建造与成矿、岩浆过程与成矿两方面深入研究工作区沉积建造，及其含矿性、岩浆过程与成矿控制，分析区内构造岩浆岩带演化特征及其成矿控矿作用。通过典型矿床剖析，分析了区域铅锌多金属矿的主要控矿地质因素、找矿标志及成矿规律，建立了不同矿床类型的成矿模式和区域找矿预测模型，进而指导矿产资源调查评价工作，为进一步找矿勘查提供了新的找矿靶区，通过评价项目验证取得了较好的找矿效果。本研究和依托项目取得主要成果如下：

(1)本研究工作为生产项目提供了强有力的技术支撑。在研究成果的指导下，笔者承担的“西藏念青唐古拉地区铜铅锌银矿产资源调查评价”项目取得地质找矿的重大进展。生产项目以本研究提出的热水沉积-岩浆热液叠加成矿理论为指导，以热水沉积-岩浆热液叠加改造型矿床为主要找矿目标，在本研究提出的成矿远景区内优选了找矿靶区，然后，分层次、分阶段开展了调查评价工作，从成矿远景区到找矿靶区，再到发现和定位含矿地质体，最后利用钻探等手段逐步确定工业矿体。通过科技攻关和找矿评价工作，在晚古生代来姑组碎屑岩与碳酸盐岩沉积建造中发现并评价了拉屋、亚贵拉等超大—大中型矿产地 6 处，有进一步工作价值的矿(化)点 20 余个，探获资源量：铜 42.23×10^4t，锌铅 737.45×10^4t，银 8332.21t，金 10.96t。潜在经济价值约 1500 多亿元。所提交的 6 处矿产地均可被开发利用，其中 3 处已进入商业性矿产勘查和开发阶段。

(2)通过地层层序分析与构造解析，结合大比例尺地质剖面测量，总结了研究区不同部位的沉积-构造学特征和差异，分析认为研究区南北分布的上石炭统—下二叠统来姑组碎屑岩-碳酸盐岩沉积建造具裂谷盆地沉积特征，来姑组建造具有深海-半深海斜坡相沉积特征，其间夹有基性和中酸性火山岩“双峰式”火山岩，并伴生热水沉积岩。研究区中部分布的来姑组建造具浅海相沉积特点，鲜有火山岩夹层，与其南、北两侧地层在沉积厚度上也有较大差异。结合区域构造演化特征，将念青唐古拉地区自南向北划分了 4 个Ⅳ级成矿地质构造单元，自南向北依次为扎雪-金达断隆、亚贵拉-龙玛拉断坳、都朗拉断隆、昂张-拉屋断坳。提出念青唐古拉地区构造演化为由晚古生代的断隆、断坳相间分布的地质构造格架至中新生代转换为新特提斯构造背景下的岩浆弧的新认识。

(3)系统开展了研究区典型矿床系统对比研究。通过对亚贵拉铅锌多金属矿、拉屋铜铅锌矿、蒙亚啊铅锌矿、新嘎果铅锌矿及昂张铅锌矿等典型矿床对比研究，提出研究区存在三大成矿系列(4 个亚系列)，即晚古生代海底喷流沉积铅-锌-重晶石-石膏矿床成矿系列、中生代燕山晚期与中酸性侵入岩浆活动有关的铁-铜-铅-锌-金矿床成矿系列、新生代早喜马拉雅期与中酸性侵入岩有关的钨-钼-铁-铅-锌矿床成矿亚系列及新生代晚喜马拉雅期与中酸性侵入岩有关的铜-钼-铁-铅-锌-银-金矿床成矿亚系列，建立了工作区热水沉积-岩浆热液叠加改造成矿模式。研究指出工作区主要矿种为铅、锌、银矿，主要找矿类型为层控型铅锌多金属矿和热液(矽卡岩)型钼锌多金属矿，层控型铅锌多金属矿赋存于断坳内的来姑组碎屑岩-碳酸盐岩建造中，热液(矽卡岩)型钼铅锌多金属矿则分布于断隆带岩浆岩外接触带的矽卡岩、角岩中或0～3km范围内的次级断裂破碎带内，为进一步找矿指明了方向。

(4)初步建立了大型矿集区尺度的铜铅锌多金属矿床组合模式。矿床组合模式是矿床形成过程的高度浓缩，也是找矿勘查一种有效的地质技术。研究地质、地球物理和地球化学多种技术方法的有效结合是找矿勘查实现重大突破的重要途径。通过在研究区开展大规模区域性地质矿产调查评价和矿床成矿系列研究，全面系统地分析和研究了区内地质、矿产、物探、化探、遥感等地质资料，从研究区成矿地质背景分析入手，综合地质异常、物化遥异常信息，从区域内筛选成矿远景区，并通过异常查证，逐步缩小找矿靶区，确定含矿地质体，择优进行钻探工程验证。采用补充地质调查、成因矿物学、稳定同位素、矿物包裹体及原生晕测试研究等手段，对区内新发现的典型矿床进行研究，分析了不同类型矿床的主要控矿条件和找矿标志，系统总结了区域铜铅锌多金属矿找矿标志及成矿规律，建立铜铅锌多金属矿综合信息找矿预测模型，该找矿预测模型和成矿模式不仅对发现和探明本次工作区具有重要作用，而且对整个冈底斯地区开展同类型矿床的找矿评价具有重要的指导意义。如金达找矿靶区应用热水沉积-岩浆热液叠加改造成矿模式在亚贵拉发现热水沉积岩和矽卡岩蚀变，然后通过地质填图配合大比例尺物化探剖面测量，发现赋存于火山碎屑岩与碳酸盐岩岩性界面的热水沉积-岩浆热液叠加改造型铅锌多金属超大型矿床。

(5)以成矿理论为指导，针对不同类型矿床，按照矿床模式，提出找矿思路和方向，同时，根据具体地质特征和岩石(矿石)的物性特征，建立有效的找矿技术方法组合，开展成矿预测和区域找矿评价研究，通过试验探索，结合找矿勘查部署，进行工程验证和控制。经过科技攻关，本研究总结提出念青唐古拉地区科学找矿勘查程序，即在充分收集研究区内已有的地质、矿产、物化遥资料基础上，运用“3S”技术优选成矿远景区；在优选的成矿远景区开展以 1∶5 万化探扫面，进一步缩小找矿靶区。通过异常查证及矿点检查发现矿点、矿化点及找矿线索，选择有一定规模和远景的矿点开展普查评价，对主要矿体用探矿工程(钻探)验证，提交新发现矿产地和资源量。提炼的找矿技术方法组合为：“3S”技术＋水系沉积物测量优选及缩小找矿靶区，大比例尺地质填图＋土壤化探、激电剖面测量定位含矿地质体，工程验证圈定矿体。

通过本次科技攻关和找矿评价，充分发挥了成矿模式和勘查技术方法组合优势，推动研究区找矿勘查取得重大突破。经反复实践，该技术方法组合在研究区是适用和有效的。可以相信在相似的地质环境，这些方法组合仍然具有可借鉴性。

(6)全面系统地进行了区域成矿规律研究，总结了不同类型矿床的综合找矿标志信息，在成矿分析的基础上圈定了矿产预测区和找矿靶区，进一步明确了找矿方向。科学预测提出的成矿远景区 16 处，已提交矿产远景调查和矿产勘查项目验证，提出的成矿理论和有效找矿方法技术组合被广泛应用于研究区部署的各类矿产勘查项目，均已取得了明显的效果。西藏念青唐古拉铜铅锌银矿产资源调查评价项目新发现矿产地 5 处，新发现有较好找矿前景的矿点 10 余个。

通过总结和研究，及时提出了区内铅锌银成矿规律方面和调查评价工作重点选区方面大量新的认识，提供给相关调查评价项目应用，有力地指导了野外地质找矿工作，同时经过调查评价项目的验证收到很好的效果，为地质找矿突破奠定了坚实的基础。

7.2 存在问题与不足

尽管笔者按计划完成了设计工作，取得了一些新的认识和进展，但工作中还存在一些科学问题需要深入研究和探讨。

(1)基础地质研究，尤其对大地构造演化与成矿等方面的研究仍十分薄弱，前古生代地质演化过程及形成的矿床和成矿系列，还不被人们认知，需要我们进一步加强研究。

(2)研究区众多的铅锌多金属矿床(点)多数工作程度低，只进行了地表及浅部工作，没有进行深入研究，尤其缺乏铅锌矿床精确的测年方法手段，对已发现的矿床成因类型和矿床控矿因素还存在较大的分歧。

(3)成矿理论研究方面总体上还较为薄弱，区内仅对拉屋、亚贵拉、蒙亚啊、新嘎果、勒青拉、洞中松多等少数几个铅锌矿床进行了初步研究，缺乏对各矿床类型成因联系方面的深入研究。

(4)对区内重要矿床的成因类型如MVT的认识还需要获取更多的证据支持。

(5)受依托项目工作周期方面的限制，部分预测成果未能实施工程验证，预测效果有待后续项目验证。

(6)由于研究区自然条件恶劣，加之近年来外部工作环境较差，在一定程度上影响了研究工作的开展，部分计划开展研究工作的矿床未能进行深入剖析，需今后的研究工作加以弥补。

另外，由于笔者知识水平有限，文中错误和不足之处在所难免，敬请各位专家学者批评指正。

参考文献

毕伏科,肖文暹,阎同生.成矿系列的缺位问题及其在成矿预测中的应用[J].矿床地质,2006,25(6):735~742.

曹瑜,胡光道,杨志峰,等.基于GIS有利成矿信息的综合[J].武汉大学学报(信息科学版),2003,28(2):167~176.

陈昌伦,夏玉全.藏北班戈-桑巴中酸性侵入岩带的岩石特征与含矿性[J].西藏地质,1992(1):35~47.

陈国铭.西藏的构造演化历史及其特点[J].中国地质科学院院报,1984,9:75~86.

陈毓川,王登红.喜马拉雅期内生成矿作用研究[M].北京:地震出版社,2001.

程立人,张以春,张予杰.藏北神扎地区早奥陶世地层的发现及意义[J].地层学杂志,2005,29(1):38~41.

程文斌,顾雪祥,唐菊兴,等.西藏冈底斯-念青唐古拉成矿带典型矿床Pb同位素特征——对成矿元素组合分带性的指示[J].岩石学报,2010,26(11):3350~3362.

程顺波,庞迎春,曹亮,等.西藏蒙亚啊矽卡岩铅锌矿床的成因探讨[J].华南地质与矿产,2008(3):50~56.

崔晓亮,唐菊兴,多吉,等.西藏洞中拉铅锌矿床石英斑岩锆石U-Pb年代学研究[J].成都理工大学学报(自然科学版),2011,38(5):557~562.

崔玉斌,赵元艺,屈文俊,等.西藏当雄地区拉屋矿床磁黄铁矿Re-Os同位素测年和成矿物质来源示踪[J].地质通报,2011,30(8):1282~1292.

崔作舟,滕吉文,刘宏兵.西藏高原亚东至当雄地带二维地壳结构的研究[J].中国地质科学院院报(第21号),1990,239~245.

邓晋福.大陆裂谷岩浆作用及深部过程[M].//池际尚:中国东部新生代玄武岩及上地幔研究(附金伯利岩),武汉:中国地质大学出版社,1988.

邓晋福,赵海玲,赖绍聪,等.白云母/二云母花岗岩形成与陆内俯冲作用[J].地球科学——中国地质大学学报,1994,19(2):139~148.

邓军,杨立强,孙忠实,等.构造体制转换与流体多层循环成矿动力学[J].地球科学——中国地质大学学报,2000,25(4):397~430.

迟清华,鄢明才.中国东部岩石地球化学图[J].地球化学,2005,34(2):97~108.

丁林,来庆州.冈底斯地壳碰撞前增厚及隆升的证据:岛弧拼贴对青藏高原隆升及扩展历史的制约[J].科学通报,2003,48(8):836~842.

丁林,钟大赉,潘裕生,等.东喜马拉雅构造结上新世以来快速抬升的裂变径迹证据[J].科学通报,1995,40(16):1497~1500.

董国臣,莫宣学.西藏林周盆地林子宗火山岩研究近况[J].地学前缘,2002,9(1):153~153.

董国臣,莫宣学,赵志丹,等.冈底斯岩浆带中段岩浆混合作用:来自花岗岩杂岩的证据[J].岩石学报,2006,22(4):835~844.

杜安道,何红蓼,殷宁万,等.辉钼矿的铼-锇同位素地质年龄测定方法研究[J].地质学报,1994,6(4):339~347.

杜光树,姚鹏,潘凤雏,等.喷流成因矽卡岩与成矿——以西藏甲马铜多金属矿床为例[M].成都:四川科学技术出版社,1998.

杜欣,刘俊涛,王亚平.西藏拉屋铜铅锌多金属矿床地质特征及成因分析[J].地质与矿产,2004,18(5):410～414.

杜欣,燕长海,陈俊魁,等.西藏亚贵拉铅锌多金属矿床的地质特征[J].地质调查与研究,2010,33(4):257～265.

杜欣,燕长海,陈俊魁.西藏拉萨地块构造演化特征及成矿控制[J].矿床地质,2010,29:39～42.

费光春,温春齐,周雄等.西藏洞中拉铅锌矿床成矿流体研究[J].地质与勘探,2010,46(4):576～582

范文玉,高大发,张林奎,等.西藏勒青拉铁矿床地质特征及其找矿意义[J].中国地质,2007,34(1):110～116.

冯孝良,杜光树.西藏金矿资源分布规律、矿化类型及找矿方向[J].特提斯地质,1999,23:31～38.

冯孝良,管仕平,牟传龙,等.西藏甲马铜多金属矿床的岩浆热液交代成因:地质与地球化学证据[J].地质地球化学,2001,29(4):40～48.

高锐,吴功建.青藏高原亚东-格尔木地学断面地球物理综合解释模型与现今地球动力学过程[J].长春地质学院学报,1995,25(3):241～250.

高永丰,侯增谦,魏瑞华,等.西藏高原冈底斯第三纪斑岩岩石学特征及其动力学意义[J].岩石学报,2003,19(3):418～428.

高一鸣,陈毓川,唐菊兴,等.西藏工布江达县亚贵拉铅锌钼多金属矿床石英斑岩锆石 SHRIMP 定年及其地质意义[J].地质学报,2009,83(10):1436～1443.

高一鸣,陈毓川,唐菊兴.西藏沙让斑岩钼矿床锆石 SHRIMP 定年和角闪石 Ar - Ar 定年及其地质意义[J].矿床地质,2010,29(2):323～329.

葛良胜,依林,邢俊兵,等.西藏冈底斯地块北部甲岗雪山钨钼铜金多金属矿产地的发现及意义[J].地质通报,2006,23 (9 - 10):1033～1039.

龚福志,郑有业,张刚阳,等.首次在冈底斯发现主碰撞期斑岩铜矿[J].四川地质学报,2008,24(4):296～299.

勾永东,陈玉禄,刘汉强.西藏改则县铁格隆地区含矿玢岩特征与成因探讨[J].沉积与特提斯地质,2007,27(3):20～26.

顾连兴.块状硫化物矿床研究进展评述[J].地质论评,1999,45(3):265～275.

谷良备.西藏冈底斯-念青唐古拉构造带的演化及成矿控制[C]//青藏高原地质文集(17).北京:地质出版社,1985.

韩同林.西藏地震带及地震烈度的区域划分[J].中国地质科学院院报,1989,19:53～61.

郝军,喻亨祥,谢洪顺.西藏当雄县拉屋铜铅锌矿成矿规律浅析[J].中国科技信息,2007,11:20～23.

贺日政,高锐.西藏高原南北向裂谷研究意义[J].地球物理学进展,2003,18(1):35～43.

和钟铧,杨德明,郑常青,等.冈底斯带门巴花岗岩同位素测年及其对新特提斯洋俯冲时代的约束[J].地质论评,2005,52(1):100～106.

和钟铧,杨德明,王天武,等.冈底斯带巴嘎区二云母花岗岩 SHRIMP 锆石 U - Pb 定年[J].吉林大学学报(地球科学版),2005,35(5):302～308.

和钟铧,杨德明,王天武.冈底斯带谷露区中新世花岗岩地球化学特征及构造环境[J].吉林大学学报(地球科学版).2007,37(1):31～37.

侯增谦,侯立玮,叶庆同,等.三江地区义敦岛弧构造-岩浆演化与火山成因块状硫化物矿床[M].北京:地震出版社,1995.

侯增谦,曲晓明,王淑贤,等.西藏高原冈底斯斑岩铜矿带辉钼矿 Re - Os 年龄:成矿作用时限与动力学背景应用[J].中国科学(D辑),2003,33(7):609～618.

侯增谦,莫宣学,高永丰,等.埃达克岩:斑岩铜矿的一种可能的重要含矿母岩——以西藏和智利斑岩铜矿为例[J]. 矿床地质,2003,22(1):1～12.
侯增谦,高永丰,孟祥金,等. 西藏冈底斯中新世斑岩铜带:埃达克质斑岩成因与构造控制[J]. 岩石学报,2004(2):239～248.
侯增谦,莫宣学,高永丰,等. 印度大陆与亚洲大陆碰撞早期过程与动力学模型——来自西藏冈底斯新生代火成岩证据[J]. 地质学报,2006(9):1233～1247.
侯增谦,赵志丹,高永丰,等. 印度大陆板片前缘撕裂与分段俯冲:来自冈底斯新生代火山-岩浆作用证据[J]. 岩石学报,2006,22(4):761～774.
侯增谦,杨竹森,徐文艺,等. 青藏高原碰撞造山带:主碰撞造山成矿作用[J]. 矿床地质,2006,25(4):337～358.
侯增谦,曲晓明,杨竹森,等. 青藏高原碰撞造山带:Ⅲ. 后碰撞伸展成矿作用[J]. 矿床地质,2006,25(6):629～651.
侯增谦,莫宣学,杨志明,等. 青藏高原碰撞造山带成矿作用:构造背景、时空分布和主要类型[J]. 中国地质. 2006,33(2):348～359.
侯增谦,王二七,莫宣学,等. 青藏高原碰撞造山与成矿作用[M]. 北京:地质出版社,2009.
胡道功,吴珍汉,江万,等. 西藏念青唐古拉岩群 SHRIMP 锆石 U－Pb 年龄和 Nd 同位素研究[J]. 中国科学,(D 辑),2005(1).
胡新伟,马润则,陶晓风,等. 西藏措勤地区典中组火山岩地球化学特征及构造背景[J]. 成都理工大学学报(自然科学版),2007,34(1):15～22.
黄典豪,丁孝石,吴澄宇,等. 蔡家营铅-锌-银矿床[M]. 北京:地质出版社,1992.
黄志英,李光明. 西藏雅鲁藏布江成矿区斑岩型铜矿基本特征与找矿潜力[J]. 地质与勘探,2004,40(1):1～6.
焦淑沛. 青藏高原大地构造性质归属地洼区的论证和分析[J]. 中国地质科学院院报,1993,26:15～27.
金成伟,周云生. 喜马拉雅和冈底斯弧形山系中的岩浆岩带及其成因模式[J]. 地质科学,1978(4):297～312.
金胜,叶高峰,魏文博,等. 青藏高原西缘壳幔电性结构与断裂构造:札达-泉水湖剖面大地电磁探测提供的依据[J]. 地球科学——中国地质大学学报,2007,32(4):474～480.
金振民,高山. 底侵作用(underplating)及其壳-幔演化动力学意义[J]. 地质科技情报,1996,15(2):1～7.
李才,王天武,李惠民,等. 冈底斯地区发现印支期巨斑花岗闪长岩——古冈底斯造山的存在证据[J]. 地质通报,2003,22(5):364～366.
李光明. 藏北羌塘地区新生代火山岩岩石特征及成因探讨[J]. 地质地球化学,2000,28(2):38～43.
李光明,冯孝良,黄志英,等. 西藏冈底斯构造带中段多岛弧-盆系及其演化[J]. 沉积与特提斯地质,2000,20(4):38～46.
李光明,雍永源. 藏北那曲地区中、上侏罗统拉贡塘组浊流沉积特征及微量元素地球化学[J]. 地球学报,2000,21(4):373～378.
李光明,王高明,高大发,等. 西藏冈底斯南缘构造格架与成矿系统[J]. 沉积与特提斯地质,2002,22(2):1～7.
李光明,刘波,屈文俊,等. 西藏冈底斯成矿带的斑岩-矽卡岩成矿系统:来自斑岩矿床和矽卡岩型铜多金属矿床的 Re－Os 同位素年龄证据[J]. 大地构造与成矿学,2005,29(4):482～490.
李光明,曾庆贵,雍永源,等. 西藏冈底斯成矿带浅成低温热液型金锑矿床的发现及其意义——以西藏弄如日金锑矿床为例[J]. 矿床地质,2005,24(6):595～602.
李光明,秦克章,丁奎首,等. 冈底斯东段南部第三纪矽卡岩 Cu－Au－Mo 矿床地质特征、矿物组合及其深部找矿意义[J]. 地质学报,2006,80(9):1407～1421.

李光明,刘波,佘宏全,等.西藏冈底斯成矿带南缘喜马拉雅早期成矿作用:来自冲木达铜金矿床的Re－Os同位素年龄证据[J].地质通报,2006,25(12):32～37.

李光明,芮宗瑶,王高明.西藏冈底斯成矿带甲马和知不拉铜多金属矿床的Re－Os同位素年龄及意义[J].矿床地质,2007,24(5):482～489.

李金祥,秦克章,李光明,等.冈底斯中段尼木斑岩铜矿田的K－Ar、$^{40}Ar/^{39}Ar$年龄:对岩浆热液系统演化和成矿构造背景制约[J].岩石学报,2007,23(5):953～966.

李胜荣,孙丽,张华峰.西藏曲水碰撞花岗岩的混合成因[J].岩石学报,2006,22(4):884～894.

李胜荣,袁万明,屈文俊等.西藏墨竹工卡县甲马多金属矿床几组年龄数据的比较与成因研究[J].岩石学报,2008,24(3)511～518.

李廷栋.青藏高原地质科学研究的新进展[J].地质通报,2002,21(7):370～376.

李兴振,刘文均,王义昭,等.西南三江地区特提斯构造演化与成矿[M].北京:地质出版社,1999.

连永牢,曹新志,燕长海,等.西藏工布江达县亚贵拉铅锌矿床地质特征及成因分析[J].地质矿产,2009,29(4):570～576.

廖忠礼,莫宣学,潘桂棠,等.初论西藏过铝花岗岩[J].地质通报,2006,25(7):812～821.

廖忠礼,莫宣学,潘桂棠,等.西藏过铝花岗岩岩石地球化学特征及成因探讨[J].地质学报,2006,80(9):1330～1341.

刘波,李光明,李胜荣.西藏冲江铜矿含矿岩体与围岩分解探讨[J].沉积与特提斯地质,2004,24(4):55～58.

刘葵,赵文津,吴汉珍,等.念青唐古拉山深部构造特征研究[J].地球学报,2005,26(5):405～410.

刘细元,衷存堤,廖思平,等.冈底斯火山-岩浆弧中段邦多地区火山构造特征[J].资源调查与环境,2007,28(1):12～21.

刘增乾,徐宪,潘桂棠,等.青藏高原大地构造与形成演化[M].北京:地质出版社,1990.

刘振声,王洁民.青藏高原南部花岗岩地质地球化学[M].成都:四川科学技术出版社,1994.

吕庆田,江枚,高锐.青藏高原莫霍面形态的重力模拟及其对探讨高原隆升机制的意义[J].地球学报,1997,18(1):78～86.

鲁连仲.西藏地热活动的地质背景分析[J].地球科学——中国地质大学学报,1989,14(增刊):53～59.

罗雪.西藏工布江达县亚贵拉铅锌多金属矿床地质地球化学特征与成因浅析[D].武汉:中国地质大学(武汉),2010.

马润则,刘登忠,陶晓风,等.冈底斯西段第四纪钾质火山岩的发现及赛利普组的建立[J].成都理工大学学报(自然科学版),2008,35(1):87～92.

毛景文,华仁民,李晓波.浅议大规模成矿作用与大型矿集区[J].矿床地质,1999,18(4):291～299.

孟祥金,侯增谦,高永丰,等.西藏冈底斯东段斑岩铜钼铅锌成矿系统的发育时限:帮浦铜多金属矿床辉钼矿Re－Os年龄证据[J].矿床地质,2003,22(3):246～252.

莫宣学,赵志丹,邓晋福,等.印度-亚洲大陆主碰撞过程的火山作用响应[J].地学前缘,2003,10(3):137～148.

莫宣学,董国臣,赵志丹,等.西藏冈底斯带花岗岩的时空分布特征及地壳生长演化信息[J].高校地质学报,2005,11(3):281～290.

莫宣学,赵志丹,Don J D,等.青藏高原拉萨地块碰撞-后碰撞岩浆作用的三种类型及其对大陆俯冲成矿作用的启示:Sr－Nd同位素证据[J].岩石学报,2006,22(4):795～803.

潘凤雏,邓军,姚鹏,等.西藏甲马铜多金属矿床矽卡岩的喷流成因[J].现代地质,2002,16(4):359～364.

潘凤雏,杜光树.西藏甲马喷流矽卡岩型铜多金属矿床地质特征[J].西藏地质,1997(2):62～73.

潘桂棠,陈智梁,李兴振,等.东特提斯地质构造形成演化[M].北京:地质出版社,1997.

潘桂棠,丁俊,王立全,等.青藏高原区区域地质调查重要新进展[J].地质通报,2002,21(11):787～793.
潘桂棠,丁俊,姚东生等.青藏高原及邻区地质图说明书[M].成都:成都地图出版社,2004.
潘桂棠,莫宣学,侯增谦,等.冈底斯造山带的时空结构及演化[J].岩石学报,2006,22(3):521～533.
秦克章,李光明,赵俊兴,等.西藏首例独立钼矿-冈底斯沙让大型斑岩钼矿的发现及其意义[J].中国地质,2008,35(6):1101～1112.
曲晓明,侯增谦,黄卫.冈底斯斑岩铜矿(化)带:西藏第二个"玉龙"铜矿带?[J].矿床地质,2001,20(4):355～366.
曲晓明,侯增谦,李佐国.S、Pb同位素对冈底斯斑岩铜矿带成矿物质来源和造山带物质循环的指示[J].地质通报,2002,21(11):768～776.
芮宗瑶,侯增谦,曲晓明,等.冈底斯斑岩铜矿成矿时代及青藏高原隆升[J].矿床地质,2003,22(3):217～225.
芮宗瑶,侯增谦,李光明,等.冈底斯斑岩铜矿成矿模式[J].地质论评,2006,52(4):59～466.
芮宗瑶,李光明,张立生,等.西藏斑岩铜矿对重大地质事件的响应[J].地学前缘,2004,11(1):145～152.
芮宗瑶,李光明,张立生,等.青藏高原的金属矿产[J].中国地质,2006,33(2):363～373.
芮宗瑶,王龙生,王义天.成矿系统的始态、终态及其过程[J].矿床地质,2002,21(2):137～148.
芮宗瑶,赵一鸣,王龙生,等.挥发分在矽卡岩型和斑岩型矿床形成中的作用[J].矿床地质,2003,22(1):141～148.
佘宏全,丰成友,张德全,等.西藏冈底斯铜矿带甲马矽卡岩型铜多金属矿床与驱龙斑岩型铜矿流体包裹体对比研究[J].岩石学报,2006,22(3):689～696.
沈显杰,朱元清,石耀霖.青藏热流与构造热演化模型研究[J].中国科学,1992,3:311～321.
宋彪,张玉海,万渝生,等.锆石SHRIMP样品靶制作、年龄测成年龄及有关现象讨论[J].地质论评,2002,48(增刊):26～30.
孙少华,张琴华,秦清香,等.Sr/Ba—V/Ni比值组的沉积地球化学意义[C]//欧阳自远.矿物岩石地球化学新探索).北京:地震出版社,1993.
唐菊兴.西藏玉龙斑岩铜(钼)矿成矿作用与矿床定位预测研究[D].成都:成都理工大学,2003.
唐菊兴,陈毓川,多吉,等.西藏冈底斯成矿带东段主要矿床类型、成矿规律和找矿评价[J].矿物学报,2009,29(增刊):476～478.
唐菊兴,陈毓川,王登红,等.西藏工布江达县沙让斑岩钼矿床辉钼矿铼-锇同位素年龄及其地质意义[J].地质学报,2009,83(5):698～704.
涂光炽等.中国层控矿床地球化学[M].北京:科学出版社,1988.
涂光炽.中国超大型矿床[Ⅰ][M].北京:科学出版社,2000.
王成善,丁学林.青藏高原隆升研究新进展综述[J].地球科学进展,1996,29:109～115.
王成善,夏代祥,周祥,等.雅鲁藏布江缝合带——喜马拉雅山地质[M].北京:地质出版社,1999.
王二七.青藏高原新生代地壳变形对同碰撞岩浆侵位的制约[J].岩石学报,2006,22(3):558～566.
王方国,李光明,林方成.西藏冈底斯地区矽卡岩型矿床资源潜力初析[J].地质通报,2005,24(6):584～594.
王根厚,周祥,曾庆高,等.西藏中部念青唐古拉山链中生代以来构造演化[J].现代地质,1997,11(3):299～304.
王金丽,张泽明,董昕,等.西藏拉萨地体南部晚白垩世石榴石二辉麻粒岩的发现及其构造意义[J].岩石学报,2009,25(7).
王立强,顾雪祥,程文斌,等.西藏蒙亚啊铅锌矿床S、Pb同位素组成及对成矿物质来源的示踪[J].现代地质,2010,24(1):52～58.

王立全,潘桂棠,朱弟成,等.西藏冈底斯带石炭纪—二叠纪岛弧造山作用:火山岩和地球化学证据[J].地质通报,2008,27(9):1509～1534.

王立全,朱弟成,耿全如,等.西藏冈底斯带林周盆地与碰撞过程相关花岗斑岩的形成时代及其意义[J].科学通报,2006,51(16):1921～1928.

王全海,王保生,李金高,等.西藏冈底斯岛弧及其铜多金属矿带的基本特征与远景评估[J].地质通报,2002,21(1):35～40.

王少怀,裴荣富.冈底斯中段南缘成矿远景预测及找矿方向[J].矿床地质,2007,26(3):346～352.

王小春,晏子贵,周伟德,等.初论冈底斯带中段尼木西北部斑岩铜矿地质特征[J].地质与勘探,2002,38(1):5～8.

王小春,周维德,李作华,等.西藏冈底斯带斑岩铜矿勘查的现状、走向和相关建议[J].地质与勘探,2006,42(1):30～33.

王守伦.矿床成因研究的一些新动向[J].地质科技情报,1988,(2):71～74

王永胜,郑春子.藏北南羌塘盆地毕洛错地区下侏罗统曲色组石膏岩层[J].地层学杂志,2008,32(3):321～326.

王兆成,袁兆平.西藏波密多依弄巴铅锌矿床地质特征及找矿标志[J].四川地质学报,2008,28(2):109～111.

王治华,吴兴泉,王科强,等.西藏申扎西南部甲岗雪山钨钼(铋)矿区嘎若二长花岗岩体的地球化学特征[J].地质通报,2006,25(12):487～1491.

温春齐.西藏马攸木金矿床的发现及其意义[J].成都理工大学学报(自然科学版),2003,30(3):253～261.

西藏地质矿产局.西藏区域地质志[M].北京:地质出版社,1993.

夏斌,李建峰,张玉泉,等.藏南冈底斯带西段麦拉花岗岩锆石SHRIMP定年及地质意义[J].大地构造与成矿学,2008,32(2):243～246.

夏斌,徐力峰,韦振权,等.西藏东巧蛇绿岩中辉长岩锆石SHRIMP定年及其地质意义[J].地质学报,2008,82(4):528～531.

肖荣阁,刘敬党,费红彩,等.岩石矿床地球化学[M].北京:地震出版社,2008.

肖序常,王军.青藏高原构造演化及隆升的简要评述[J].地质论评,1998,44(4):372～381.

谢玉玲,衣龙升,徐九华,等.冈底斯斑岩铜矿带冲江斑岩铜矿含矿流体的形成和演化:来自流体包裹体的证据[J].岩石学报,2006,22(4):1023～1030.

辛洪波,曲晓明.西藏冈底斯斑岩铜矿带含矿岩体的相对氧化状态:来自锆石Ce(Ⅳ)/Ce(Ⅲ)比值的约束[J].矿物学报,2008,28(2):152～160.

刑文臣,余根峰,季绍新.西藏花岗岩体含矿性的判别[J].火山地质与矿产,1998,19(3):196～204.

熊清华,左祖发.西藏冈底斯岩带中段南缘韧性剪切带特征[J].中国区域地质,1999,18(2):103～112.

熊盛青,周伏洪,姚正煦,等.青藏高原中西部航磁概查[M].北京:地质出版社,2002.

许靖华,崔可锐,施央申,等.一种新型的大地构造相模式和弧后碰撞造山[J].南京大学学报,1994,30(3):381～388.

许荣科,郑有业,赵平甲,等.西藏东巧北尕苍见岛弧的厘定及地质意义[J].中国地质,2007,34(5):768～777.

徐旺春.西藏冈底斯花岗岩类锆石U-Pb年龄和Hf同位素组成的空间变化及其地质意义[D].武汉:中国地质大学,2010.

徐文艺,曲晓明,侯增谦,等.西藏冈底斯中段雄村铜金矿床流体包裹体研究[J].岩石矿物学,2005,24(4):301～310.

闫升好,余金杰,赵以辛,等.藏北美多锑矿床容矿硅质岩的地质地球化学特征及成因[J].矿床地质,

2003,22(2):149～157.
闫学义,黄树峰,杜安道.冈底斯泽当大型钨铜钼矿 Re－Os 年龄及陆缘走滑转换成矿作用[J].地质学报,2010,84(3):398～406.
许志琴,杨经绥,李海兵,等.青藏高原与大陆动力学—地体拼合、碰撞造山及高原隆升的深部驱动力[J].中国地质,2006,33(2):221～238.
许志琴,杨经绥,李海兵,等.造山的高原[M].北京:地质出版社,2007.
杨经绥,许志琴,耿全如,等.中国境内可能存在一条新的高压/超高压变质带(?)——青藏高原拉萨地体中发现榴辉岩带[J].地质学报,2006,80(12):1787～1792.
杨志明,侯增谦.西藏驱龙超大型斑岩铜矿的成因:流体包裹体及 H－O 同位素证据[J].地质学报,2009,83(12):1839～1859.
杨德明,黄映聪,戴琳娜,等.西藏嘉黎县措麦地区含石榴石二云母花岗岩锆石 SHRIMP U－Pb 年龄及其意义[J].地质通报,2005,24(3):235－238.
杨志明,谢玉玲,李光明.西藏冈底斯斑岩铜矿带驱龙铜矿成矿流体特征及其演化[J].地质与勘探,2005,41(2):21～26.
姚鹏,王全海,李金高.西藏甲马-驱龙矿集区成矿远景[J].中国地质,2002,29(2):197～202.
姚鹏,郑明华,彭勇民,等.西藏冈底斯岛弧带甲马铜多金属矿床成矿物质来源及成因研究[J].地质论评,2002,48(5):468～479.
姚书振,周宗桂,宫勇军,等.初论成矿系统的时空结构及其构造控制[J].地质通报,2011,30(4):469～477.
叶庆同,胡云中,杨岳清.三江地区区域地球化学背景与金银铅锌成矿条件[M].北京:地质出版社,1992.
易成兴,曾昌兴,朱勋,等.西藏长梁山地区磁铁矿地质特征及其找矿意义[J].贵州地质,2008,25(2):114～117.
尹安.喜马拉雅-青藏高原造山带地质演化-显生宙亚洲大陆生长[J].地球学报,2001,22(2):194～230.
应立娟,唐菊兴,王登红,等.西藏甲马铜多金属矿床矽卡岩中辉钼矿铼-锇同位素定年及其成矿意义[J].岩矿测试,2009,28(3):265～268
应立娟,王登红,唐菊兴,等.西藏甲马铜多金属矿辉钼矿 Re－Os 定年及其成矿意义[J].地质学报,2010,84(8):1165～1174.
袁万明,杜杨松,杨立强,等.西藏冈底斯带南木林地区构造活动的磷灰石裂变径迹分析[J].岩石学报,2007,23(11):2911～2917.
臧文栓,孟祥金,杨竹森,等.西藏冈底斯成矿带铅锌银矿床的 S、Pb 同位素组成及其地质意义[J].地质通报,2007,26(10):1393～1397.
曾令森,刘静,高利娥,等.青藏高原拉萨地块早中生代高压变质作用及大地构造意义[J].地学前缘.2009(2):42～50.
翟裕生.论成矿系统 [J].地学前缘,1999,6(1):13～27.
翟裕生.成矿系统及其演化——初步实践到理论思考[J].地球科学——中国地质大学学报,2000,25(4):333～339.
翟裕生.成矿系统论[M].北京:地质出版社,2010.
张宏飞,徐旺春,郭建秋,等.冈底斯印支期造山事件:花岗岩类锆石 U－Pb 年代学和岩石成因证据[J].地球科学——中国地质大学学报,2007,32(2):155～166.
张理刚.稳定同位素在地质科学中的应用[M].西安:陕西科学技术出版社,1985.
张认,和钟铧.西藏冈底斯带扎雪门巴韧性变形带形成时代及构造背景[J].沉积与特提斯地质,2007,27(1):19～24.

张哨波，杜欣，张景超，等. 西藏那曲县尤卡浪铅银矿床控矿条件与矿化分布规律[J]. 华南地质与矿床，2009，97(1)：26～30.

张省举，董义国. 青藏高原中东部 1：100 万区域重力调查及成果[J]. 物探与化探，2007，31(5)：399～403.

张振利，张计东，李广栋，等. 藏南冈底斯带西段铁矿找矿新进展[J]. 地质通报，2006，25(5)：544～548.

张旺生，曹新志，燕长海，等. 西藏念青唐古拉地区铜铅锌多金属矿床热水沉积岩特征与成矿关系[J]. 地质科技情报，2009，28(1)：87～92.

赵志丹，莫宣学，Sebastien NOMADE，等. 青藏高原拉萨地块碰撞后超钾质岩石的时空分布及其意义[J]. 岩石学报，2006，22(4)：787～794.

赵志丹，莫宣学，张双全，等. 西藏中部乌郁盆地碰撞后岩浆作用——特提斯洋壳俯冲再循环的证据[J]. 中国科学，2001，31(增刊)：20～26.

赵政章，李永铁，叶和飞，等. 青藏高原大地构造特征及盆地演化[M]. 北京：科学出版社，2001.

郑来林，廖光宇，耿全如，等. 墨脱县幅地质调查新成果及主要进展[J]. 地质通报，2004，23(5－6)：458～462.

郑永飞，陈江峰. 稳定同位素地球化学[M]. 北京：科学出版社，2000.

郑有业，王保生，樊子珲. 西藏冈底斯东段构造演化与铜多金属成矿潜力分析[J]. 地质科技情报，2002，21(2)：55～60.

钟大赉，丁林. 青藏高原隆升过程及其机制探讨[J]. 中国科学(D 辑)，1996，26(4)：289～295.

周建平，徐克勤，华仁民，等. 个旧锡矿中沉积组构的发现与矿床成因新探[J]. 自然科学进展，1999，9(5)：419～422.

朱炳泉，李献华，戴橦谟，等. 地球科学中同位素体系理论与应用——兼论中国大陆壳幔演化[M]. 北京：科学出版社，1998.

朱弟成，潘桂棠，莫宣学，等. 特提斯喜马拉雅二叠纪玄武质岩石研究新进展[J]. 地学前缘，2003，10(3)：40～46.

朱弟成，潘桂棠，莫宣学，等. 藏南特提斯喜马拉雅带中段二叠纪—白垩纪的火山活动(Ⅰ)：分布特点及其意义[J]. 地质通报，2004，23(7)：645～654.

朱弟成，潘桂棠，莫宣学，等. 印度大陆和欧亚大陆的碰撞时代[J]. 地球科学进展，2004，19(4)：564～571.

朱弟成，潘桂棠，莫宣学，等. 冈底斯中北部晚侏罗世—早白垩世地球动力学环境：火山岩约束[J]. 岩石学报，2006，22(3)：534～546.

朱弟成，潘桂棠，王立全，等. 西藏冈底斯带中生代岩浆岩的时空分布和相关问题的讨论[J]. 地质通报，2008，27(9)：1535～1550.

朱弟成，莫宣学，赵志丹，等. 西藏冈底斯带措勤区则弄群山岩锆石 U－Pb 年代学格架及构造意义[J]. 岩石学报，2008，24(3)：401～412.

朱弟成，潘桂棠，王立全，等. 西藏冈底斯带侏罗纪岩浆作用的时空分布及构造环境[J]. 地质通报，2008，27(4)：458～468.

朱弟成，莫宣学，赵志丹，等. 西藏南部二叠纪和早白垩世构造岩浆作用与特提斯演化：新观点[J]. 地学前缘，2009，16(2)：35～47.

朱上庆，覃功炯. 陆相盆地中以碎屑岩为容矿岩石的金顶式层状铅、锌矿床模式[C]//裴荣富. 中国矿床模式. 北京：地质出版社，1995.

朱志康，徐均涛. Notoconularia 在西藏当雄旁多群中的发现[J]. 古生物学报，1988，27(1)：61～63.

Allegre C A，et al. Structure and evolution of the Himalayan－Tibet orogenic belt[J]. Nature，1984，307：17～22.

Arebäck H,Barrett T J,Fagerström P,et al. The Palaeoproterozoic Kristineberg VMS deposit,Skellefte district,northern Sweden,Part Ⅰ[J]. Geology Mineralium Deposita,2005,40:351～367.

Barnes H. L. Geochemistry of hydrothermal ore deposits[M]. New York:Wiley - Iterscience,1970.

Barrett T J. MacLean W H, Arebäck H. The Palaeoproterozoic Kristineberg VMS deposit,Skellefte district,northern Sweden,Part Ⅱ:Chemostratigraphy and alteration[J]. Mineralium Deposita,2005,40:368～395.

Bisehoff J L. Densities of liquids and vapors in boiling NaCl - H_2O solutions:A PVTX summary from 300℃ to 500℃[J]. A J S,1991,291:309～338.

Chen W J,Li Q,Hao J,et al. Postcrystallization thermal evolution history of Gangdes batholithic zone and its tectonic implication[J]. Science in China(series D),1999,42(1):37～44.

Chung Sunlin,et al. Diachronous uplift of the Tibetan Plateau starting 40 Myr ago[J]. Nature,1998,94:769～773.

Coulton C, Maluski H, Bollinger C, et al.. Mesozoic and Cenozoic volcanic rocks from central and southern Tibet:$^{39}Ar-^{40}Ar$ dating,petrological characteristics and geodynamical significance[J]. Earth and Planetary Science Letters,1986,79:281～302.

Du A D,Wang S X,Sun D Z,et al. Precise Re - Os dating of Molybdenite using Carius tube,NTIMS and ICPMS[J]. Mineral deposits at the 21st Century,2001,405～407.

Du X,Yan C H,Chen J K,et al. Discovery of Yaguila Pb - Zn Polymetallic Deposit in Tibet:A Successful Case of Geochemical Prospecting[J]. Advanced Materials Research,Trans Teach Publications,Switzerland,2012,524 - 527:278～284.

Edmond J M,Damm K V. 大洋底的温泉[J]. 科学,1983(8):37～50.

France - Lanord C,LeFort P. Crustal melting and granite genesis during the Himalayan collision orogenesis[J]. Earth and Enriromental Science Transactions of the koyar Society of Edinburgh,1988,79:183～195.

Franklin J M,Lydon J W,Sangster D F. Vocanic - hosted Massive sulfide deposits[J]. Economic Geolog,1981,485～627.

Grant G,Jeff P R,Julie A D,et al. Coupled Heat and Fluid Flow Modeling of the Carboniferous Kuna Basin,Alaska:implications for Gennesis of the Red Dog Pb - Zn - Ag - Ba District[J]. Journal of Geochemical Exploration,2003,78 - 79:215～219.

Gu L X,Hu W X ,He J X,et al. Regional variations in ore composition and fluid features of massive sulphide deposits in South China: implications for genetic modelling [J]. Episodes, 2000, 6: 111～118.

Hutchinson R W,Fyfe W S,Kerrich R. Deep fluid penetration and ore deposition[J]. Minerals Science Engineering,1980,12:107～120.

Joanne N,Suzanne P,John C,et al. Canadian Cordileran Mississippi Valley-Type Deposits:A Case for Devonian - Mississippian Back-Arc Hydrothermal Origin [J]. Economic Geology, 2002, 97: 1013～1036.

Kirkham R V,Sinclair W D. Porphyry copper,gold,molybdenum,tungsten,tin,silver[J]. Geology of Canada,1995,8:421～446.

Kula C,Misra. Understanding Mineral Deposits[M]. London:Kluwer Academic Press,2000.

Large R R. Australian volcanic-hosted massive sulfide deposits: features, styles, and genetic models [J]. Econ Geol,1992,87(3):471～510.

Michard A,et al. Rare earth elements and uranium in high-temperature solutions form East Pacific rise hydrothermal vent field[J]. Nature, 1983, 303: 795～804.

Pearce J A. Trace element discrimination diagram for tectonic interpretation of granitic rocks. [J]. Journal of Petrology, 1984, 25: 656～682.

Potter R L, et al. Regulatory subunit of cyclic AMP - dependent protein kinase I from porcine skeletal muscle: Purification and proteolysis [J]. Arch Biochem Biophys. 1978, 190: 174～180.

Richard H, Valeriy M, Victor Z, et al. VMS deposits of the South Urals[J]. Russia, 2005, Box 6 - 1: 238～239.

Ridlers R H. The exhalite concept: a new mine exploration tool[J]. North Miner, 1973, 29: 59～61.

Ross R L, Peter J M. Lithogeochemicl Halos and geochemical Vectors to Stratiform Sediment Hosted Zn - Pb - Ag Deposits, Lady Loretta Deposits, Queensland[J]. Journal of Geochemical Exploration, 1998, 63: 37～56.

Sverjensky D A. Genesis of Mississippi valley - type lead - zinc deposits, Annual Review of Earth and Plannetary[J]. Science, 1986, 14: 177～199.

Wilkinson J J, Eyre S L. Ore - Forming Processes in Irish - Type Carbonate - Hosted Zn - Pb Deposits: Evidence from Mineralogy, Chemisitry and Istopic Composition of Sulfides at the Lisheen Mine, society of Economic Geologists, Inc[J]. Economic Geology, 2005, 100: 63～86.

Xu R H, Sharer U, Allegre C J. Magmatism and metamorphism in the Lhasa Block (Tibet): a U - Pb geochronology study[J]. J Geol, 1985, 93: 42 - 57.